BRASIL:
Questões Atuais da Reorganização do Território

Leia também:

Brasil: Conceitos e Temas
organização
Iná E. Castro/Paulo Cesar C. Gomes
Roberto L. Corrêa

Geografia e Modernidade
Paulo Cesar C. Gomes

Trajetórias Geográficas
Roberto Lobato Corrêa

O Mito da Necessidade
Iná Elias de Castro

Iná Elias de Castro
Paulo Cesar da Costa Gomes
Roberto Lobato Corrêa
organizadores

BRASIL:
Questões Atuais da Reorganização do Território

8ª edição

BERTRAND BRASIL

Capa: projeto gráfico de Leonardo Carvalho, utilizando trabalho de Anna Bella Geiger, intitulado Recens et Integra Orbis Descriptio nº 5, da série Fronteiriços, 1995, gentilmente cedido pela artista para a capa desta obra.

2012
Impresso no Brasil
Printed in Brazil

Texto revisado segundo o novo Acordo Ortográfico da Língua Portuguesa.

CIP-Brasil. Catalogação na fonte
Sindicato Nacional dos Editores de Livros, RJ.

B83
8ª ed.

Brasil: questões atuais da reorganização do território / Iná Elias de Castro, Paulo Cesar da Costa Gomes, Roberto Lobato Corrêa, organizadores. – 8ª ed. – Rio de Janeiro: Bertrand Brasil, 2012.
470p.

ISBN 978-85-286-0588-4

1. Brasil – Geografia. I. Castro, Iná Elias de. II. Gomes, Paulo Cesar da Costa. III. Corrêa, Roberto Lobato.

CDD – 918.1
CDU – 918.1

96-1885

EDITORA BERTRAND BRASIL LTDA.
Rua Argentina, 171 – 2º andar – São Cristóvão
20921-380 – Rio de Janeiro – RJ
Tel.: (0XX21) 2585-2070 Fax: (0XX21) 2585-2087

Atendimento e venda direta ao leitor
mdireto@record.com.br ou (21) 2585-2002

Sumário

Apresentação 7

Parte I — Escala Global

O comércio ilícito de drogas e a geografia da integração financeira: uma simbiose?
Lia Osório Machado 15

Parte II — Escala Nacional

Metrópoles, corporações e espaço: uma introdução ao caso brasileiro.
Roberto Lobato Corrêa 67

Redes eletrônicas e novas dinâmicas do território brasileiro.
Leila Christina Dias 115

Pensando a cidade no Brasil do passado.
Maurício de Almeida Abreu 145

Crise e dinâmica das estruturas produtivas regionais no Brasil.
Claudio Gonçalves Egler 185

Parte III — Escala Regional

Redefinindo a Amazônia: o vetor tecno-ecológico
Bertha K. Becker 223

A CVRD e a (re)estruturação do espaço geográfico na área de Carajás (Pará).
Maria Célia Nunes Coelho 245

Seca *versus* seca. Novos interesses, novos territórios, novos discursos no Nordeste.
Iná Elias de Castro 283

As estratégias do capital no complexo da soja.
Júlia Adão Bernardes 325

"Gaúchos" e baianos no "novo" Nordeste: entre a globalização econômica e a reinvenção das identidades territoriais.
Rogério Haesbaert 367

Parte IV — Escala Local

As drogas e a "questão urbana" no Brasil. A dinâmica socioespacial nas cidades brasileiras sob a influência do tráfico de tóxicos.
Marcelo Lopes de Souza 419

Apresentação

Este livro tem um duplo significado. Em primeiro lugar, ele é parte de um projeto editorial que ambiciona renovar o conteúdo temático da Geografia brasileira. Neste sentido, seu objetivo maior é oferecer uma bibliografia nacional atualizada, de qualidade, de fácil acesso e entendimento, sem contudo comprometer a complexidade que o tratamento dos temas exige. Além disso, esta produção é matizada pelas cores locais que as principais questões geográficas assumem, quando examinadas a partir do contexto particular da sociedade brasileira.

Em segundo lugar, este livro surge também da necessidade de comunicar novas perspectivas que vêm se afirmando no pensamento geográfico e que têm como objetivo fundamental o espaço brasileiro. Ele é, pois, fruto de uma comunidade acadêmica madura que, tendo desenvolvido determinadas linhas de reflexão, procura divulgá-las, não apenas entre seus pares, mas também junto a um público leitor mais amplo, interessado em informações atualizadas sobre o país. Assim, todos os artigos que compõem a obra investigam as dinâmicas que, direta ou indiretamente, atuam sobre a organização do espaço no Brasil. Eles são também, em seu conjunto, o resultado de longos anos de pesquisas de grupos e laboratórios acadêmicos conduzidos por professores universitários, majoritariamente oriundos ou egressos da Universidade Federal do Rio de Janeiro — UFRJ, que retribuem, desta forma, os recursos públicos aplicados através da Universidade e de outras instituições de fomento à pesquisa, sobretudo CNPq e FINEP, aos seus legítimos detentores, a sociedade brasileira. Trata-se de uma dimensão não desprezível da pesquisa acadêmica, sobretudo no contexto atual de discussão da relação universidade-sociedade que reforça o compromisso da primeira de produzir informações atualizadas, consistentes e úteis para a segunda. A Geografia brasileira, mais uma vez, cumpre o seu papel de tornar visíveis as dinâmicas a que está submetido o território nacional.

Dentro do âmbito propriamente do pensamento geográfico, este trabalho tem também uma grande ambição, pois além da discussão do conteúdo, o livro pretende ser, pelo conjunto que forma, uma demonstração da especificidade da ciência geográfica que articula diferentes níveis de análise, propiciando diferentes leituras de um mesmo fenômeno, o que constitui um atributo epistemológico fundamental da Geografia.

Como a abordagem geográfica do real enfrenta o problema básico do tamanho, que varia do espaço local ao planetário, e sendo o território o eixo dos problemas aqui discutidos, a noção de escala dos fenômenos contribui como recurso metodológico fundamental no tratamento dessas questões. O problema do confronto da realidade com as dinâmicas socioespaciais, que a modelam continuamente, requer portanto a observação em diferentes escalas de análise, o que amplia a gama de possibilidades pela pluralidade das perspectivas de observação.

Nesse sentido, os trabalhos aqui reunidos constituem material empírico que permite refletir sobre algumas proposições úteis à compreensão da operacionalidade da escala dos fenômenos estudados. Estas podem ser resumidas nas seguintes asserções: o nível explicativo de uma escala não é transferível a outra; quando a escala muda o fenômeno muda; a escolha da escala define o que é significativo, ou o que terá visibilidade; não há hierarquia entre escala — cada escala incorpora um conjunto de causalidades específicas; a microescala não é menos complexa que a macroescala; a escala é uma estratégia de abordar o real.

A estrutura da obra reflete, então, a preocupação de explorar, não apenas o conteúdo particular de cada capítulo, mas também o sentido maior de integração destas partes em um todo coerente, ou seja, há um nível explicativo que pertence ao conjunto e à integração das partes. Deve ser esclarecido que esse nível não é necessariamente explícito, cabe ao leitor identificá-lo no percurso da obra. Esse é um dos desafios ao qual os organizadores conscientemente se lançaram na ideia original de reunir pesquisas, informações e análises autônomas e independentes em sua origem.

A organização dos temas apresentados baseou-se nos recortes já tradicionais das análises geográficas, ou seja, global, nacional, regional e local. Esta forma de organização, porém, não obedece a critérios de preservação de uma tradição, mas, como foi dito antes, define basicamente a operacionalidade do tratamento geográfico dos fenômenos.

O eixo das pesquisas é a modernização tecnológica e os desafios e questões que esta tem colocado para a reestruturação do espaço nacional. O Brasil, nas últimas décadas, tem sofrido forte impacto dos avanços tecnológicos em diferentes setores de atividades e em variadas porções do território. Esse processo é visto aqui sob diferentes focos e sob diferentes ângulos: da ordem e da desordem, da inovação técnica, das redes e da história; trabalhados em diferentes objetos: as grandes empresas, privadas ou públicas, a agricultura empresarial, as redes legais e ilegais e o espaço urbano, ontem e hoje.

A temática do tráfico de drogas mereceu duas contribuições em escalas geográficas distintas e complementares. Na primeira, Lia O. Machado explora os possíveis vínculos entre o comércio ilícito de drogas, o sistema bancário e o sistema financeiro, numa abordagem geoeconômica e geopolítica, que põe em relevo as relações entre os processos de transnacionalização, a formação dos mercados mundiais e o Estado Nacional. Trata-se, neste caso, de analisar o problema do tráfico de drogas dentro de uma perspectiva global do processo de acumulação capitalista contemporâneo. Já a segunda contribuição sobre o mesmo tema, de Marcelo L. de Souza, examina-o em suas repercussões sobre a escala local. As conexões do tráfico no Brasil com o exterior, nas quais se estabelecem poderosas redes, e seus impactos sobre a dinâmica socioespacial metropolitana são discutidos, a partir do contexto específico da favela.

Na escala nacional, Leila C. Dias estabelece a conexão entre as inovações tecnológicas, as redes de telecomunicações e suas relações com a rede urbana, tentando apreender os laços entre as cidades que, enriquecidos de uma nova dimensão "informacional", se diferenciam dos laços do passado, apontando o novo desenho das hierarquias urbanas no país.

A diferenciação entre as metrópoles brasileiras,

enquanto centros de gestão do território, é descrita por Roberto Lobato Corrêa, dentro de um quadro teórico que procura relacionar espaço, corporações e dinâmica metropolitana. Sua contribuição tem o mérito de apontar novas questões de âmbito geral sobre a reflexão do papel desses centros na atualidade brasileira.

Numa perspectiva histórica, o estudo de Maurício de A. Abreu relaciona o pensamento sobre o urbano com as transformações da sociedade brasileira. A cidade colonial, o pensamento higienista, as reformas urbanas compõem o temário desse artigo que pretende resgatar a reflexão sobre a cidade brasileira do passado e a natureza destas reflexões.

Claudio Egler analisa a integração e a crise da base técnica na economia nacional, a partir das estruturas produtivas regionais. Investigando os problemas da modernização conservadora no país, através da anatomia regional, o trabalho desse autor articula, dessa forma, as escalas nacional e macrorregional.

Enfocando prioritariamente a escala regional, cinco autores refletem sobre os impactos da modernização nas estruturas produtivas, a dimensão política das transformações, seus conflitos e seus efeitos sobre o território. A transição de uma economia de fronteira para o desenvolvimento ostentável, o papel das organizações da sociedade civil e a politização do discurso da biodiversidade constituem o novo contexto sobre o qual Bertha Becker examina a questão da Amazônia hoje. Maria Célia Nunes Coelho, por sua vez, privilegia o papel da Companhia Vale do Rio Doce como principal agente da produção de um novo espaço geográfico, na Serra dos Carajás no Pará, centrado no extrativismo mineral e em atividades agropecuárias, enfatizando os contrastes entre os núcleos urbanos de origens distintas e o núcleo garimpeiro de Serra Pelada.

Apoiando-se em pesquisa no Vale do Açu, no Rio Grande do Norte, Iná Elias de Castro aponta o confronto entre um discurso agrário tradicional e conservador e um outro que, oriundo de uma agricultura fortemente capitalizada e dependente de novas tecnologias, o *agrobusiness,* se insinua progressivamente na construção de um novo imaginário regional.

Ainda com referência aos efeitos da modernização da agricultura na escala regional, Júlia A. Bernardes discute o impacto do complexo da soja em Rondonópolis, no Mato Grosso, vista como um produto da globalização e organizada sobretudo pela ação de empresários oriundos do Sul do Brasil. Os mesmos elementos temáticos são retomados por Rogério Haesbaert no contexto regional do Oeste baiano. Este autor destaca, sobretudo, o choque entre as identidades conflitantes de gaúchos e baianos, que disputam o controle político sobre o novo espaço produzido.

Os organizadores

Parte I

Escala Global

O Comércio Ilícito de Drogas e a Geografia da Integração Financeira: uma Simbiose?

Lia Osório Machado[1]

O propósito desse trabalho é, em primeiro lugar, abordar os temas do comércio ilícito de drogas e da integração mundial do sistema financeiro de um ponto de vista geográfico, entendido aqui como a *visualização* das dimensões espaciais e dos padrões geográficos que assumem no mundo contemporâneo. Em segundo lugar, com intuito mais específico, se pretende explorar quais as relações e até que ponto existe uma simbiose entre as organizações que exploram o comércio de drogas ilícitas, o sistema bancário, que realiza a lavagem de dinheiro, e o sistema financeiro, onde o dinheiro se transforma em capital. Simbiose no sentido de que, embora sejam organizações dissimilares, convivem numa relação mutuamente benéfica. Essa possibilidade já foi

---

[1]Departamento de Geografia,UFRJ. Pesquisadora CNPq/FINEP. Participou da coleta e processamento de dados, a bolsista de Iniciação Científica, Rebeca Steiman (CNPq); na parte gráfica, participou a bolsista Paula Liaffa da Silva (CEPG-UFRJ).

sugerida por alguns autores a partir do ângulo econômico (LYMAN & POTTER, 1991; SAULOY & LEBONNIEC, 1992; BLIXEN, 1993). Uma abordagem *geo*-econômica e *geo*-política talvez permita encaminhar a ideia de que essa simbiose se apoia na contradição, presente na origem e no desenvolvimento do sistema capitalista, entre processos de transnacionalização e formação de mercados mundiais (no nosso caso, dinheiro e drogas) e o Estado Nacional.

Do ponto de vista estritamente geográfico, o mapeamento e análise da disposição espacial dos elementos que compõem essas organizações mostram não só a condição necessária de transnacionalidade das interações como também o papel peculiar e contingente que o *território* e as *fronteiras* dos estados nacionais estão assumindo nesse processo.

Para explorar essas questões através de uma avaliação das relações entre as redes de comércio ilícito de drogas e os sistemas bancário e financeiro, o trabalho foi dividido em duas partes. A primeira parte procura estabelecer a complexidade desse comércio e sua relação imediata com o sistema bancário através dos processos de "lavagem de dinheiro". Na segunda parte, os processos de lavagem serão contextualizados no âmbito mais geral da geografia da integração mundial do sistema financeiro, procurando-se mostrar alguns dos mecanismos desse sistema e suas relações com os estados nacionais. Não será dado um destaque especial ao Brasil e sim à sua inserção (na condição de estado nacional) nesse processo.

Para a geografia, esses temas não podem mais ser considerados nem marginais nem eventuais. Temas considerados de domínio exclusivo da economia, como os mecanismos dos sistemas financeiro e bancário e a questão fundamental do *crédito*, precisam ser integrados às outras ciências sociais. No plano mais imediato, porque se mostram essenciais para a compreensão dos 'arranjos espaciais' que materializam os processos sociais contemporâneos, assim como os de sua mudança, dependente, em grande medida, da dinâmica dos investimentos de capital. No contexto das relações capitalistas, porque entre o econômico e o político-espacial não existe uma relação de *exterioridade*, ou seja, não derivam de processos autônomos e justapostos e sim de processos interativos. Finalmente, no plano epistemológico, porque "não importa qual seja o sistema conceptual, [seja ele da ciência econômica ou da ciência geográfica ou de qualquer outra ciência], sua pertinência não pode ser fundada sobre si mesmo, dependendo de proposições incompletas que vêm de fora, seja da 'realidade', seja de outras disciplinas" (BAREL,1984: 46).

A Complexidade do Comércio Ilícito de Drogas e a Lavagem de Dinheiro

"Lavagem de dinheiro" ou "branqueamento de dinheiro" é como se denomina o processo mediante o qual o dinheiro obtido por meios ilegais passa à condição de legítimo ou tem suas origens ilegais mascaradas. Essa reciclagem de dinheiro "ilícito" não recobre apenas os lucros obtidos com o comércio ilícito de drogas: pode envolver a fuga de capitais, o dinheiro proveniente do contrabando de armas, de grãos, de produtos eletrônicos, de matérias-primas para a fabricação de armas nucleares, assim como os lucros provenientes de serviços frequentemente controlados por máfias (prostituição, hotéis, jogos de azar, casas de câmbio etc.).

Existem diversas e frequentemente contraditórias estimativas do tamanho da economia ilegal, quando esta é definida com base em atividades consideradas criminosas. Não só por causa da condição de ilegalidade, mas também porque o cálculo tem sido muito distorcionado pela manipulação política das cifras. Contudo, uma recente estimativa das Nações Unidas sugere que os lucros globais de organizações criminosas transnacionais, incluindo aqueles provenientes do tráfico de drogas, são da ordem de um trilhão de dólares, representando uma quantia equivalente ao PNB do grupo de países de baixa renda (com população total de três bilhões de habitantes). No que se refere à lavagem de dinheiro, a ONU estimou que são processados US$ 120-500 bilhões por ano através do sistema bancário mundial (Solomon, 1994).

No processo de lavagem de dinheiro a economia ilegal atinge seu 'ponto de bifurcação': deixa para trás sua condição ilegal e passa a integrar a economia lícita. Essa quebra de simetria entre o 'antes' e o 'depois' só é possível graças à alquimia realizada pelos sistemas bancário e financeiro, que transforma o dinheiro *sujo* em dinheiro *limpo* através de operações numéricas e certos jogos de deslocamento geográfico.

De antemão é preciso notar que a maior parte das ações nacionais e internacionais de controle da lavagem de dinheiro, na última década, tem tido como alvo principal os "narcodólares". Linhas muito finas estão sendo traçadas para diferenciar os diversos tipos de dinheiro "lavado", no sentido de isolar aquele originário do narcotráfico.[2] Os narcodólares, por exemplo, seriam consi-

---

[2] O termo 'narcotráfico' é comumente usado para designar o tráfico internacional de drogas. O uso é incorreto, porque o amplo espectro de tipos de droga inclui *narcóticos* e.g. heroína, *estimulantes* e.g. cocaína, *depressivos*, e.g. álcool etc. Essa confusão nem sempre é uma questão de simples ignorância, podendo ser manipulado por motivos geopolíticos e mesmo médicos. Ver ESCOHOTADO, 1989; PORTER & TEICH, 1995.

derados como "dinheiro sujo" (*dirty money*); o dinheiro que procura escapar do controle regulador e/ou fiscal (taxas) dos Estados nacionais (*evasão fiscal*) poderia ser categorizado como "fuga de capitais", enquanto o movimento de curto prazo de capital especulativo seria o "dinheiro furtivo" (*hot money*), às vezes também conhecido como "dinheiro negro" (*black money*), se lhe for atribuído um caráter criminoso.

As tentativas de diferenciação desses diversos 'tipos' de dinheiro partem de um conjunto de pressupostos bastante discutíveis: o pressuposto *conceptual*, de que seria possível manter o "certificado de origem" do dinheiro depois que ele entra nos sistemas bancário e financeiro; o pressuposto de que é possível uma *transferência do sentido de moralidade* da esfera privada para a esfera pública, ao se querer atribuir ao dinheiro movido na esfera das instituições sociais um sentido moral, ético, autônomo, semelhante às restrições operantes na circulação de dinheiro na esfera privada (do indivíduo) (RORTY, 1989); o pressuposto de uma única e monolítica *condição de legalidade* das práticas bancárias e financeiras, independente de sua contextualização social, geográfica e política.

A discussão sobre o primeiro e o último desses pressupostos será encaminhada aqui, deixando-se de lado, por ora, o segundo pressuposto.

Para o controle da lavagem de dinheiro proveniente do tráfico de drogas, ou de qualquer outra atividade ilícita, os instrumentos que estão à disposição de Estados nacionais e organismos internacionais só podem funcionar no primeiro estágio, quando do depósito do dinheiro "vivo" no banco (*colocação do dinheiro*) (Figura 1). Esse primeiro estágio da lavagem depende de facilidades oferecidas por instituições

Figura 1 — *Lavagem de dinheiro*

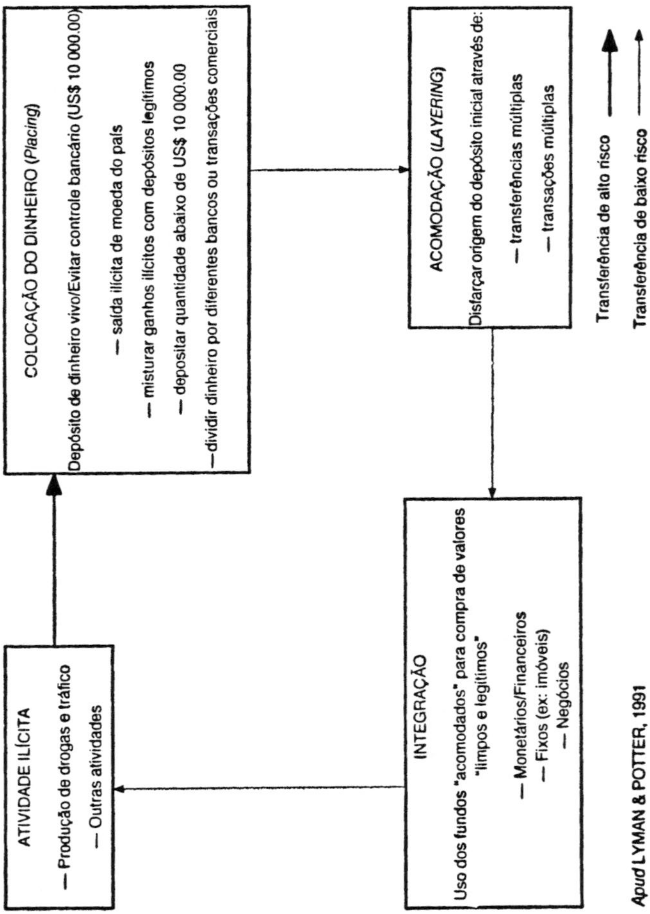

bancárias e financeiras, mas também do *lugar geográfico* onde são feitos os depósitos, uma vez que existem lugares com maior e menor tolerância em relação ao controle desse tipo de depósito. Apesar disso, mesmo em países com legislação rigorosa a respeito, como os Estados Unidos, as organizações criminosas têm conseguido driblar os instrumentos de controle de entrada de dinheiro no sistema bancário. Isso é possível, em grande parte devido aos interesses do banco hospedeiro, pois o aumento do risco, resultante de uma logística mais complicada, pode beneficiar o banco pela aplicação de maiores taxas bancárias (LYMAN & POTTER: 150; UNDCP: 28). O certo é que o "dinheiro sujo", no momento em que consegue entrar no sistema bancário, se transforma em dinheiro como outro qualquer, ou seja, perde seu "certificado de origem" (SIMMEL, 1907).

Por esse processo é que o sistema bancário e, eventualmente, o sistema financeiro potencializam o poder das organizações criminosas ligadas ao tráfico de drogas ou mesmo de *qualquer outra* atividade ilícita que mexa com grandes somas de dinheiro. Os mecanismos criados pelas instituições financeiras e pelos bancos de investimento permitem que essas instituições atuem de maneira independente no mercado de dinheiro, constituindo-se no meio através do qual o dinheiro "sujo" é transformado em "*hot money*", em crédito para investimentos produtivos, ou em divisas, quando da captação de recursos externos por parte de um governo nacional.

É preciso, contudo, considerar as especificidades do comércio ilícito de drogas. As organizações ligadas a esse comércio podem ser relacionadas, mas não podem ser identificadas com os sistemas bancário e financeiro. De modo geral, a evolução recente do comércio de drogas sugere que: a) apesar da expansão da indústria da droga ter coincidido com o agravamento das condições sociais, políticas e econômico-financeiras dos países periféricos, não é certo atribuir uma relação linear de causa-efeito entre a expansão e o empobrecimento porque setores sociais bastante diversificados em termos de renda se integram a essa economia tanto em países ricos quanto pobres; b) o "sistema" que evolve da disposição geográfica da rede de sustentação do comércio sobrevive à custa de interações intensas com o ambiente, apesar da condição de ilegalidade alimentar a ilusão de que é um sistema "fechado". Ambiente, nesse caso, significa um conjunto de variáveis atuantes em diversos níveis escalares: elementos geobiofísicos, preço da mercadoria, normas sociais, características culturais, instituições políticas (MACHADO, 1995).

Tendo em vista que existe uma certa correspondência entre, de um lado, países ricos com países consumidores de droga, e, de outro, países produtores com países em desenvolvimento, seria fácil concluir, à primeira vista, que estaríamos diante de uma reedição do esquema clássico de ricos vs. pobres. Se isso tem sentido para produtores camponeses envolvidos com o cultivo de matérias-primas destinadas à produção de alguns tipos de drogas (coca, papoula, *cannabis*), o mesmo esquema dicotômico não pode ser aplicado ao conjunto do comércio da droga (ver Mapa 1).

a) A complexidade geográfica: a questão do lugar

A localização das áreas produtoras e das linhas de tráfico nos induz a pensar que o domínio do comércio é exercido pelos países produtores, o que não é exatamente a verdade, tendo em vista que as redes de distribuição nos países consumidores detêm a maior parte dos lucros. No Mapa 1 está indicada apenas a principal droga comercializada em cada país, sem referência, exceto no caso da papoula na China e na Rússia, à localização específica das áreas produtoras.

Um segundo aspecto mostrado pelo mapa é que o tráfico internacional supõe uma logística bastante complexa. Essa complexidade aponta para o fato de que não só uma parte considerável dos lucros deve ser reinvestida na 'manutenção' das próprias linhas de tráfico, como também que o volume de dinheiro envolvido implica o uso dos sistemas bancário e financeiro internacionais.

A Europa Oriental, a região ao sul e leste do Mediterrâneo, o Brasil e a Nigéria, além do México, têm-se distinguido como áreas de trânsito. Em quase todos os casos, os traficantes fazem uso de meios de transporte intermodais, escondendo a droga em *containers* ou em outros tipos de carregamento deslocados pela marinha mercante, por caminhões ou ferrovias. O uso de aeronaves, tanto de carga como comerciais, também é frequente.

Um terceiro aspecto mostrado no mapa é o predomínio dos países industrializados como áreas produtoras de drogas sintéticas, principalmente aqueles países que contam com importante indústria farmacêutica. O termo "drogas perigosas", utilizado pelo DEA e outros órgãos de repressão ao tráfico, se refere, precisamente, a uma ampla categoria de substâncias ilegalmente manufaturadas, que não seja cocaína, heroína e marijuana. Inclui alucinógenos, como o LSD, depressivos e estimulantes, como as metanfetaminas, que podem ser fabricados em laboratórios clandestinos ou legais, dependendo do país. Nos Estados Unidos, por exemplo, o uso desses produtos é considerado como

Mapa 1

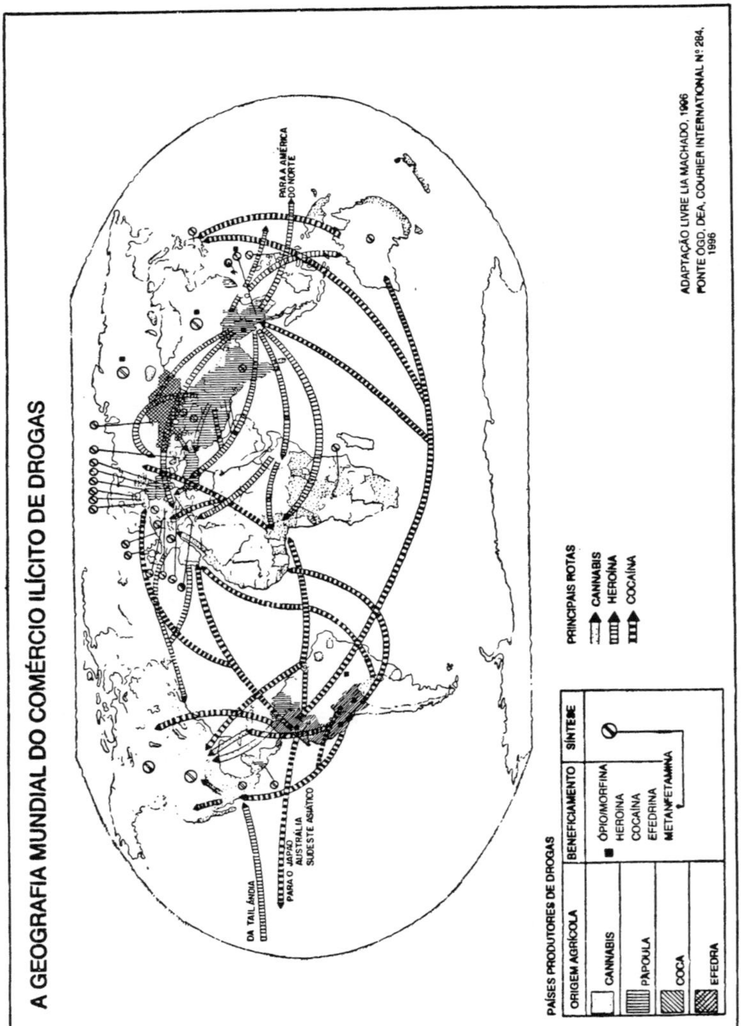
A GEOGRAFIA MUNDIAL DO COMÉRCIO ILÍCITO DE DROGAS
PARA A AMÉRICA DO NORTE
DA TAILÂNDIA
PARA O JAPÃO
AUSTRÁLIA
SUDESTE ASIÁTICO
PAÍSES PRODUTORES DE DROGAS
ORIGEM AGRÍCOLA
BENEFICIAMENTO
SÍNTESE
CANNABIS
PAPOULA
COCA
EFEDRA
ÓPIO/MORFINA
HEROÍNA
COCAÍNA
EFEDRINA
METANFETAMINA
PRINCIPAIS ROTAS
CANNABIS
HEROÍNA
COCAÍNA
ADAPTAÇÃO LIVRE LIA MACHADO, 1996
FONTE OGD, DEA, COURIER INTERNATIONAL Nº 284, 1996

"abuso de droga", e não uso de droga ilícita, uma vez que são produtos resultantes da transformação de matéria-prima industrial, ou seja, de produtos originalmente farmacêuticos ou então de combinações entre produtos farmacêuticos legalmente adquiridos (DEA, 1995).

Seguindo um padrão do século passado, quando a síntese do alcaloide *cocaína* (estimulante) e da morfina (alcaloide do ópio e base do narcótico *heroína*) foi obtida em pesquisas farmacêuticas nos países industrializados (ambos na Alemanha, entre 1858 e 1874), o atual desenvolvimento dessas pesquisas tem permitido o aparecimento de uma gama de drogas de origem química, com possibilidade de serem comercializadas no mercado ilícito de drogas. Essa dupla face das drogas médicas, já expressa no termo grego *pharmakon,* que significa tanto medicamento como veneno, tem sido agravada por um fenômeno contemporâneo — a mercantilização da saúde ou *invasão farmacêutica.* Esse fenômeno, que pode ser considerado como uma dimensão do processo de *contraprodutividade social* da economia e da técnica (ILLICH em DUPUY, 1990: 36), tem multiplicado e liberado o uso de uma série de medicamentos (antidepressivos, estimulantes etc.), contribuindo para a criação de uma 'cultura' favorável ao consumo de drogas. Vários desses medicamentos podem se tornar matéria-prima para os '*designer-drugs*', transformando países consumidores de drogas de origem orgânica em países produtores de drogas sintéticas valorizadas pelo comércio ilícito. O cerne do problema está na condição aleatória do surgimento de sínteses químicas (a partir de medicamentos legalmente fabricados por laboratórios farmacêuticos) no mercado de drogas ilícitas, em função da criatividade, muito difícil de controlar, de traficantes e usuários.

O papel da indústria farmacêutica é pouco conhecido, apesar de ser fundamental para o entendimento da indústria e tráfico internacional de drogas legais e ilegais. Um aspecto em particular chama a atenção: as grandes corporações-laboratórios que controlam a produção mundial de farmacêuticos podem se beneficiar, eventualmente, das diferenças de legislação e, portanto, dos limites territoriais-jurisdicionais de um país. Uma droga sintética como a benzodiazepina chamada *Rohypnol*, por exemplo, é manufaturada na Colômbia, México e Suíça pelo Laboratório Hoffmann-LaRoche, e vendida, com valor agregado, nos Estados Unidos, onde a droga não pode ser manufaturada nem comercializada legalmente (DEA, 1995).

Também as drogas de origem orgânica estão sendo cultivadas em países tradicionalmente considerados como consumidores. Plantações de *Cannabis sativa*, por exemplo, podem ser encontradas na Califórnia, uma importante região produtora de marijuana, assim como nos estados do Alabama, Havaí, Kentucky e Tennessee, abastecendo cerca de 25% do mercado norte-americano, e isso apesar da repressão empreendida nos últimos anos pelos organismos federais dos Estados Unidos. Observa-se que quantidades significativas de marijuana têm sido produzidas em ambiente doméstico, com o uso de sofisticadas técnicas de cultivo (DEA, 1995).

Por outro lado, países classificados como área de trânsito da droga estão abrigando laboratórios de processamento e registrando o aumento do consumo de diversos tipos de droga. No caso do Brasil, a valorização da moeda tornou mais atrativo o mercado interno brasileiro, implicando a reorganização de redes de distribuição no atacado e no varejo. Também foi constatado que o crescimento do tráfico pode ser uma das razões para o crescimento do número de usuários de drogas injetáveis infectados pelo vírus da Aids nas cidades médias do Sudeste do país, alterando o anterior padrão de concentração em áreas metropolitanas (BASTOS, 1995).

Nos países onde a economia da droga se fundamenta na agroindústria, caso do complexo coca-cocaína (países andinos) e papoula-ópio-morfina-heroína (Sudeste e Sudoeste asiático), e onde formas alternativas de desenvolvimento são limitadas ou inexistentes, a atividade ilícita pode gerar efeitos geográficos, como a alteração da estrutura populacional, a modificação do mapa de distribuição geográfica da população gerada por fortes processos imigratórios, e o crescimento de cidades médias. Essas mudanças, por sua vez, engendram, entre outras coisas, uma modificação das estruturas de poder, tanto a nível local quanto regional e nacional (VARGAS, 1994; HARTLYN; LABROUSSE & WALLON, 1993).

O padrão de localização dos lugares de beneficiamento de matéria-prima tanto agrícola como industrial é, em princípio, semelhante, ou seja, os laboratórios estão preferencialmente localizados nos países produtores de matéria-prima. Contudo, não é rígido: no Brasil, por exemplo, que não pode ser considerado como país produtor de coca, existem indícios do aparecimento de laboratórios de refino de pasta de coca, principalmente nas áreas próximas à Bolívia e Peru. Em Zâmbia existem laboratórios de transformação do ópio em morfina e heroína, assim como alguns países do Leste europeu também podem abrigar laboratórios distantes da área de origem da matéria-prima, principalmente no caso dos *"designer drugs"* (sintéticos) e da heroína. No entanto, laboratórios de cocaína, em si mesmo bastante simples, não podem ser localizados em áreas muito distantes das zonas de produção, pois o volume de pasta de coca exigiria a mobilização de um sistema de transporte acoplado a um sistema de segurança que encareceria o produto já no primeiro estágio (SOUTH, 1977).

A distribuição geográfica das áreas de produção de coca e de papoula mostra um certo padrão de concentração. No Sudeste e Sudoeste da Ásia estão concentradas as principais áreas produtoras de papoula, enquanto as áreas limítrofes à Bacia Amazônica na América do Sul (Colômbia, Peru, Bolívia, Equador) concentram as plantações de coca. As áreas de produção de *cannabis*, contudo, são dispersas entre diversas regiões das Américas, África e Ásia, uma vez que é uma planta adaptável a uma grande variedade de condições geoambientais.

Nos últimos dez anos tem sido registrada uma certa dispersão geográfica da papoula, principalmente nas Américas. Isso parece refletir, de um lado, o aumento da demanda de heroína, e, de outro, a reação das organizações ligadas ao comércio da cocaína no sentido de responder às políticas de repressão incentivando a diversificação de produtos. A *natureza sistêmica* do comércio de drogas também se faz notar quando a repressão na produção e venda de alguma droga acaba por beneficiar o respectivo comércio, pois a diminuição da produção pode favorecer o aumento do preço.

Também nos últimos anos, a expansão da economia ilegal nos países do Leste Europeu, ao incorporar o tráfico e a venda de drogas, diversificou e ampliou o mercado tanto para produtores nacionais e internacionais como para consumidores locais. No caso da cocaína, a redução do consumo nos Estados Unidos pode ter sido parcialmente compensada pela expansão desses novos mercados e do mercado japonês.

Um aspecto interessante da relação entre oferta e consumo de drogas, se for considerado um tempo histórico mais largo, é a possibilidade de que a relação entre ambos não seja linear: um estudo sobre a evolução do consumo e do grau de tolerância social das drogas nos Estados Unidos, nos últimos 140 anos, mostrou que ambos variaram significativamente no tempo, não havendo uma correspondência direta entre oferta e consumo (MUSTO,1991).

b) A complexidade do domínio econômico-político: o risco e a fronteira nacional

A maior parte dos lucros com o comércio internacional de drogas é gerada nos países consumidores. Isso é válido tanto para as drogas sintéticas como para as orgânicas.

No caso do complexo coca-cocaína, o preço de 200 kg de folha de coca na zona de produção é de US$ 100,00; nos portos de saída dos países produtores, 1 kg de cocaína pode chegar a US$ 8,000,00. Nos principais centros atacadistas do Sul da Califórnia, Sul do Texas, em Nova York ou em Miami, o preço de 1 kg de cocaína pode variar entre US$ 10,500,00 e 40,000,00 (DEA, 1995). Em Londres, o preço já atingiu cem mil dólares (Polícia Federal/Brasil, 1995). Também para o tráfico de heroína, o preço nos Estados Unidos pode variar de US$ 100,000 a US$ 260,000,00/kg (origem Sudeste asiático); entre US$ 75,000,00 e US$ 200,000,00/kg (origem Sudoeste asiático); de US$ 50,000,00 a US$ 250,000,00/kg (origem México);

entre US$ 85,000,00 e US$ 180,000,00/kg (origem América do Sul), uma valorização de mais de 1000% em relação ao preço nos portos de saída (DEA, 1995).

O preço no atacado das drogas ilícitas nos principais países consumidores é uma função não só da pureza da droga e da distância ao local de produção, mas também do rigor dos mecanismos de fiscalização e controle de fronteira e de repressão policial de cada país. Em consequência, cada fronteira atravessada aumenta os riscos e, portanto, o investimento em corrupção e logística. Com isso, os preços aumentam e com eles a possibilidade de grandes lucros.

Nos Estados Unidos calcula-se que cerca de US$ 5-15 bilhões (20%), dos US$ 50-75 bilhões movimentados pelo comércio de drogas em 1990, foram dirigidos para fora do país, sendo que um terço enviado sob a forma de moeda e o restante transferido por meios eletrônicos através do sistema bancário norte-americano; a maior parte desses cinco a dez bilhões de dólares é movimentada para o pagamento dos traficantes estrangeiros que trazem a droga, e dos negociantes e distribuidores colombianos e mexicanos (LYMAN & POTTER: 161). Apesar de ser uma parcela menor, pois o grosso permanece no interior do próprio território norte-americano (as estimativas sobre a dimensão da economia ilícita não se referem à magnitude dos investimentos das organizações mafiosas em empreendimentos legais), esse fluxo de saída de crédito tem sido ferozmente combatido pelo governo norte-americano devido ao seu impacto negativo na balança de pagamentos, encarando-se a questão com a mesma gravidade dispensada aos gastos com importações de mercadorias legais (LEAHY & HILL, 1981).

O cerne dessa questão é que o comércio de drogas

ilícitas tem o caráter de atividade transnacional, opera em escala global, mas seus lucros dependem *da localização geográfica dos lugares de produção e de consumo, da existência de fronteiras nacionais e da legislação de cada estado nacional.*

Uma outra questão é que os lucros provenientes da economia da droga e das atividades ilícitas, em geral, afetam, igualmente, a formulação de políticas governamentais, principalmente dos países com baixa capacidade de endividamento junto às instituições bancárias oficiais, categoria em que se encontra uma grande parte dos países periféricos e semiperiféricos. O dinheiro acumulado pode funcionar como *bancos subterrâneos*, financiando reformas macroeconômicas, ademais de financiar guerras e movimentos subversivos ou antiguerrilheiros. Governos de países como o do Peru ou do Paquistão são frequentemente citados como *narco-regimes* por atrelarem seus projetos de reformas econômicas e/ou de compra de armas aos recursos provenientes da economia da droga.

Também os países de economia forte podem fazer uso de *bancos subterrâneos* para operações geopolíticas encobertas, como aconteceu nos Estados Unidos, onde os rumorosos casos "Irangate" e "Noriega" mostraram uma articulação entre governo e traficantes de droga e de armas (LYMAN & PORTER; 1991; SAULOY & LE BONNIEC, 1992).

Apesar do negócio da droga não ser, de maneira nenhuma, a fonte de receita mais importante de economias nacionais, seus lucros podem incrementar as reservas cambiais internacionais de um país, interferindo, portanto, nas políticas monetárias, bancárias e financeiras governamentais. O termo *narcodivisas*, por exemplo, já é usado para designar o papel da economia da droga na balança de pagamentos e reservas cambiais internacionais dos governos. A Colômbia, por exemplo, manteve uma situação de relativa estabilidade econômica durante a década de 1980, quando a maioria dos países latino-americanos se debatia sob o peso das dívidas com o sistema financeiro internacional; o custo político-social, no entanto, foi elevado (KALMANOVITZ, 1994).

c) A complexidade político-social

As múltiplas redes de governos, agências antidrogas e organizações internacionais de combate à droga não têm conseguido evitar o poder de corrupção daqueles que financiam, transportam, comerciam e protegem esse negócio. Isso afeta a estrutura do Estado nacional, na medida em que figuras políticas e altos funcionários de governos nacionais mantêm laços com as organizações criminosas; algumas vezes, os próprios agentes encarregados da repressão se envolvem com essas organizações. A corrupção não é seletiva, no sentido de que pode envolver tanto os países produtores como os países consumidores de droga, principalmente nos setores judiciário e policial. A gravidade dessa questão é tanto maior quanto maior for o vazio ético-cultural predominante no país (VARGAS, 1994: 7).

Por outro lado, as ações repressivas criam uma espécie de "economia antidroga", no sentido de que toda uma estrutura policial, jurídica, governamental, médica etc., passa a existir em função dela, movimentando bilhões de dólares e detendo não pouco poder. Não é estranho, portanto, que as políticas antidroga revelem, vez por outra, interesses geopolíticos consubstanciados em manobras e manipulações muito distantes de uma cruzada exclusivamente mobilizada por fatores médicos, éticos ou morais (DALLY, 1955; LABROUSSE & KOUTOUZIS, 1996).

Esse conjunto de fatores aponta para a complexidade da rede de tráfico de drogas ilícitas e indica que o poder da indústria da droga pode ser atribuído aos vínculos existentes entre esse grande negócio e práticas espaciais, econômicas e políticas legítimas (MACHADO, 1995).

Os Mecanismos de Lavagem de Dinheiro

Os mecanismos de lavagem de dinheiro constituem, talvez, a demonstração mais clara da dificuldade de isolar os *narcodólares.* Indicam que os fluxos de dinheiro envolvido na lavagem não decorrem somente do problema da droga, mas constituem um problema em si mesmo.

Existem mecanismos de lavagem específicos aos traficantes de droga, como o "*smurfing*" (Figura 2), que permite driblar a obrigação dos bancos de informar aos governos a procedência do dinheiro para depósitos acima de dez mil dólares, como ocorre nos Estados Unidos. Os "*smurfs*" não são, obrigatoriamente, pessoas envolvidas com o comércio de drogas. O traficante entrega o dinheiro a um intermediário, que contata indivíduos (que recebem uma quantia negociada em troca do serviço) encarregados de comprar cheques bancários no valor de dez mil dólares ou menos, devolvendo-os ao intermediário que, por sua vez, deposita os cheques na conta bancária doméstica ou estrangeira do

Figura 2 — *"Smurfing"*

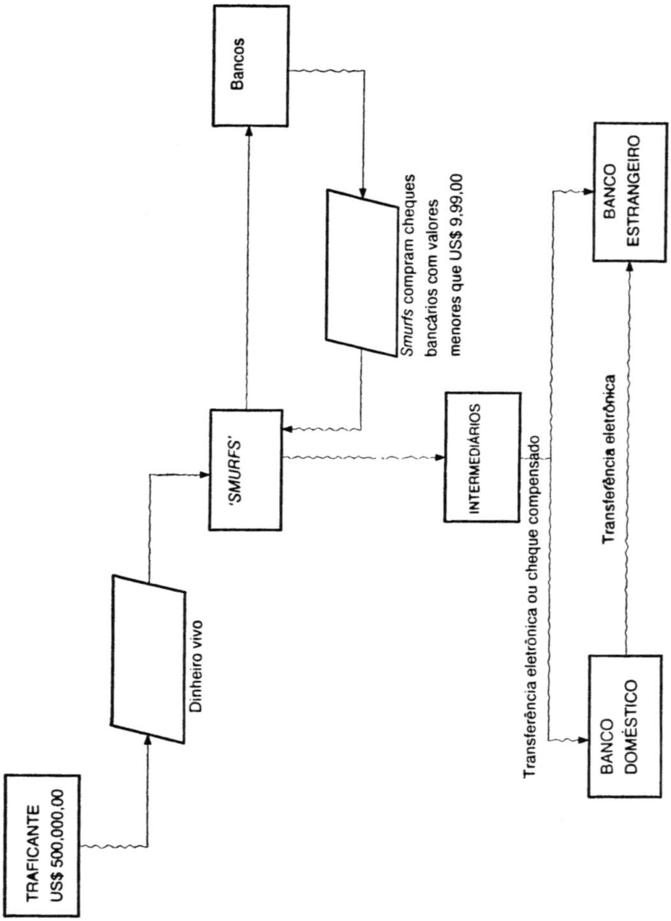

Apud LYMAN & POTTER, 1991

traficante por transferência eletrônica ou em cheques compensados.

Outros mecanismos, como o uso de casas de câmbio, o superfaturamento das importações ou o subfaturamento das exportações, podem e são utilizados por traficantes de drogas e contrabandistas, mas também por empresas que fogem dos impostos, da desvalorização da moeda ou por indivíduos envolvidos em "crimes de colarinho-branco". O superfaturamento reside na compra de mercadoria no exterior a um preço inflado. A diferença entre o preço inflado e o preço real é depositada numa conta bancária em algum paraíso fiscal. O subfaturamento consiste na venda de mercadorias a preço artificialmente baixo, e a diferença entre os preços é depositada em conta secreta num banco estrangeiro. O fisco norte-americano, por exemplo, calculou em US$ 30 bilhões o prejuízo causado por práticas fraudulentas de importação e exportação naquele país.

Um recente estudo sobre os métodos de lavagem de dinheiro utilizados na Ásia mostra que estes se diferenciam de acordo com os lugares geográficos envolvidos. Quando enviam dinheiro para os Estados Unidos, os traficantes asiáticos usam métodos simples, mas eficientes, como os já mencionados cheques administrativos bancários, ordens bancárias ou transferência eletrônica. Quando se trata de movimento entre os países asiáticos, os meios são mais sofisticados, como sub e superfaturamentos, cartas de crédito bancário, companhias de fachada, contrabando de ouro e pedras preciosas (DEA, 1994).

No Brasil, os recentes escândalos da falência dos Bancos Econômico e Nacional, no contexto da crise bancária resultante do controle do processo inflacionário, revelaram que estes bancos usavam sofisticados mecanismos de lavagem, não relacionados, até onde se sabe, ao tráfico de drogas. No caso do Banco Econômico, as transferências eletrônicas de dinheiro para paraísos fiscais como as ilhas Cayman, no Caribe, e a volta de uma parte ao Brasil como "investimento externo", tinham o objetivo, aparentemente, de cobrir rombos na matriz, seja por má administração ou desvio de fundos. Contudo, existe uma possibilidade real de que fluxos de dinheiro externo, de origem não declarada nos balanços da empresa, possam ter sido sustados, por um ou outro motivo, de modo que não foi possível cobrir os empréstimos do Banco Central, deixando o banco privado a descoberto e forçando a intervenção governamental. No caso do Banco Nacional, as chamadas "contas CC-5" (Carta Circular número 5 do Banco Central/19-69), criadas para atender à movimentação de dinheiro de pessoas físicas e jurídicas não residentes no país, puderam ser usadas tanto para escapar dos regulamentos de controle de saída de divisas do Banco Central (*evasão fiscal* ou *fuga de capital*), como para o retorno de recursos que estavam, nem sempre legalmente, no exterior (por exemplo, oriundos do 'caixa 2' de empresas). Essas operações criaram uma rede cujos nódulos eram as cidades de Foz do Iguaçu (Rio de Janeiro) e Ciudad del Este (Paraguai), mas que possivelmente podiam incluir outras agências do banco no exterior, como aquela localizada em Luxemburgo. Em geral, esse tipo de *operação em rede* envolve agências bancárias situadas em diferentes países, sendo o caso mais famoso aquele do BCCI (POWIS: 207).

Nesse contexto, os critérios para avaliar se a origem do dinheiro é ilícita não podem ser rígidos.

Dependem de um conjunto de fatores: a direção geográfica dos fluxos, os propósitos a que se destina, e mesmo a moralidade vigente. 'Fuga de capitais', por exemplo, pode ser classificado, em termos do sistema financeiro, como um dos tipos de movimento de capital a curto prazo ou, na pior hipótese, como capital especulativo, sem ser por isso considerado ilícito. No entanto, para os governos dos países de onde procedem, geralmente países em desenvolvimento, pode ser considerado como atividade ilegal, ao escapar da detecção oficial, provocar a instabilidade dos mercados cambiais e prejudicar, a longo prazo, o processo de acumulação doméstica de capital (KIM, 1993).

As organizações ligadas ao comércio de drogas e as organizações ligadas ao comércio de dinheiro (moeda, papel ou crédito) atuam na forma de rede e de fluxos que perpassam fronteiras nacionais, ao mesmo tempo em que são beneficiadas pela existência dessas fronteiras, na medida em que estas regulam o fator *risco*. Essa ambiguidade compartilhada — de potencializar os lucros, ao atuar de forma transnacional e, ao mesmo tempo, se beneficiar das diferenças jurídico-político-econômicas entre os estados nacionais — favorece a interação simbiótica entre ambos os sistemas.

A Geografia da Integração Financeira e a Lavagem de Dinheiro

Muitas das questões que afetam um grande número de países, entre eles o Brasil, como a dívida externa, o problema do investimento na reestruturação espacial e tecnológica do país, a adoção de inovações e suas consequências sobre a disposição geográfica do emprego, as relações com potências hegemônicas ou mesmo a inserção do país na logística do comércio ilegal de drogas e da lavagem de dinheiro, podem ser consideradas como aspectos de um fenômeno mais amplo: o problema fundamental do *crédito* no capitalismo mundial pós-1940.

A economia de mercado funciona, hoje, com a ajuda dos bancos de investimentos internacionais e dos mercados de capitais, ou seja, de um sistema de geração, compra e venda de crédito (STRANGE, 1986; MANDEL, 1989). Quem controla o acesso ao dinheiro, i.e., o crédito, exerce hoje um poder tão grande quanto aqueles que são ricos. Isso significa que não só governos, mas também bancos, companhias de seguros e operadores dos mercados financeiros detêm uma parcela considerável de poder na conjuntura internacional.

Esse sistema de criação, compra e venda de dinheiro é chamado de *sistema financeiro global* por ter se desenvolvido de forma mais ou menos independente dos governos nacionais (STRANGE: 49). De fato, a principal característica da expansão recente do sistema financeiro tem sido a *tendência de se liberar de enquadramentos 'regulatórios' de base territorial como aqueles do estado nação*. Tal processo, denominado de *globalização* (v. SANTOS, 1944: 48), tem feito com que uma parcela considerável do poder de decisão sobre o crédito tenha se deslocado das instituições fazendárias dos Estados nacionais para os bancos internacionais de investimento e mercados globais de capital.

Se é fato que os mercados de capital e os bancos de investimento atuam globalmente, manipulando fundos originários de diversos países e administrando diversos tipos de moeda, a evolução do sistema financeiro global nas últimas décadas indica que os estados nacionais não só estão na origem como têm se constituído na principal condição para o desenvolvimento e operação desse sistema. Os componentes do estado nacional cuja territorialidade é definida pela fronteira nacional, e.g., a base produtiva, a moeda, a legislação, a balança de pagamentos, a poupança nacional, a taxa de investimentos estabelecem *diferenciais econômicos, políticos, tecnológicos entre os estados que induzem o movimento, direção geográfica e acréscimo/decréscimo de valor dos fluxos financeiros.*

De um lado, o sistema de estados nações mantém, do ponto de vista jurídico, as prerrogativas de soberania; de outro, o poder fixado pelas fronteiras do estado nacional é cada vez mais limitado pela política de poder das grandes corporações e das altas finanças. Tal situação levou a um desdobramento peculiar, nos últimos anos, instituindo um "campo de manobras" onde um governo pode manipular os limites territoriais (fronteiras) sob sua jurisdição, de modo a criar *territorialidades* específicas e funcionais a esse estado de coisas. É o caso dos centros financeiros *offshore.*

Os *offshore havens* (paraísos fiscais) constituem, na atualidade, uma *territorialidade específica,* onde os regulamentos internos ao país são relaxados e modificados. Sua adequação funcional pode ser de curto prazo, na medida em que opera nos interstícios espaciais criados pela própria soberania dos estados nacionais frente à integração do sistema financeiro mundial. No entanto, sua funcionalidade poderá ter vida longa, caso seja uma *propriedade intrínseca* da evolução do sistema financeiro em escala global à reprodução de *espaços marginais* aos estados nacionais, complementar e simultânea às operações dinamizadas pela existência de diferenças entre eles.

O sentido literal do termo anglo-saxão *offshore* é "longe da costa, em direção ao mar", e, de fato, muitos desses lugares são ilhas espalhadas por oceanos e mares do globo. As ilhas na costa da Inglaterra (Man, Jersey e Guernsey), por exemplo, gozam de um estatuto de extraterritorialidade no que se refere à regulamentação financeira dominante no "continente" (Inglaterra). A questão se torna mais complexa porque nem só governos, mas também o próprio sistema financeiro, têm patrocinado a multiplicação desses 'refúgios'. Voltaremos à questão mais adiante.

a) Parâmetros internos da integração financeira mundial

O modelo teórico dos movimentos de capital internacional é bem mais arrumado e lógico do que no mundo real. Deixando de lado os fluxos de capital do setor público e os investimentos diretos, no qual o fluxo de capital é acompanhado por tecnologia, gerência e controle do país de origem, restam dois grandes tipos de movimento de capital: a) o movimento de capital de longo prazo, obtido no mercado de capitais para financiar atividades sobre as quais quem empresta não exerce controle subsequente no país receptor e b) o movimento de capital de curto prazo, que pode resultar de empréstimos para o financiamento de transações comerciais ou do movimento de fundos semilíquidos que se deslocam de centro para centro, impulsionados pela busca de lucro, segurança, ou resultam de arranjos contábeis de bancos ou corporações.

Idealmente, esses movimentos são lógicos. O capital de longo prazo se desloca de países ricos com alta renda e excedentes de poupança para países em desenvolvimento onde existem boas oportunidades de investimento; o capital de curto prazo se ramifica em fluxos que percorrem o mundo para o financiamento do comércio, num movimento estabilizador, ajustando excedente e déficit das balanças de pagamento de cada país.

Contudo, no mundo real as coisas não se passam dessa maneira. Apesar da história dos mercados financeiros e monetários ser muito antiga, existem especificidades do sistema financeiro na atualidade que não só divergem do modelo teórico como se diferenciam daquelas do passado. Existem movimentos perversos de capital de longo prazo (i.e., de países pobres para países ricos), e o capital de curto prazo realiza movimentos desestabilizadores.

A especificidade mais problemática do sistema financeiro na atualidade se encontra no capital de curto prazo, uma das maiores ameaças à estabilidade e administração das moedas nacionais desde a Segunda Guerra Mundial (SCAMMELL, 1994, STRANGE, 1994). O problema está no volume de capital de curto prazo nos mercados de dinheiro, que tem crescido de maneira geométrica, a ponto de forçar os Bancos Centrais a comprar e vender sua própria moeda quando movimentos especulativos ameaçam sua taxa cambial ou afetam o patrimônio líquido da economia (equivalente ao estoque de dinheiro + depósitos bancários). A situação se torna mais complicada pelo fato de existirem diversas 'espécies' de capital de curto prazo, além daquele considerado especulativo ("*hot money*") — instrumentos de crédito comercial, letras do Tesouro, depósitos bancários, depósitos de curto prazo, dinheiro em mãos do sistema bancário em quantidade superior à capacidade de absorção do próprio sistema, poupança em busca de rendimentos seguros etc.

A pergunta que emerge refere-se aos motivos que provocaram o aumento do volume de dinheiro e de fluxos de capital internacional nas últimas décadas. A maior parte dos estudos identifica como marco inicial as mudanças institucionais no mercado de capital internacional que ocorreram no final da década de 1950. Foi quando surgiu uma importante inovação financeira, o Eurodólar, e o mercado de empréstimos de "*offshore dólares*", isto é, de dólares em bancos localizados fora dos Estados Unidos, tendo como centro a cidade de Londres. Essa grande quantidade de dólares fora dos EUA foi uma consequência do persistente déficit da balança de pagamentos desse país frente ao resto do mundo (SCAMMELL: 102).

Como descrito por Susan Strange, dois fatores provocaram essa inovação: primeiro, a legislação norte-americana mantinha artificialmente baixa a taxa de juros sobre depósitos no país, mas em Londres os bancos norte-americanos e grandes investidores podiam cobrar juros mais altos sobre o empréstimo dos dólares que detinham, aumentando seus lucros; segundo, porque os britânicos (os únicos na Europa Ocidental) mantiveram controle sobre o câmbio nos fluxos de saída de capital *em libra,* mas não impediam que os bancos, inclusive os britânicos, movimentassem a entrada e a saída de depósitos *em dólares*. Essa atividade lucrativa, não regulada e não taxada, floresceu, de modo que, no final da década de 1960, os movimentos de entrada e saída de dólares nos mercados *offshore* (no sentido de 'fora dos EUA') foram agravando a incerteza e a instabilidade das taxas de câmbio em cada país. Para Strange, a possibilidade de empréstimos em Eurodólares foi o primeiro grande passo para a tendência de desregulação ou *liberalização* das finanças no mundo atual[3]. Depois de Londres e do Eurodólar, outros centros e outras moedas como o yen e o marco alemão entraram nos mercados de empréstimos instituídos fora de seus centros domésticos.

A tendência de desregulamentação do sistema financeiro foi acelerada na década de 1970, nessa ocasião liderada pelos Estados Unidos que, ao abolir as regras para a cobrança de comissões pelos negociantes de crédito, incentivou a competição entre bancos e operadores financeiros. Em consequência, estes foram levados a assumir maiores riscos e a inventar novas maneiras de criar e negociar créditos. Concomitante ao fim do acordo de Bretton Woods, a adoção de taxas de câmbio flutuantes em vez de fixas tornou os mercados financeiros mais especulativos. As incertezas do mercado criaram mecanismos de *hedging*, como o mercado de *swaps*, opções e futuros, que são essencialmente negociações de transferência de risco[4] e, mais recentemente, a *securitização*, que significa a transformação dos ativos financeiros das empresas em instrumentos negociáveis no mercado (v. BAER, 1992).

Os movimentos especulativos em busca de melhores taxas de juros, de ganhos em bolsa de valores ou ganhos com a flutuação da taxa de câmbio (variáveis nacionais) estimulavam a mobilidade transfronteira de capital e, principalmente, fez com que o valor de qual-

---

[3] Em 1964, os depósitos de *offshore* dólares foram calculados em US$ 11 bilhões; em 1970, US$ 40 bilhões; no final da década de 1970, US$ 400 bilhões; em 1984, US$ 1 trilhão; no final da década de 1980, $ 2,8 trilhões (R. MARTIN, 257).

[4] Riscos de alteração de taxa de juros, riscos de liquidez, câmbio, crédito, preço, riscos operacionais (v. THRIFT & LEYSHON, 1994, p. 302).

quer moeda nacional dependesse muito mais dos fluxos financeiros movidos pelo humor dos mercados de capital internacional do que pela balança comercial da economia real de cada país. Essa *condição sistêmica* das finanças internacionais aumenta também o *risco sistêmico*, que por sua vez estimula a criação de novos mecanismos para evitá-lo (BAER: 179).

Todas essas características sugerem que a disposição real do sistema financeiro global, assim como a do comércio internacional de drogas, pode ser melhor descrita a partir de sua concepção como 'sistema aberto', que evolui em condições "longe do equilíbrio". A forte instabilidade que caracteriza o sistema financeiro é induzida pelo comportamento instável de dois dos principais parâmetros do sistema — juros e câmbio. Por sua vez, a forte variação das taxas de juros e de câmbio é determinada pelos próprios fluxos que perpassam todo o sistema, i.e., os fluxos de capital internacional. Fatores aleatórios também interferem nesse comportamento, proveniente de eventos ocorridos em cada país, de declarações de instituições ou de indivíduos, de boatos ou mesmo de perturbações que ocorram no conjunto do sistema sem que se saiba sua origem precisa. Quer dizer que fatores determinantes e aleatórios atuam na evolução do sistema financeiro. Também as fronteiras nacionais, a distância geográfica e o território interferem na dinâmica desse sistema, ora como restrição (risco), ora como incentivo ao lucro (diferenciais entre estados).

b) Parâmetros externos na integração do sistema financeiro

A 'integração' do sistema financeiro é uma via de mão dupla, não só no que concerne às inovações financeiras como também às inovações tecnológicas na área da informática e das telecomunicações. Cada centro financeiro (lugar geográfico) é um nódulo e, ao mesmo tempo, um agregado de outros nódulos (banco, bolsas, agentes financeiros) de uma rede sustentada pelos meios de telecomunicação. Cada nódulo processa as informações disponíveis e atua em concordância a elas. Isso pode significar duas coisas: pode dar origem a 'processos cooperativos', no sentido de que decisões são tomadas sem que cada nódulo detenha *todas* as informações (HUBERMAN, 1990), mas a resultante aumenta a *sinergia positiva* do sistema, na medida em que a comunicação entre cada nódulo pode manter o sistema em 'estado estável' (o princípio teórico subjacente é o de que, quanto maior a comunicação dentro do sistema, maior será a proporção de flutuações [perturbações] insignificantes, ou seja, maior será a sua estabilidade). Inversamente, a precariedade da informação e a exigência estrutural de rapidez na tomada de decisão podem resultar numa *sinergia negativa*, no sentido de que informações incompletas rapidamente se espalham pelo sistema, a pequena flutuação que representa a ação de cada nódulo sendo ampliada, o que coloca em risco o 'estado estável' do sistema. De fato, a *operação em rede do sistema financeiro* permite não só a transmissão de informação de maneira cada vez mais rápida e mais barata como permite maior facilidade de acesso a diferentes mercados geograficamente dispersos.

A expansão da rede de transmissão de dados transformou o dinheiro em 'bit de informação'. A transferência eletrônica confere um caráter 'volátil' e anônimo ao dinheiro, constituindo-se, talvez, no principal fator isolado de impedimento às tentativas de regulação e de controle sobre sua origem.

Finalmente, a informática e as telecomunicações permitem o processamento eletrônico do grande volume de dinheiro movimentado internacionalmente. A criação de instituições *privadas* destinadas à gestão e eventual controle desse movimento se fundamenta numa rede de comunicações de alcance global, como é o caso da Society for Worldwide Interbank Financial Telecommunications (SWIFT), de propriedade da indústria bancária, e que oferece um eficiente sistema de processamento de pagamentos internacionais.

A movimentação internacional de dinheiro e os lucros financeiros têm mais ou menos obscurecido seu enlace com a economia real.

Em primeiro lugar, nos últimos quinze anos, a demanda por crédito do setor produtivo das economias mais fortes, isto é, dos países industrializados, aumentou. Grandes somas de dinheiro foram mobilizadas para atender ao processo de reestruturação industrial, tecnológica e gerência da base produtiva desses países: grandes fusões corporativas, informatização de processos produtivos, adoção de inovações em todas as fases de produção industrial e de serviços etc. O fluxo de investimento estrangeiro direto para esses países quadruplicou entre 1985 e 1989, assim como o fluxo líquido de créditos de bancos internacionais, destacando-se os Estados Unidos como maior receptador; inversamente, os fluxos de investimento e de recursos financeiros para os países em desenvolvimento decresceram, com exceção do Sudeste asiático e do Leste europeu (BAER: 175).

Mais recentemente, na primeira parte da década de 1990, os países em desenvolvimento, tanto através do governo como de firmas privadas e paraestatais, afluíram ao mercado internacional de capitais em busca de crédito, procurando parceiros entre os agentes financeiros para lançamento internacional de letras do Tesouro, ações e títulos de companhias privadas e públicas etc. Apesar da instabilidade das economias latino-americanas e do Leste asiático, a absorção de capitais triplicou entre 1988 e 1994, envolvendo um montante de US$ 140 bilhões/ano, principalmente destinado a projetos de infra-estrutura (*Business Week*, 1994). Mesmo depois da crise mexicana (final de 1994), tanto o México como o Brasil e a Argentina estão levantando empréstimos através da venda de títulos emitidos em yen e marco alemão (*Business Week*, 1995).

Em segundo lugar, as inovações financeiras destinadas à transferência de risco incidentes em créditos comerciais ou nos preços de mercado (juros, mudanças cambiais, inflação, recessão) foram também incentivadas pela expansão do comércio internacional, expressa nos grandes volumes de mercadorias sendo vendidas globalmente. Como o comprador e o vendedor em transações internacionais estão separados pela distância geográfica e pelas fronteiras nacionais, cada parceiro enfrenta grandes riscos potenciais.

Diversos tipos de agentes financeiros com âmbito de ação internacional se encarregam de executar as operações de transferência de risco (o que não significa que o risco desaparece). A flexibilidade na produção desses e de outros serviços financeiros permite, de um lado, que "demandantes de recursos possam dispor de uma operação no mercado financeiro internacional equivalente à de um sistema financeiro de um país específico, ao qual ele não teria acesso direto" (BAER: 178), de outro, incentiva a proliferação de agentes e de operações financeiras difíceis de rastrear e controlar, caso se esteja buscando, por exemplo, operações de lavagem de dinheiro.

A expansão do crédito ao consumidor, representada pela multiplicação de *cartões de crédito,* também faz parte do processo de integração do sistema financeiro mundial. Componente do primeiro 'pacote' de inovações financeiras, o cartão de crédito surgiu nos Estados Unidos em 1958, lançado pelo Bank of America. Hoje, as grandes multinacionais financeiras e bancárias que exploram o mercado mundial de cartões de crédito (Visa, Mastercard, American Express etc.) constituem um sistema também baseado em *operações em rede* e transferência eletrônica de dinheiro, envolvendo serviços bancários e financeiros de cada país integrante. Em 1995, o Brasil registrou 4,5 milhões de portadores desses cartões, perfazendo 28,4% da população economicamente ativa (Grupo de Diários América, 1996). Afora ser uma dimensão da economia, a expansão do cartão de crédito representa uma mudança cultural, uma vez que implica a reversão dos hábitos da classe média, em geral refratária à convivência com o endividamento.

Portanto, também no caso dos cartões de crédito, os avanços na tecnologia da informação constitui uma condição e um incentivo para sua expansão. Além disso, essa expansão significa a maior conjugação do setor comercial com o setor financeiro, ao permitir que qualquer firma com grande clientela ofereça versões genéricas de serviços financeiros (como empréstimos, depósitos, cartões de crédito e seguro limitado).

Por último, uma inovação dos anos 90 envolvendo sistema financeiro e redes de telecomunicação é o aparecimento de *bancos cibernéticos,* que podem movimentar fluxos de capital através da Internet sem que as autoridades de cada país possam rastreá-los, fato que possibilitaria o que está sendo denominado de "lavagem cibernética" (*O Globo*, 1996).

c) Centros financeiros e "paraísos fiscais"

Todos os fatores assinalados acima estão envolvidos na expansão *global* dos sistemas bancário e financeiro. Contudo, essa expansão é liderada por um número relativamente pequeno de centros financeiros que operam em escala internacional. Significa que os fluxos de capital internacional que percorrem os sistemas bancário e financeiro se "condensam" em certos *lugares* e *regiões* geográficas (Mapa 2).

A distribuição geográfica dos principais centros segue, *grosso modo*, uma hierarquia, medida por características como: a) a massa crítica (aglomeração) de bancos e instituições financeiras; b) a proporção de transações bancárias e financeiras externas, tanto em moeda estrangeira quanto nacional; c) a quantidade/variedade de serviços especializados oferecidos; d) o número e peso de instituições bancárias e financeiras estrangeiras operando no lugar.[5]

Por esses critérios, os três maiores centros financeiros são as metrópoles de Londres, Tóquio e Nova York. Não há dúvida que cada uma delas são cabeças de uma considerável área de influência. Enquanto a posição das duas últimas metrópoles não é surpreen-

---

[5] O número de bancos estrangeiros operando nos Estados Unidos era de 246 em 1987, representando 22,6% dos ativos bancários, e de 350 bancos em 1990, subindo a proporção de seus ativos para 57%. No fim de 1983 havia 315 bancos estrangeiros operando na Grã-Bretanha; em 1990, o número era de 350, representando 56,4% dos ativos bancários (v. KIM, 1993).

Mapa 2

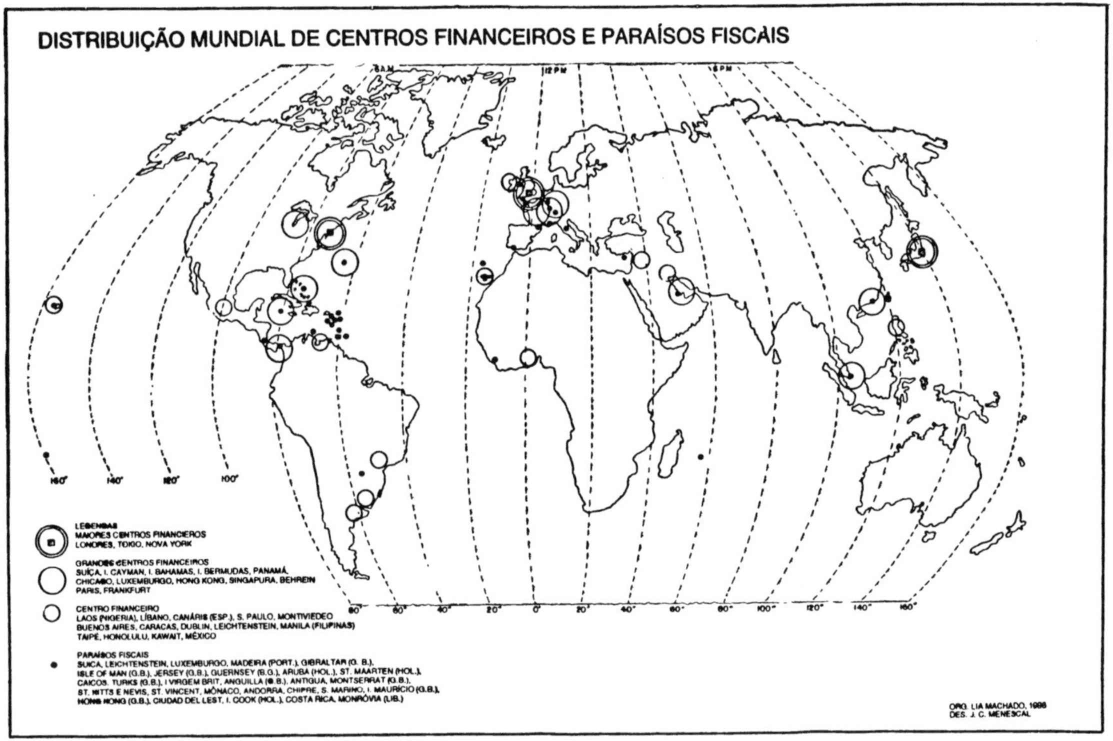
DISTRIBUIÇÃO MUNDIAL DE CENTROS FINANCEIROS E PARAÍSOS FISCAIS
6 AM
12 PM
6 PM
160° 140° 120° 100°
80° 60° 40° 20° 0° 20° 40° 60° 80° 100° 120° 140° 160°
LEGENDAS
MAIORES CENTROS FINANCEIROS
LONDRES, TOKIO, NOVA YORK
GRANDES CENTROS FINANCEIROS
SUÍÇA, I. CAYMAN, I. BAHAMAS, I. BERMUDAS, PANAMÁ,
CHICAGO, LUXEMBURGO, HONG KONG, SINGAPURA, BEHREIN
PARIS, FRANKFURT
CENTRO FINANCEIRO
LAOS (NIGERIA), LÍBANO, CANÁRIS (ESP.), S. PAULO, MONTIVIEDEO
BUENOS AIRES, CARACAS, DUBLIN, LEICHTENSTEIN, MANILA (FILIPINAS)
TAIPÉ, HONOLULU, KAWAIT, MÉXICO
PARAÍSOS FISCAIS
SUICA, LEICHTENSTEIN, LUXEMBURGO, MADEIRA (PORT.), GIBRALTAR (G. B.),
ISLE OF MAN (G.B.), JERSEY (G.B.), GUERNSEY (B.G.), ARUBA (HOL.), ST. MAARTEN (HOL.),
CAICOS. TURKS (G.B.), I VIRGEM BRIT, ANGUILLA (G.B.), ANTIGUA, MONTSERRAT (G.B.),
ST. KITTS E NEVIS, ST. VINCENT, MÔNACO, ANDORRA, CHIPRE, S. MARINO, I. MAURÍCIO (G.B.),
HONG KONG (G.B.), CIUDAD DEL LEST, I. COOK (HOL.), COSTA RICA, MONRÓVIA (LIB.)
ORG. LIA MACHADO, 1998
DES. J. C. MENESCAL

dente, tendo em vista que correspondem às atuais potências hegemônicas do planeta, Londres constitui, em certa medida, um desvio da norma, mesmo considerando os laços que a Grã-Bretanha mantém com o Commonwealth e as colonias. Diversos motivos contribuíram para que a metrópole londrina assumisse um papel destacado como centro financeiro e bancário, além daqueles já apontados, concernentes à desregulação pioneira nas operações de mercado bancário e de dinheiro (Eurodollar e Eurocurrency). Entre esses motivos, destacam-se a aglomeração de pessoal qualificado associado a múltiplas comunidades étnicas formando uma espécie de polo multilíngue e o fato de ser centro de numerosas redes "discursivas": redes de recepção, processamento e transmissão de informação, principalmente *eletrônica* e.g. agências de notícias; mídia especializada em finanças globais; redes de telecomunicação (THRIFT & LEYSHON, 1994).

Não obstante a importância dos três maiores centros financeiros mundiais, um dos aspectos mais notáveis da economia internacional nos últimos anos tem sido a *redistribuição do poder no nível mundial.* Esse poder consiste na habilidade de influenciar eventos em três campos: acesso aos mercados e uma participação significativa nos fluxos comerciais; liberdade de decisão em assuntos monetários, como taxas de câmbio, taxas de juros e fluxos de capital, e de coordenar decisões externas com decisões relevantes às políticas econômicas internas; capacidade de negociação com outros países a partir de uma posição forte de barganha (SCAMMELL: 105).

A Tabela 1 mostra a posição dos grandes centros financeiros mundiais no que se refere à importância das transações envolvendo empréstimos de grande porte, conduzidos pelo sistema bancário localizado em cada país, seja de bancos domésticos ou estrangeiros. Nela se observa que Londres e Nova York, tradicionais líderes em bancos de investimento internacional, experimentaram um declínio na participação em empréstimos internacionais, enquanto o Japão e os centros "*offshore* aumentaram significativamente sua participação. É provável que os dados para a década de 1990 mostrem uma alteração, tendo em vista a tendência de segmentação do mercado de acordo com a nacionalidade das instituições (MARTIN: 265).

Tabela 1 — Sistema Bancário Internacional por País

País	1980	1985	1989
Reino Unido	27,0	25,4	20,5
Japão	5,0	10,8	20,6
EUA	13,4	13,3	10,0
"Paraísos fiscais"	10,7	18,5	18,4
França	10,8	7,1	6,7
Alemanha	5,5	3,2	3,7
Suíça	4,5	6,4	5,7
Luxemburgo	6,7	4,1	4,2
Bélgica	4,2	3,8	3,5
Holanda	4,7	2,6	2,8
Itália	2,3	2,2	1,8
Canadá	2,7	2,3	1,3

Empréstimos de grande porte, como percentual de participação no mercado total de empréstimos internacionais

Apud R. MARTIN, 1994 (Fonte: *Bank of England Quaterly Bulletin*, 1989)

Observa-se também que um número significativo de países europeus aparecem como centros financeiros, compondo um segundo nível hierárquico. Embora tendo uma participação menor no mercado de empréstimos internacionais, esses centros oferecem uma variedade de serviços financeiros, têm massa crítica de bancos e abrigam um grande número de agências de bancos estrangeiros.

Em grande medida, essa redistribuição de poder no nível mundial se deve às estratégias diferenciadas de regulamentação (de *abertura* do mercado) adotadas por cada centro. Porém outros fatores são igualmente importantes: a formação da Comunidade Econômica Europeia deu à Europa Ocidental maior voz nas negociações com os Estados Unidos e com o Japão; o dinheiro em mãos dos países produtores de petróleo; o crescimento da economia japonesa e do Sudeste Asiático; o fato de que as corporações multinacionais, cuja riqueza ultrapassa a de muitos países, têm ramificado seu poder muito além das fronteiras domésticas de sua sede, criando uma rede de gestão complexa, com unidades de produção dispersas pelo mundo, estratégias de mercado concebidas como uma operação mundial, transações com capital proveniente de uma variedade de fontes e capital de giro obtido em vários sistemas bancários.

A enorme capacidade de acesso e de mobilização de recursos financeiros em escala mundial tem levado as corporações multinacionais a desenvolverem estratégias de investimento de lucros e de pagamento de impostos e taxas movidos unicamente pela contabilidade de perdas e ganhos da empresa. Apesar de não existirem estatísticas que possibilitem medir os fluxos de "*hot money*", o tamanho e a mera proliferação das corporações multinacionais indicam que a redistribuição de seus fluxos financeiros deve ser grande. O poder em mãos dessas corporações tampouco pode ser limitado por um sistema de controle político baseado apenas na existência dos estados nações.

Um terceiro nível hierárquico de centros financeiros pode ser reconhecido, principalmente em lugares onde têm se desenvolvido os denominados "mercados financeiros emergentes". Nesses mercados, o "*hot money*" proveniente de diversas fontes, principalmente de especuladores financeiros e de investimentos em portfólio de fundos mútuos e investidores individuais, administrados por grandes agentes financeiros multinacionais, "aquece" as bolsas de valores, tanto de dinheiro como de *commodities*.

O investimento de capital de curto prazo é uma atividade corrente nas chamadas 'economias abertas', pois se trata do direito do investidor buscar melhores alternativas tanto no ambiente doméstico quanto no estrangeiro para remuneração de seu capital. Essas alternativas são reguladas pelos juros oferecidos em cada país, levando-se em conta os ganhos e perdas que podem ocorrer devido à movimentação da taxa cambial (desvalorização ou valorização da moeda).

Contudo, nos últimos vinte anos, sob o guarda-chuva dos movimentos de capital de curto prazo, tem crescido, em termos de volume e mobilidade, a proporção de sua variante especulativa, isto é, aquele fluxo de capital cujo rendimento futuro é calculado sob expectativas e não termos contratuais fixos. Significa que não só existem grande volumes de dólares e de outras moedas sendo transacionados *fora* do país de origem, como esse "*hot money*" (porque não fica por muito tempo nas mãos de quem o detém) circula "24 horas por dia" pelos mercados financeiros mundiais, driblando regulações governamentais e configurando um fluxo de dinheiro que a revista *Business Week* denominou de "*stateless money*" (cit. R. MARTIN, 1994).

Tendo em vista os grandes fluxos de "*hot money*" que percorrem o planeta à procura de lucros eventuais, sem que os estados nacionais possam efetivamente exercer um controle (caso estejam interessados) sobre operações realizadas em lugares geográficos dos mais diferenciados, com frequência distantes um do outro, interligados por meios de comunicação via satélite, e tendo em vista que são grandes bancos internacionais e uma plêiade de agentes financeiros que realizam essas operações consideradas legais pelo sistema, pode-se argumentar que o campo de manobra para a lavagem de dinheiro dos traficantes de droga (ou qualquer outra atividade ilegal) é amplo, com muitos nichos a serem aproveitados por operações de lavagem.

A política de "abertura" bancária e financeira que está sendo seguida atualmente pelo governo do Brasil é uma tentativa de estabelecer mecanismos de regulamentação e de desregulamentação de operações financeiras, semelhantes aos dos grandes centros mundiais, de modo a competir por crédito e por "*stateless monies*", em consequência incrementando as reservas internacionais em moeda estrangeira do país (*divisas*), o que funciona como uma espécie de garantia para políticas internas e externas de investimento. O dinheiro procedente do tráfico de drogas constitui, portanto, apenas uma parte da movimentação de capital internacional que entra e sai do país.

Através das bolsas de São Paulo e do Rio de Janeiro tem sido registrado um significativo aumento dos investimentos externos, principalmente do capital de curto prazo. Entre 1992 e 1995, o total de investimentos externos (ingresso) foi, em números redondos, sucessivamente, US$ 5 bilhões, US$ 16 bilhões, US$ 27 bilhões, US$ 28 bilhões. Mostrando a mobilidade ("volatilidade") desse capital, no mesmo período o saldo líquido (ingresso menos retorno) foi de US$ 2,8 bilhões, US$ 7 bilhões, US$ 9,3 bilhões, e US$ 7,2 bilhões. A maior parcela dos investimentos foi de portfólio, numa proporção que variou entre 74% e 80% do total de investimentos externos, nesses quatro anos (Banco Central do Brasil, 1996).

No que se refere à origem geográfica dos fluxos de capital de curto prazo dirigidos ao Brasil em 1995, 33% eram procedentes da América Central (Panamá e Ilhas do Caribe), 33% da América do Norte (Estados Unidos e Canadá), 23% da Europa, 2% da Ásia e 1% da América do Sul (ver gráfico). Em 1994, somente o saldo dos investimentos das Ilhas Bahamas, Bermudas e Cayman no Brasil chegava a US$ 4,8 bilhões, em grande parte representando a repatriação de fuga de capitais de anos precedentes (*Gazeta Mercantil Latino-americana*, 1996).

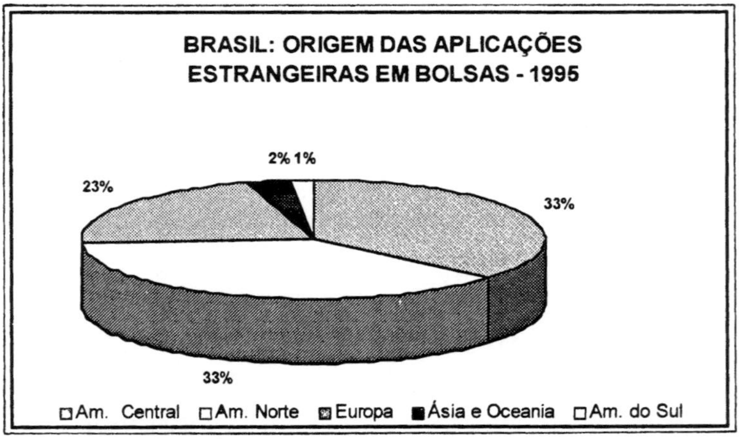

FONTE: CVM, 1995

De fato, o dinheiro do "caixa 2" de empresas brasileiras compõem um fluxo de saída de capital, dirigido aos centros financeiros e paraísos fiscais, base de operações de onde o dinheiro pode ser redirecionado para outros mercados financeiros.

Um estudo do Fundo Monetário Internacional, em 1991, cruzou as informações oficiais prestadas pelas autoridades de 33 centros financeiros mundiais e concluiu que não residentes de origem brasileira, excetuando bancos, dispunham de cerca de US$ 17,4 bilhões no final de 1990 em depósitos (contra US$ 9,7 bilhões em 1985). Entre os centros mencionados nesse estudo estão as Ilhas Bahamas, Ilhas Cayman, Hong Kong, Luxemburgo, Antilhas Holandesas, Cingapura, Suíça e Panamá (*Jornal da Tarde*, 1991).

Entre 1991 e 1994, o volume de capital que saiu do Brasil para Bahamas, Bermudas e Cayman foi de $1,7 bilhão. O dinheiro enviado ao Brasil por esses mesmos lugares foi destinado principalmente às bolsas de valores, mas também veio para cobrir pagamentos de companhias de seguros e de serviços técnicos de auditoria (ALBERTO JUNIOR, 1996). Isso significa que além de repatriação de capitais, de dinheiro da lavagem e outros "*hot monies*", operações legais para pagar serviços também utilizam as mesmas bases de operações. Vale reiterar que esse padrão não é peculiar ao Brasil e nem mesmo a outros países periféricos. Trata-se de um processo comum a todos os países integrados pelos sistemas bancário e financeiro internacionais.

Como assinalado anteriormente, o comportamento dos mercados de capitais de curto prazo depende, em grande medida, da política de juros e de câmbio dos governos. Juros altos no Brasil podem atrair capitais de curto prazo, mas basta os Estados Unidos ou outro país assinalar um aumento de juros que o fluxo de capital pode ser para lá direcionado. É esse jogo financeiro que Susan Strange denominou de "economia de cassino", que, no entanto, cria um vasto campo de manobras para os mais diversos interesses geopolíticos, sejam eles de corporações, governos, agentes financeiros, ou bancos de investimentos multinacionais. O pensamento geopolítico, já faz muito tempo, deixou de ser prerrogativa de governos nacionais.

Um dos casos de lavagem de dinheiro procedente do tráfico de cocaína nos Estados Unidos, descoberto pelas autoridades antidroga do país e examinado pelo Senado norte-americano em 1988, pode ilustrar não só a simbiose com os sistemas bancário e financeiro, como deixa claro que esse componente é tratado por todos os envolvidos como o grande negócio ("*big business*") que é, efetivamente. O dinheiro, em notas de valores os mais variados, era acondicionado em caixas expressamente feitas para acomodá-lo e enviado por avião, em voo regular de companhias norte-americanas, até o Panamá. A quantia envolvida variava entre 50 e 100 milhões de dólares por mês. Na sua chegada o dinheiro era transportado em carros blindados da filial local de uma companhia norte-americana de transporte de valores ou pela polícia militar aos bancos, principalmente o Banco Nacional do Panamá. O encarregado da operação pedia ao banco que repartisse o dinheiro por uma série de contas, de modo a não perder os juros sobre os depósitos. Desde o Panamá o dinheiro era enviado, por transferência eletrônica, para agências bancárias em Curaçao, Hong Kong e Suíça, ou retornava aos Estados Unidos, como 'dinheiro limpo', a ser investido em portfólios diversificados em certificados de depósito, ações e produtos diversos do mercado financeiro (v. SAULOY & Le BONNIEC: 326).

Sob a denominação genérica de "paraísos fiscais" existe uma variedade de serviços e formas de regulamentação à disposição de instituições e agentes bancários e financeiros que operam em escala global. A Suíça, por exemplo, pode ser considerada um paraíso fiscal na medida em que sua regulamentação nacional permite o sigilo bancário e a possibilidade de indivíduos e empresas terem contas numeradas. Esse país constitui, na verdade, a mais antiga "ilha", localizada no centro da Europa, dedicada a operações consideradas ilegais em outros países, o que lhe permitiu ser um centro financeiro mundial, além de sede de grandes corporações, mais recentemente, neste século, de organismos internacionais. Seguindo o exemplo da Suíça estão Luxemburgo e Lietchenstein, apesar de serem menos rígidos e exigentes do que os suíços no que se refere a determinadas regulamentações, como, por exemplo, a instalação de agências bancárias e firmas de fachada. No outro lado do espectro, Ciudad del Este, no Paraguai, que não é um centro financeiro segundo os critérios apontados, é uma cidade que se tornou estratégica para operações de lavagem em rede, seja de dinheiro do tráfico, seja do caixa 2 de empresas, seja para fuga de capitais, principalmente utilizada pelos países do Cone Sul.

A disposição geográfica dos paraísos fiscais mostra um padrão longitudinal, guardando uma relação com os grandes centros financeiros. Esse padrão não é casual, pois uma das condições de operação do sistema financeiro em escala global é a hora de abertura e fecha mento dos mercados. O mercado de Londres, tanto "*inshore*" como "*outshore*", por exemplo, se beneficiou com o fato de estar localizado no meridiano inicial, o que lhe permite ter informação sobre a posição de fechamento nos Estados Unidos e no Japão no mesmo dia (londrino).

Um outro aspecto que influi na disposição geográfica dos paraísos fiscais é sua articulação com antigas metrópoles. Assim, Cingapura, Hong Kong, Gibraltar, antigos componentes do império britânico, hoje protetorados ou independentes, estão fortemente articulados com o mercado londrino. A cidade do Panamá tem sido, nos últimos noventa anos, um apêndice da Zona do Canal, protetorado norte-americano. As Ilhas do Caribe que se tornaram paraísos fiscais como Cayman, St. Maarten, Bahamas, Ilhas Virgens Britânicas são antigas ou atuais colonias da Grã-Bretanha, da Holanda e da França. Isso não significa, evidentemente, que mantenham laços exclusivos com a metrópole: tanto nas Bermudas como nas Ilhas Bahamas estão localizadas agências de grandes bancos internacionais, como o Citicorp (EUA), Barclays (Grã-Bretanha), National Westminster (Grã-Bretanha), Bank of Boston (EUA), ABN-AMRO (Holanda) etc., fato amplamente divulgado nas propagandas desses bancos em revistas de circulação internacional. Todas as grandes instituições financeiras obedecem a uma estratégia multilocacional de colocar agências em quase todos os grandes centros financeiros mundiais.

Esses locais são funcionais não só aos esquemas de lavagem de dinheiro, qualquer que seja sua procedência. Igualmente importante é o lado fiscal do 'paraíso', isto é, a existência de regulamentação local que permite às corporações se livrarem de impostos e taxações e, é claro, do controle do Banco Central e da legislação dos respectivos países. Um estudo recente mostrou que 30% das 500 maiores companhias europeias têm subsidiárias nas ilhas do Canal da Mancha.

Apesar dos mais conhecidos no Brasil serem aqueles localizados nas ilhas do Caribe, até mesmo porque abrigam agências de grandes bancos nacionais, alguns deles recentemente envolvidos em escândalos de lavagem (Econômico, Nacional), a lista de paraísos fiscais inclui áreas da Comunidade Europeia, como as já mencionadas ilhas do Canal da Mancha e a Ilha de Man (ligadas ao centro financeiro londrino), além da Ilha da Madeira, Gibraltar, Chipre, e outras. Na Ásia, destacam-se Bahrein, Hong Kong e Cingapura (ver Mapa).

Na medida em que os países vão alterando a regulamentação de seus mercados financeiros e bancários e que a competição entre as instituições aumenta, o sistema financeiro global se encaminha para um novo patamar. Em primeiro lugar, as atividades de mercado têm se tornado muito sensíveis às pequenas diferenças nas vantagens competitivas e na *performance* dos diferentes centros financeiros. Em segundo lugar, as mudanças de posição dos maiores centros se relacionam tanto às mudanças na participação em mercados financeiros por instituições de diferentes nacionalidades como pela mistura de nacionalidades das instituições que operam em cada centro. Em terceiro lugar, os grandes bancos comerciais, de modo a competir com os grandes bancos de investimento internacional e com instituições financeiras, estão criando setores *internos ao banco* que operam como se estivessem "*offshore*", isto é, com uma regulamentação distinta daquela válida para operações no mercado doméstico (MARTIN, 1994; ROBERTS, 1994).

O que essas mudanças indicam, particularmente a última, é que o sistema está chegando a um outro nível de complexidade, onde o conceito de "território" não poderá mais se fundamentar exclusivamente nos princípios da geometria euclidiana de superfície plana, contínua (terrestre) e de *extensão* de superfície.

Bibliografia

ALBERTO JÚNIOR, C. "Paraísos fiscais. A remessa de dinheiro brasileiro cresceu 67%", *Gazeta Mercantil Latino-americana* 13-19 maio, p. 20, 1996.

BAER, M. "As restrições financeiras à retomada do desenvolvimento na América Latina", *Novos estudos, CEBRAP* 33, julho 1992: 173-186.

BANCO CENTRAL DO BRASIL, *Indicadores Econômicos,* maio 1996.

BAREL, Y. *La societé du vide,* Paris, Seuil, 1984.

BASTOS, F. I. *Ruína e reconstrução: Aids e drogas injetáveis na cena contemporânea,* Tese de Doutorado, Rio de Janeiro, E.N.S.P/Fiocruz, 1995.

BLIXEN, S. "L'argent de la drogue et la drogue de l'argent. La banque latino-américaine et le narco-trafic", em A. Labrousse & A. Wallon (org). *La planète des drogues,* pp. 275-290.

BUSINESS WEEK. "Financing world growth", *Business Week,* 3 October, pp. 42-45, 1994.

BUSINESS WEEK. "Cash is flowing South again", *Business Week,* 2 October, pp. 48-49, 1995.

CEBRID. III *Levantamento sobre Consumo de Drogas,* S.Paulo, CEBRID, 1994.

CHAVEZ ALVAREZ, M. G. "Narcotráfico: um novo item nas relações entre os EUA e a América Latina", *Política e Estratégia,* 7(1): 40-52, jan/mar, 1989.

DALLY, A. "Anomalies and mysteries in the 'War on Drugs'", em R. Porter & M. Teich, *Drugs and Narcotics in History,* pp. 199-214,1995

DEA (Drug Enforcement Administration) U.S. Dept. Justice. "Asian Money Movement Methods" (1994), publicado em *Burma Debates,* pp. 29-36, feb/mar, 1995.

DEA. *National Narcotics Intelligence: the supply of illicit drugs to the United States*, Washington, August, 1995.

DUPUY, J-P. *Ordres et désordre.Enquête sur un nouveau paradigme*, Paris, Seuil, 1990.

ESCOHOTADO, A. *Historia de las drogas*, Madrid, Alianza Editorial, 3 vol, 1989, 3a ed., 1995.

O GLOBO. "EUA investigam a 'lavagem cibernética'", *O Globo*, 17 maio, p. 21, 1996.

GRUPO DE DIÁRIOS AMÉRICA. "Pulso Latinoamericano", *O Globo*, 19 jan, p. 28, 1996.

HARTLYN, J. *Drug trafficking and democracy in Colombia in the 1980s*, Working paper, s/d, ICPS-Barcelona, p. 45.

HARVEY, D. *The condition of postmodernity*, London, Blackwell, 1989.

HUBERMAN, B. "The performance of cooperative systems", *Physica* D, 42: 38-47, 1990.

JORNAL DA TARDE. "Instabilidade também gera fuga de capital", *Jornal da Tarde*, 5 Junho, 1991, p. 12.

KALMANOVITZ, S. "Análisis macroeconómico del narcotráfico en la economía colombiana", em R.Vargas, *Drogas, poder y region en Colombia*, 1994, pp. 11-58.

KIM, T. *International money and banking*, London, Routledge, 1993.

LABROUSSE, A. & Wallon, A. (org). *La planète des drogues*, Paris, Seuil, 1993.

LABROUSSE, A. & Koutouzis, M. *Géopolitique et Géoestrategies des Drogues*, Paris, Economica, 1996.

LEAHY, E. & Hill, J. "The spatial distribution of international monetary reserves", *Geographical Review* 71(1): 64-82, 1981.

LYMAN, M. & Porter, G. *Drugs in Society*, Cincinnati, Anderson Publis. Co., 1991.

MACHADO, L. *A rede de tráfico de drogas e a lavagem de dinheiro: o papel da Amazônia brasileira*. Trabalho apresentado no Simpósio internacional A Geografia política e o desafio do desenvolvimento sustentável, Rio de Janeiro, UGI/UFRJ, mimeo.

MANDEL, E. "The infernal logic of the debt crisis" em M.Gottdiener e N.Komninos (eds): *Capitalist development and crisis theory: accumulation, regulation and spatial restrutructuring*, London, Macmillan, 1989

MARTIN, R. "Stateless monies, global financial integration and national economic autonomy: the end of geography?", em S. Corbridge et alli, *Money, Power and Space*, London, Blackwell, 1994, pp. 253-278.

MUSTO, D. F. "Opium, cocaine and marijuana in American History", *Scientific American*, July, 1991, pp. 20-27

PORTER, R. & Teich, M. *Drugs and narcotics in history*, Cambridge, Cambridge University Press, 1995.

POWIS, R. E. *Os lavadores de dinheiro*, Rio de Janeiro, Makron Books do Brasil, 1993 (original de 1992, EUA).

ROBERTS, S. "Fictitious capital, fictitious spaces: the geography of offshore financial flows", em S. Corbridge et alli, 1994, pp. 91-115.

RORTY, R. *Contingency, irony and solidarity*, Londres, Cambride Univ. Press, 1989, reimpressão de 1994.

SANTOS, M. *Técnica. Espaço Tempo.Globalização e meio técnico-científico informacional.*, S. Paulo, 1994.

SAULOY, M. & Le Bonniec, Y. *A qui profite la cocaine?*, Paris, Pluriel, 1992.

SCAMMELL, W. M. *The international economy since 1945*, 2a ed., London, MacMillan, 1994.

SIMMEL, G. *The philosophy of money*, [1907] Ed. D. Frisby, London, Routledge, 2nd ed. 1990.

SOUTH, R. "Coca in Bolivia", *Geog. Rev.* 77: 22-33, 1977.

STRANGE, S. "From Bretton Woods to the casino economy", em S. Corbridge et alli, 1994, pp. 49-62.

THRIFT, N. & Leyshon, A. "A phantom state? The de-traditionalization of money, the international financial system and international financial centres", *Political Geography* 13(4): 299-327.

UNDCP. "Present status of knowledge on the illicit drug industry", Discussion paper, United Nations International Drug Control Programme, Viena, August, 1994.

VARGAS, R. (comp). *Drogas, poder y region en Colombia*, Bogotá, Cinep, 1994.

Parte II

Escala Nacional

Metrópoles, Corporações e Espaço: uma Introdução ao Caso Brasileiro*

Roberto Lobato Corrêa

O presente estudo procura, de modo sistemático, qualificar as metrópoles brasileiras enquanto centros de gestão do território, considerando para isto a intensidade, diversidade e a atuação espacial metropolitana no que se refere ao controle de atividades econômicas no espaço brasileiro.

Trata-se de um estudo introdutório, eminentemente descritivo, que pretende contribuir para a complexa temática da gestão do território, envolvendo informações cujo acesso é, em geral, problemático.

Na primeira parte deste estudo algumas reflexões teóricas sobre as relações entre metrópoles, corporações e espaço são elaboradas para, a seguir, apresentar os

---

* O presente estudo resulta de pesquisa realizada no âmbito de uma Bolsa patrocinada pelo Conselho Nacional de Desenvolvimento Científico e Tecnológico — CNPq. Agradeço à Fundação Instituto Brasileiro de Geografia e Estatística — IBGE — pela cessão de dados necessários à pesquisa e a Raquel Maria Santos de Souza, bolsista de Iniciação Científica, pela colaboração na organização dos dados.

procedimentos adotados e discutir os dados aqui utilizados. Nas partes subsequentes os resultados são apresentados.

Metrópoles e a Função de Gestão do Território

Entre as funções tipicamente metropolitanas inclui-se aquela de controle das atividades econômicas que, criadas por empresas sediadas na metrópole, projetam-se diretamente em espaços externos a ela. O controle destas atividades constitui-se numa das bases da gestão do território, gestão que se torna complexa quando efetivada pelas grandes corporações multifuncionais, segmentadas, multilocalizadas e dotadas de enorme poder econômico e político, conforme, entre outros, aponta CORRÊA (1991a).

Subjacente à função de gestão do território está a necessidade da corporação conceber, planejar e gerenciar o ciclo de reprodução de seu capital, ciclo que tem uma nítida e complexa dimensão espacial, envolvendo centros urbanos e áreas rurais nas quais o capital circula em suas diversas formas e é ampliado, concretizando a sua acumulação. A sede social da corporação, onde decisões econômicas e políticas são tomadas, constitui-se no ponto focal onde o ciclo de reprodução do capital tem início, finaliza e reinicia-se.

Por concentrar a maior parte das sedes sociais das maiores corporações, a metrópole transforma-se, por excelência, em centro de gestão do território, ou seja, em centro de investimento e acumulação de capital, centro privilegiado do ciclo de reprodução do capital, onde se dá a gestão do processo de criação do valor e criação, circulação e apropriação da mais-valia em amplo espaço geográfico. A consulta às obras de HARVEY (1980 e 1982), MORAES e COSTA (1984) e SANCHEZ (1991) é de fundamental importância para o tema em tela.

Associadamente, na metrópole estão localizadas as principais instituições do Estado, assim como universidades, centros de pesquisa e desenvolvimento, numerosas empresas de consultoria econômica, jurídica e técnica, empresas de publicidade e marketing e poderosos conglomerados financeiros com suas próprias redes de agências e participação acionária em diversas empresas.

Restaurantes e hotéis de luxo, centros de convenções, clubes e serviços sofisticados para os "executivos do capital" também estão presentes na metrópole. Aeroportos com amplas ligações nacionais e internacionais garantem rápida e fácil acessibilidade, a qual é também viabilizada pela eficiente circulação de informações tanto para o consumo de massa como informações entre suas diversas empresas, assim como informações no âmbito das corporações, entre as sedes e as unidades subordinadas e espacialmente dispersas. A metrópole, centro de gestão do território, é, por isso mesmo, um importante nó em vasta rede de circulação envolvendo informações, matérias-primas e produtos industrializados (CORDEIRO, 1992).

As atividades acima indicadas conferem à metrópole, no dizer de SEMPLE (1985), baseado numa formulação de GOTTMANN (1961), a denominação de centro de atividades quaternárias. O conhecimento sistemático destes centros demanda esforço por parte daqueles interessados no estudo da organização espacial. Há, entretanto, contribuições efetivas sobre o tema. Consultem-se, entre outros, os estudos de GOODWIN (1965), PRED

(1974) e BORCHERT (1978) para os Estados Unidos, STRICKLAND e AIKEN (1984) para a Alemanha, TAYLOR e THRIFT (1980) para a Austrália e CORRÊA (1968), MAGNANINI e LIMA (1971) e CORDEIRO (1987) para o Brasil.

O controle pela metrópole das atividades externamente localizadas pode se realizar de modo direto e indireto. O primeiro resulta tanto da *criação* pelas empresas metropolitanas de atividades em outros lugares como da *absorção* de empresas concorrentes ou de algumas das unidades fabris destas últimas. Criação e absorção que se inserem no processo de expansão de empresas vitoriosas na competição capitalista. Este processo, por sua vez, é marcado pela concentração horizontal, concentração vertical ou integração e pela diversificação (PRED, 1974 e CORRÊA, 1991a e 1991b).

Estabelece-se assim uma rede constituída pela empresa e seus estabelecimentos-filiais, no caso mais simples, e pela empresa *"holding"* (controladora) e empresas controladas (50% ou mais do capital é controlado pela *"holding"*) e coligadas (menos de 50% do capital) e os estabelecimentos-filiais das empresas controladas e coligadas, nos outros casos.

A expansão, por sua vez, deriva das necessidades intrínsecas à empresa e ao sistema capitalista, suscitando novas localizações acessíveis às matérias-primas, mercado consumidor, a uma força de trabalho mais barata e politicamente menos ativa, ou a uma combinação destes e outros fatores locacionais. Os argumentos de PALLOIX (1978) são, a este respeito, extremamente esclarecedores. Subjacente àquelas necessidades locacionais está a tentativa de superar a tendência declinante da taxa de lucro. A difusão espacial das atividades pode ser, em grande medida, a solução para recuperar taxas de lucros mais elevadas.

O controle indireto, por sua vez, se faz através dos sistemas de *franquia* e *contratos*, envolvendo relações entre empresas, financeira, jurídica e administrativamente autônomas. Estabelece-se também uma rede de empresas que assume, outrossim, uma nítida dimensão espacial (WATTS, 1981).

Através da criação, absorção, franquias e contratos, a metrópole, onde estão as sedes das grandes corporações, cria as condições efetivas para exercer de modo explícito o papel de centro de gestão do território. Neste sentido ela organiza diversas redes de unidades econômicas que, direta ou indiretamente, controla. Estas redes têm, como nós, as cidades-chave como a elas se refere HYMER (1978). Em realidade, a ênfase recente com a temática das redes geográficas deve-se à expansão das grandes corporações multifuncionais e multilocalizadas, elas próprias estruturadas em redes que estão focalizadas em numerosas cidades, conforme, entre outros, apontam COHEN (1981) e HAKANSON (1979).

A gestão do território implica o controle da organização espacial, incluindo, em muitos casos, o controle de sua gênese e dos processos que a mantêm ou a alteram. A diferenciação de áreas e a integração delas é o produto mais geral em termos espaciais da ação dos centros de gestão do território, repita-se, centros de gestão do processo de criação do valor e criação, circulação e apropriação da mais-valia.

Considerando-se o Brasil, que apresenta uma fortemente mutável organização espacial, assinalaremos algumas das implicações geográficas advindas da gestão do território por parte das grandes empresas:

- criação de áreas agropastoris especializadas em determinados produtos;
- criação de núcleos urbanos e, no limite, de *"company towns"*, isto é, núcleos criados e controlados por uma única empresa;
- atribuição de novas especializações produtivas quer às velhas áreas agropastoris, quer aos centros urbanos preexistentes, redefinindo seus papéis na rede urbana;
- criação de infraestrutura pelo Estado a partir de seus interesses e pressões; e
- alteração dos fluxos de mercadorias, força de trabalho, informações e recursos financeiros, entre outros.

O papel das metrópoles como centros de gestão do território, contudo, não é o mesmo, quer quanto às atividades econômicas controladas, quanto à intensidade de atuação e ainda quanto ao espaço de atuação. As diferenças derivam *"do modo como a acumulação capitalista originou e evoluiu"*, conforme aponta CORRÊA (1989b, p. 12). A este respeito o estudo de SINGER (1968) sobre a gênese e a dinâmica de São Paulo, Blumenau, Porto Alegre, Belo Horizonte e Recife contribui para elucidar o papel diferenciado que as referidas cidades desempenham como centros de gestão do território.

Um dos meios de se qualificar as metrópoles como centros de gestão do território é considerar a distribuição espacial de unidades financeira e administrativamente dependentes de empresas nelas sediadas, isto é, o papel das metrópoles no controle direto de atividades externamente localizadas. O número e a localização de estabelecimentos-filiais dos setores primário, secundário e terciário, a diversificação das atividades controladas e o número de pessoas empregadas são as variáveis para essa qualificação.

Objetivando qualificar as metrópoles brasileiras como centros de gestão do território considera-se o conceito de *assalariado externo* como base para o propósito acima. Por assalariado externo compreende-se, segundo Fillâtre, comentado por ROCHEFORT e HAUTREUX (1963), aquele empregado em estabelecimento (fábrica, agência bancária, loja etc.) pertencente a uma empresa cuja sede localiza-se em outro lugar que o do estabelecimento-filial. Assim, à guisa de exemplo, os empregados da fábrica de cigarros da Companhia de Cigarros Souza Cruz, localizada em Uberlândia, Minas Gerais, são assalariados externos da metrópole carioca, onde localiza-se a sede social da referida empresa.

A importância do conceito em tela reside no fato dele indicar o controle que um dado centro exerce sobre a vida econômica, social e política de um determinado lugar, afetando o nível de empregos diretos e indiretos, a renda, os impostos etc. Mais do que isto, quando acompanhado da descrição das atividades em que estão empregados, constitui-se em dado capaz de indicar a inserção de cada lugar na divisão territorial do trabalho das empresas que ali atuam, assim como na do país, região ou ainda em escala internacional. É também uma variável *"proxy"* da produção de valor e mais-valia externamente controlados.

No presente estudo considera-se que quanto maior o número de assalariados externos controlados por uma metrópole, mais diversificadas forem as atividades controladas e mais extensa a sua área de atuação, maior será o seu papel como centro de gestão do território, como centro de acumulação capitalista. O território controlado, por sua vez, caracteriza-se como produtor de excedentes apropriados pelas empresas sediadas na metrópole.

A Pesquisa: os Dados e seus Limites

O presente estudo apoia-se em dados de uma tabulação especial do Censo Industrial de 1985, no qual consideraram-se as seguintes variáveis:

- localização (município) de cada estabelecimento industrial cuja sede da empresa que o controlava estivesse em outro município;
- localização (município) da sede da empresa dos referidos estabelecimentos;
- gênero de indústria dos estabelecimentos acima selecionados;
- nome da empresa que controlava cada um dos estabelecimentos em questão; e
- número de pessoas empregadas em cada um dos estabelecimentos em pauta (assalariados externos).

Alguns comentários sobre os dados acima indicados devem ser feitos visando qualificá-los, indicando ainda os seus limites.

Em primeiro lugar, o fato do presente estudo apoiar-se em dados de 1985 não invalidam os resultados que retratam determinado momento da geografia econômica brasileira. Admitimos que, na segunda metade da década de 1990, os centros de gestão do território não tenham sido estruturalmente alterados no que se refere à posição relativa que ocupavam em 1985, às atividades industriais controladas e à atuação espacial. Esta crença está fundamentada na relativa estabilidade dos centros de gestão do território, conforme aparece na bibliografia pertinente sobre os Estados Unidos, Alemanha, Austrália e o Brasil, mencionada anteriormente.

Um outro comentário refere-se ao conceito de estabelecimento adotado pelo Censo Industrial do IBGE (1985). O estabelecimento não é, necessariamente, uma fábrica, mina ou oficina, enfim, uma unidade produtiva identificada por vincular-se a uma única empresa a possuir um único endereço. Esta é uma *unidade local,* enquanto o estabelecimento industrial é uma *unidade de operação* na qual são realizadas atividades industriais que apresentam os mesmos processos físico-químicos. Isto significa que em uma mesma unidade local podem ser encontrados mais de um estabelecimento industrial. Exemplifica-se com uma hipotética fábrica têxtil que tem, além da unidade de fiação e tecelagem, outra unidade de manutenção das máquinas: serão considerados, no caso, dois estabelecimentos industriais. É por esta razão que o número de estabelecimentos controlados não foi considerado como variável qualificadora dos centros de gestão do território, pois o número deles é muito superior ao número de unidades locais.

Os estabelecimentos não industriais diretamente vinculados à produção, como os almoxarifados, depósitos, escritórios de venda e as unidades de produção de energia elétrica da empresa, são contabilizados pelo Censo Industrial, tendo sido classificados de acordo com o gênero de indústria do estabelecimento de quem dependiam ou como estabelecimento do gênero energia elétrica autoproduzida. Trata-se, via de regra, de unidades com pequeno número de empregados e que evidenciam a magnitude da rede de localizações e interações espaciais das grandes empresas.

A definição dos gêneros industriais, por outro lado, implica em alguns problemas. O mais significativo é o do gênero mecânica, que inclui as seções de fábricas e minas dedicadas à manutenção do maquinário. Esta definição implica uma ampliação do número de empregados do gênero em tela. Ressalta-se, assim, que o número de assalariados externos segundo os gêneros da indústria é uma aproximação da realidade.

Uma última limitação diz respeito ao fato de ter sido considerada a empresa como unidade jurídica e organizacional, com razão social e identificação próprias no Cadastro Geral de Contribuintes. Não se consideram como unidades os grupos econômicos ou corporações constituídos por uma empresa *"holding"* e suas empresas controladas e coligadas, empresas que, embora possuam razões sociais próprias, são dependentes das respectivas *"holdings"* em termos financeiros e decisionais.

Vejamos um exemplo. A *"holding"* do Grupo Souza Cruz, sediada no Rio de Janeiro, detinha o controle acionário da Indústria Alimentícia Maguary S.A., com sede em Recife. Os assalariados externos desta última são, a partir da indicação do Censo Industrial, considerados como vinculados a Recife e não à metrópole carioca. No caso em questão, a capital pernambucana, em razão de uma definição formal de dependência, amplia o número de seus assalariados externos.

Há, por outro lado, uma aparente subavaliação do número de assalariados externos das duas grandes metrópoles brasileiras, especialmente São Paulo, que sediam as grandes corporações que atuam no Brasil.

Contudo, é de se pensar que, ao contrário, há uma superavaliação do número de seus assalariados externos, pois parte considerável deles está vinculada aos grandes grupos econômicos de atuação global que têm "sedes regionais" nas duas metrópoles nacionais, a exemplo da Nestlé, Rhodia, General Motors e Souza Cruz.

Esta limitação sugere que nos estudos sobre os centros de gestão do território considerem-se os grupos econômicos como unidades organizacionais e não as empresas. Entretanto, a adoção do grupo econômico como unidade de análise obriga-nos a realizar estudos de casos, tal a complexidade que oferecem.

Os problemas encontrados no processo de elaboração do presente estudo não inviabilizam os resultados obtidos: apenas indicam alguns de seus limites.

Finalmente é necessário indicar os centros metropolitanos considerados e que procedimentos foram adotados para identificá-los. Foram considerados como centros metropolitanos as 11 metrópoles identificadas pelo IGBE (1987): Manaus, Belém, Fortaleza, Recife, Salvador, Belo Horizonte, Goiânia, Rio de Janeiro, São Paulo, Curitiba e Porto Alegre. A teoria das localidades centrais foi a base que possibilitou definir São Paulo e Rio de Janeiro como metrópoles nacionais e as demais como metrópoles regionais.

Foram, por outro lado, consideradas as regiões metropolitanas como unidades de análise. Assim, procedeu-se do seguinte modo:

- Os estabelecimentos industriais localizados nos municípios de uma região metropolitana não foram considerados se fossem subordinados a uma empresa sediada em outro município da mesma região metropolitana. Assim, não se considerou os assalariados de fábricas localizadas em Guarulhos se a sede delas fosse em São Paulo ou São Bernardo do Campo. Trata-se, no nosso entender, de localizações na mesma unidade metropolitana, São Paulo, e não externa a ela.

- Os assalariados externos dos demais municípios de uma dada região metropolitana foram contabilizados para a cidade-central da mesma região metropolitana. Assim, os assalariados externos de São Bernardo do Campo em São Leopoldo (RS), região metropolitana de Porto Alegre, foram contabilizados do seguinte modo: são assalariados externos de São Paulo em Porto Alegre.

Procedimento semelhante foi adotado na identificação das unidades urbanas que, não sendo oficialmente consideradas regiões metropolitanas, efetivamente caracterizam-se como tais ou como aglomerações urbanas — João Pessoa, Vitória, Santos, Campinas, São José dos Campos e Florianópolis incluem-se nesses casos.

Os Resultados Gerais

A Tabela 1 revela a primazia da metrópole paulistana no que concerne ao número de assalariados externos controlados. É 2,15 vezes maior que aquele que a segunda metrópole, o Rio de Janeiro, controla. É mesmo um pouco superior à soma do número total de assalariados externos controlados pelo conjunto das dez outras metrópoles, isto é, 356.529 contra 343.193.

A constatação acima ratifica a ideia de que São Paulo é o mais importante centro de gestão do território do país. De fato, aí está sediado o maior número das principais empresas privadas, nacionais e estrangeiras, vinculadas ao setor industrial, assim como ao setor financeiro como, entre outros, aponta CORRÊA (1989a). Ao concentrar 50,9% do total de 699.722 assalariados externos controlados pelas 11 metrópoles em pauta, São Paulo constitui-se na capital do capital, no principal foco de acumulação capitalista do país, no centro mais privilegiado do ciclo de reprodução do capital, ele próprio constituindo-se também no principal centro da produção industrial.

Tabela 1 — Número de Assalariados Externos Controlados pelas Metrópoles Brasileiras

Metrópole	Número de assalariados externos controlados
São Paulo	356.529
Rio de Janeiro	165.147
Belo Horizonte	59.881
Porto Alegre	47.302
Salvador	18.390
Curitiba	14.929
Recife	13.343
Fortaleza	8.455
Manaus	7.868
Belém	5.576
Goiânia	2.302

Fonte: Censo Industrial — IBGE — 1985

Ressalte-se que a outra metrópole nacional, o Rio de Janeiro, controla um número de assalariados externos que se situa mais próximo daquele de Belo Horizonte do que daquele sob a tutela paulistana. A relativa fraqueza do Rio de Janeiro é evidenciada ainda pelo fato de que, no conjunto, as nove metrópoles regionais controlam, ainda que muito pouco, um número maior de assalariados externos do que aquele controlado pelo Rio de Janeiro: são 178.046 assalariados externos contra 165.147. A segunda posição ocupada pela metrópole carioca é, assim, relativizada face à distância que a separa tanto de São Paulo como do conjunto das demais metrópoles.

A Tabela 1 evidencia também a posição das nove metrópoles restantes. Belo Horizonte e Porto Alegre em conjunto controlam 107.183 assalariados externos, distanciando-se das outras sete metrópoles que, no conjunto, controlam menos de 75.000 assalariados externos. Belo Horizonte e Porto Alegre sobressaem-se nitidamente das demais metrópoles regionais.

As metrópoles da região Centro-Sul controlam 643.783 assalariados externos, isto é, 92,0% dos 699.722 controlados pelas 11 metrópoles. Este fato evidencia a poderosa concentração espacial da função de gestão do território, que é um reflexo das desigualdades sociais e econômicas do país e, ao mesmo tempo, uma condição para a reprodução dessas desigualdades.

A constatação acima é ratificada quando se considera os centros não metropolitanos como centros de gestão do território. Dos 24 centros com 2.000 e mais assalariados externos, 20 estão nas regiões Sudeste e Sul, entre eles Campinas, Sorocaba, Blumenau, Vitória, Caxias do Sul, Jundiaí, Montes Claros e Criciúma, todos com um número de assalariados externos entre 5.000 e 10.000. No Nordeste, por sua vez, estão os outros quatro centros, Maceió, Aracaju, Natal e Feira de Santana, conforme identificado por CORRÊA (Inédito).

São Paulo e Rio de Janeiro: uma comparação

Quando se compara o desempenho das duas metrópoles nacionais constatam-se diferenças entre elas de pelo menos três ordens, todas tendo como base comum o número de assalariados externos controlados. A primeira diz respeito à composição dos gêneros industriais, a segunda à atuação espacial de cada metrópole e a terceira ao tipo de capital das empresas nelas sediadas.

A composição dos gêneros industriais controlados

A Tabela 2 sumaria os resultados da pesquisa a este respeito. Ambas as metrópoles são diversificadas em termos de gêneros industriais controlados e isto é um atributo das metrópoles nacionais. Entretanto, há diferenças entre elas.

Ressalte-se, em primeiro lugar, que em São Paulo são os assalariados externos das indústrias de produtos alimentares que se situam em primeiro lugar, enquanto no Rio de Janeiro são aqueles da indústria extrativa mineral: cada uma concentra cerca de 20% do total dos respectivos assalariados externos. Isto revela, sem dúvida, o papel da metrópole paulista como centro de gestão das atividades vinculadas à produção de alimentos industrializados para o mercado nacional — açúcar, óleos comestíveis, derivados do leite, farinhas e massas etc. — e, de outro, o papel do Rio de Janeiro como centro de gestão da atividade mineradora. Por outro lado, revela uma divisão do trabalho entre as duas metrópoles no que diz respeito à função de gestão de atividades econômicas.

Tabela 2 — Comparação entre São Paulo e Rio de Janeiro Segundo o Número de Assalariados Externos Controlados e Segundo os Gêneros Industriais — 1985

Gêneros industriais	Número de assalariados externos controlados por	
	São Paulo	Rio de Janeiro
1. Produtos Alimentares	66.046	9.244
2. Mecânica	43.746	20.040
3. Metalúrgica	33.844	14.277
4. Química	31.074	22.231
5. Têxtil	28.813	7.956
6. Material de Transporte	28.576	16.389
7. Material Elétrico e de Comunicações	26.277	3.451
8. Transformação de Produtos Minerais Não Metálicos	17.152	5.691
9. Vestuário, Calçados e Artefatos de Tecidos	15.853	1.840
10. Papel e Papelão	12.306	1.335
11. Diversos	10.122	2.388
12. Extrativa Mineral	7.518	32.104
13. Borracha	7.488	109
14. Produtos de Matérias Plásticas	5.778	1.164
15. Madeira	4.721	1.359
16. Editorial e Gráfica	4.721	1.560
17. Produtos Farmacêuticos e Veterinários	4.170	2.055
18. Perfumaria, Sabões e Velas	3.091	496
19. Mobiliário	2.036	96
20. Bebidas	1.762	7.889
21. Couros e Peles	614	13
22. Fumo	553	13.232
23. Energia Elétrica Autoproduzida	308	228
Total	356.529	165.147

Fonte: Censo Industrial — IBGE — 1985

Dos cinco gêneros industriais imediatamente mais importantes, quatro são comuns às duas metrópoles: mecânica, metalúrgica, química e material de transporte, gêneros preponderantemente associados às indústrias de bens de produção. O quinto gênero é o da indústria têxtil em São Paulo e o da indústria de fumo no Rio de Janeiro, ambos associados às indústrias de bens de consumo.

Há, assim, uma composição industrial que apresenta importantes semelhanças e significativas diferenças. Contudo, quando se considera o número de assalariados externos das duas metrópoles nos diversos gêneros industriais, as diferenças ampliam-se e as semelhanças transformam-se em diferenças.

Dos vinte e três gêneros industriais, em apenas três — extrativa mineral — bebidas e fumo, a metrópole carioca controla um número de assalariados externos maior do que em São Paulo. Nos três mencionados gêneros são 53.252 assalariados externos controlados pelo Rio de Janeiro contra apenas 9.838 de São Paulo. Em relação aos outros vinte gêneros industriais, a diferença a favor de São Paulo é, em muitos casos, muito grande, seja considerando-se as indústrias tradicionais, seja as modernas. Assim, no gênero produtos alimentares a diferença é de 7,1 vezes a favor de São Paulo, enquanto na indústria têxtil é de 3,6 vezes. Em relação às indústrias de material elétrico e de comunicações, do setor moderno, a diferença alcança 7,6 vezes, sendo superior ao dobro no caso das indústrias mecânicas e metalúrgicas.

A atuação espacial

A Tabela 3 revela que, a despeito de uma atuação na maioria das Unidades da Federação, 22 no caso de São Paulo e 26 no caso carioca, as duas metrópoles em tela apresentam atuações espacialmente concentradas. Assim, 59,5% dos assalariados externos paulistanos estão no próprio território paulista. O percentual sobe para 75,9% se considerarmos a região Sudeste e a 92,2% se levarmos em conta, adicionalmente, a região Sul. As regiões Norte, Nordeste e Centro-Oeste, por sua vez, concentram somente 7,8% do total de 356.529 assalariados externos paulistanos.

A concentração espacial da atuação do Rio de Janeiro é também considerável. Contudo, diferentemente de São Paulo, o território fluminense não é o espaço privilegiado de sua atuação, pois aí estão apenas 22,7% de seus assalariados externos contra 59,5% de São Paulo em território paulista. Mas a atuação da metrópole carioca no Sudeste é, em termos relativos, semelhante à de São Paulo: 72,1% de seus assalariados externos estão aí localizados. Adicionando-se a região Sul, a concentração amplia-se, alcançando 84%, um percentual não muito distante daquele relativo à metrópole paulista para as duas regiões. As regiões Norte, Nordeste e Centro-Oeste concentram apenas 16% dos assalariados externos do Rio de Janeiro.

A concentração espacial da atuação de São Paulo e Rio de Janeiro nos leva à afirmação de que é nas regiões Sudeste e Sul que a gestão do território é mais intensa e efetiva através da implantação de estabelecimentos-filiais dependentes das decisões localizadas nas duas metrópoles. É nessas duas regiões que, sob o controle de São Paulo e Rio de Janeiro, sobretudo da primeira, se produz a maior parcela do valor e da mais-valia. Nas regiões Norte, Nordeste e Centro-Oeste o controle efeti-

Tabela 3 — Comparação entre São Paulo e Rio de Janeiro Segundo o Número de Assalariados Externos Controlados e Segundo as Unidades da Federação — 1985

Unidades da Federação	Números de assalariados externos controlados por	
	São Paulo	Rio de Janeiro
São Paulo	212.003	36.833
Rio de Janeiro	32.026	37.453
Rio Grande do Sul	27.606	9.047
Minas Gerais	26.593	38.358
Paraná	26.141	7.066
Goiás	9.951	880
Pernambuco	5.219	4.291
Bahia	4.350	10.944
Santa Catarina	4.225	3.562
Mato Grosso do Sul	2.489	150
Distrito Federal	1.639	1.062
Pará	1.261	1.217
Ceará	1.044	1.571
Rondônia	800	80
Mato Grosso	459	106
Espírito Santo	246	6.474
Amazonas	199	475
Maranhão	170	494
Paraíba	33	39
Rio Grande do Norte	30	1.759
Sergipe	25	2.397
Tocantins	20	-
Amapá	-	758
Piauí	-	71
Alagoas	-	30
Acre	-	26
Roraima	-	4
Total	356.529	165.147

Fonte: Censo Industrial — IBGE — 1985

vo é menor, sendo menor o valor e a mais-valia produzidos. Em outras palavras, o Sudeste e o Sul são as principais regiões de produção de excedentes para a acumulação capitalista centrada em São Paulo e Rio de Janeiro.

Deve ser assim relativizada a tese de que São Paulo e Rio de Janeiro, ou o próprio Sudeste, se tornam mais ricos que o Nordeste, em razão, sobretudo, da exploração exercida sobre esta região. A este respeito a contribuição de SINGER (1968) sobre o desenvolvimento de São Paulo e Recife é extremamente esclarecedora, constituindo-se em fonte de reflexão sobré a questão acima indicada.

Uma análise mais acurada das informações contidas nas Tabelas 4 e 5 permite ratificar ampliadamente a constatação do caráter espacialmente concentrado da atuação das duas metrópoles nacionais, assim como a afirmação anterior sobre a produção e circulação do valor e da mais-valia.

Tabela 4 — Principais Centros de Atuação de São Paulo Segundo o Número de Assalariados Externos

Centros e Unidades da Federação	Nº de Assalariados externos	Centros e Unidades da Federação	Nº de Assalariados externos
1. São José dos Campos (SP)	36.529	21. Mogi-Mirim (SP)	3.440
2. Rio de Janeiro (RJ)	24.231	22. Araraquara (SP)	3.429
3. Campinas (SP)	21.915	23. Toledo (PR)	3.298
4. Porto Alegre (RS)	17.203	24. Caçapava (SP)	3.116
5. Sorocaba (SP)	15.171	25. Telêmaco Borba (PR)	3.107
6. Taubaté (SP)	9.790	26. Ponta Grossa (PR)	2.823
7. Santos (SP)	9.710	27. Araras (SP)	2.494
8. Belo Horizonte (MG)	9.634	28. Itapeva (SP)	2.489
9. Jundiaí (SP)	8.358	29. Itu (SP)	2.485
10. Americana (SP)	7.315	30. Niquelândia (GO)	2.420
11. Curitiba (PR)	6.324	31. Bragança Paulista (SP)	2.333
12. Mairinque (SP)	6.142	32. Santana do Livramento (RS)	2.288
13. Recife (PE)	5.704	33. Pouso Alegre (MG)	2.288
14. Pindamonhangaba (SP)	5.280	34. Anápolis (GO)	2.262
15. Limeira (SP)	5.106	35. Guaratinguetá-Aparecida (SP)	2.204
16. Barra Mansa-Volta Redonda (RJ)	4.742	36. Rio Claro (SP)	2.140
17. Piracicaba (SP)	4.088	37. Bauru (SP)	2.098
18. Jaú (SP)	3.817	38. Londrina (PR)	2.067
19. Salvador (BA)	3.795	39. Ouro Preto (MG)	2.048
20. Cruzeiro (SP)	3.524	40. Pelotas (RS)	2.043

Fonte: Censo Industrial — IBGE — 1985

Tabela 5 — Principais Centros de Atuação do Rio de Janeiro Segundo o Número de Assalariados Externos

Centros e Unidades da Federação	Nº de Assalariados externos	Centros e Unidades da Federação	Nº de Assalariados externos
1. São Paulo (SP)	20.601	9. Recife (PE)	4.193
2. Barra Mansa-Volta Redonda (RJ)	16.568	10. Porto Alegre (RS)	4.123
3. Belo Horizonte (MG)	15.401	11. Campinas (SP)	3.632
4. Salvador (BA)	8.666	12. Macaé (RJ)	3.594
5. Vitória (ES)	5.680	13. Santos (SP)	2.722
6. Angra dos Reis (RJ)	4.687	14. Aracaju (SE)	2.397
7. Curitiba (PR)	4.675	15. Ouro Preto (MG)	2.107
8. Itabira (MG)	4.621	16. Cabo Frio (RJ)	2.022

Fonte: Censo Industrial — IBGE — 1985

A despeito de São Paulo atuar em um número maior de centros com 2.000 ou mais assalariados externos que o Rio de Janeiro, a atuação de ambos é semelhante. Assim, dos 40 centros sob a influência paulistana, 23 estão em território paulista; considerando-se as regiões Sudeste e Sul, este número sobe para 36. Apenas quatro centros — Recife e Salvador na região Nordeste e Anápolis e Niquelândia no Centro-Oeste — não se situam nas referidas unidades regionais. Em relação à metrópole carioca, 13 dos 16 centros estão nas regiões Sudeste e Sul — apenas quatro em território fluminense — e somente três fora — Salvador, Recife e Aracaju, todos no Nordeste.

Deve ser ressaltado que a região urbano-industrial do Sudeste constitui-se na principal área de atuação paulistana. A referida região tem como epicentro a metrópole paulistana, de onde estende-se em direção a quatro eixos. O primeiro vai até Sorocaba, passando por

Mairinque, enquanto o segundo desce do planalto para a Baixada Santista. São os dois menores eixos. O terceiro estende-se, através do Vale do Paraíba, até a metrópole carioca, passando por São José dos Campos, Taubaté e Volta Redonda — Barra Mansa, entre outros. O quarto, por sua vez, dirige-se para Ribeirão Preto passando por Jundiaí, Campinas, Americana, Piracicaba, Limeira, Rio Claro, São Carlos e Araraquara, entre outros. Trata-se de uma megalópole em formação, para a qual a criação de atividades industriais a partir de São Paulo, e secundariamente da metrópole carioca, constitui-se no principal fator.

Dos 40 centros considerados na Tabela 4, vinte estão ali situados, enquanto que dos 16 da Tabela 5 apenas quatro se situam na região em questão. Em realidade, constata-se que, do total de assalariados externos paulistanos em território paulista, cerca de 80% estão na região urbano-industrial, correspondendo a mais de 160.000 assalariados externos, um número maior que aquele correspondente à soma dos assalariados externos paulistas nos Estados do Rio de Janeiro, Rio Grande do Sul, Minas Gerais e Paraná, onde São Paulo atua expressivamente. No caso da metrópole carioca, o percentual, ainda que expressivo, é bem menor, correspondendo a cerca de 33% de seu total geral. Ressalte-se ainda que cada uma das duas metrópoles atua intensamente na outra, indicando a importância de ambas como mercados consumidores e centros de distribuição da produção industrial.

A atuação espacial das duas metrópoles pode, em realidade, ser assim sumariada:

i — Na região urbano-industrial, São Paulo e Rio de Janeiro atuam diversificadamente em numerosos gêneros industriais, concentrando-se aí parcela ponderável dos assalariados externos de ambas as metrópoles em diversos gêneros industriais.

ii — O restante do Estado de São Paulo, particularmente o Planalto Ocidental, constitui-se na periferia imediata da região urbano-industrial. A atuação da metrópole paulista se faz, basicamente, através do controle de atividades industriais ligadas diretamente à produção agropastoril: usinas de açúcar, frigoríficos, usinas de óleos vegetais, beneficiamento de leite e seu processamento, e o de sucos de frutas. Há, adicionalmente, entre outras, indústrias têxtil e de minerais não metálicos. Dentre os centros urbanos sobressaem Andradina, Araçatuba, Barretos, Bauru, Bebedouro, Colina, Jaú, Presidente Prudente e Presidente Venceslau.

A periferia imediata estende-se para o Sul de Minas, onde algumas unidades fabris controladas por São Paulo são típicas da região urbano-industrial, o Triângulo Mineiro e parte do sul goiano e leste sul-mato-grossense. No conjunto concentra cerca de 50.000 assalariados externos, mais que, isoladamente, qualquer outra Unidade da Federação.

iii — Além da região urbano-industrial e de sua periferia imediata, a metrópole paulista atua nas metrópoles regionais que concentram cerca de 45.000 assalariados externos, dos quais cerca de 60% em Porto Alegre e Belo Horizonte.

Distingue-se, no caso, dois tipos de atuação paulistana. Nas metrópoles do Sudeste e Sul, São Paulo controla unidades fabris produzindo bens para os mercados regionais e nacional, assim como estabelecimentos-filiais, que são unidades de vendas e manutenção de bens e equipamentos produzidos fora e voltados para os mercados regionais. Em relação às metrópoles do Nordeste, Norte e Centro-Oeste, a atuação de São Paulo se faz, essencialmente, através dessas unidades de vendas e manutenção. A centralidade desses centros metropolitanos é a razão locacional dessas implantações que viabilizam a circulação e o consumo de bens produzidos fora.

Semelhante é a atuação da metrópole carioca. Os assalariados externos do Rio de Janeiro nas metrópoles regionais representam cerca de 39.000 pessoas, das quais 15.401 em Belo Horizonte. Sua atuação é diversificada e parcialmente voltada para a produção, distribuição e manutenção de bens e equipamentos produzidos externamente. Mas se faz também através de grandes unidades fabris vinculadas aos gêneros fumo, bebidas, extrações mineral e química.

iv — Nos outros espaços as metrópoles paulista e carioca controlam unidades produtoras de especializações regionais ou locais. Novamente é no Sudeste e no Sul, mas, no caso de São Paulo, também no Centro-Oeste, que a atuação de ambas é expressiva.

A extração mineral em Ariquemes (RO), Niquelândia (GO), Minaçu (GO) e Figueira (PR), entre outros, a produção de papel em Telêmaco Borba (PR), de confecções em Veranópolis (RS), de produtos ligados ao Complexo Agroindustrial em Ponta

> Grossa (PR) e de carnes frigorificadas em Dourados (MS), Toledo (PR), Bagé (RS) e Santana do Livramento (RS), são alguns dos exemplos da atuação paulistana.
>
> No caso da metrópole carioca, sua atuação se faz também através de especializações regionais e locais. Mencionam-se, entre outras, a produção de bebidas em Agudos (SP), a extração mineral em Macapá (AP), Natal (RN), Aracaju (SE), Jacobina (BA), Itabira (MG), Ouro Preto (MG) e São Jerônimo (RS), assim como o beneficiamento de fumo em Santa Cruz do Sul (RS), Blumenau (SC) e Tubarão (SC) e a produção têxtil em Juiz de Fora (MG) e Barbacena (MG).

Em resumo, as duas metrópoles nacionais estabelecem uma nítida divisão territorial do trabalho no espaço brasileiro, atribuindo, a partir de investimentos de capital e do controle direto, uma determinada função a diversas áreas e centros urbanos.

É a partir de São Paulo, contudo, que se pode delinear, com maior clareza, uma espacialidade diferenciada da gestão do território, revelando a complexidade do ciclo de reprodução dos diferentes capitais postos simultaneamente em ação. Indubitavelmente a metrópole paulistana é a capital do capital, capaz de ser o principal centro organizador da região urbano-industrial, de sua periferia imediata e de atribuir funções às metrópoles regionais e a numerosos centros urbanos menores.

O capital das empresas

As duas metrópoles nacionais diferenciam-se também no que diz respeito aos tipos de capital de suas empresas. Esta distinção é de fundamental importância para se compreender as diferenças entre ambas enquanto centros de gestão do território.

No caso da metrópole carioca, as empresas estatais têm um peso considerável entre aquelas sediadas na antiga capital federal. Assim, das cinco maiores empresas quatro são estatais, a PETROBRÁS, a Companhia Siderúrgica Nacional, a Companhia Vale do Rio Doce e a Rede Ferroviária Federal S.A. (RFFSA), esta última com suas numerosas oficinas de manutenção ferroviária consideradas como estabelecimentos industriais. No conjunto, as quatro estatais controlam cerca de 61.000 assalariados externos.

As quatro referidas empresas, que controlam atividades industriais dos gêneros química, metalúrgica, extrativa mineral e material de transporte, desempenham papel relevante na organização espacial brasileira através da importância intrínseca dos bens produzidos e serviços prestados, como também pelo impacto sobre a organização socioespacial brasileira, como demonstra RAMIRES (1991) em seu estudo sobre a ação da PETROBRÁS em Macaé (RJ).

A PETROBRÁS, por exemplo, com cerca de 25.000 assalariados externos, tem unidades de exploração petrolífera nos Estados do Rio Grande do Norte, Sergipe, Bahia, Espírito Santo e Rio de Janeiro, e unidades de refino em Manaus (AM), Salvador (BA), Belo Horizonte (MG), Santos (SP), São José dos Campos (SP), Campinas (SP), Curitiba (PR) e Porto Alegre (RS), além daquele na região metropolitana do Rio de Janeiro.

A Companhia Siderúrgica Nacional, por sua vez, além da usina siderúrgica em Volta Redonda-Barra Mansa (RJ) com cerca de 14.000 assalariados externos, controla unidades de mineração em Minas Gerais — Arcos e Congonhas do Campo, entre outros. Já a Companhia Vale do Rio Doce, com cerca de 10.000 assalariados externos, tem unidades em Vitória (ES), Itabira (MG), Ouro Preto (MG) e Marabá (PA), entre outros, enquanto a RFFSA mantém unidades de manutenção nos principais entroncamentos ferroviários do país, totalizando também cerca de 10.000 assalariados externos.

Entre as empresas privadas sediadas no Rio de Janeiro as de capital estrangeiro são também expressivas. Em primeiro lugar está a Companhia de Cigarros Souza Cruz, a terceira em termos de assalariados externos controlados, cerca de 12.000. Sobre ela consulte-se CORRÊA (1991b). Seguem-se a Verolme Estaleiros Reunidos do Brasil S.A. e a S.A. White Martins, respectivamente vinculadas aos gêneros material de transporte e química: no conjunto controlam cerca de 9.000 assalariados externos. Enquanto a primeira tem seu estabelecimento localizado em Angra dos Reis (RJ), a segunda dispersa-se por todo o território nacional, com unidades fabris, produtoras de gases, em mais de 50 municípios.

Entre as empresas privadas nacionais sediadas no Rio de Janeiro a mais importante é a Companhia Cervejaria Brahma, com cerca de 5.500 assalariados externos. Seguem-se empresas de mineração, de transformação de produtos minerais não metálicos e do gênero têxtil. Neste caso, as unidades fabris situam-se sobretudo em território fluminense — Valença, Teresópolis, Petrópolis e Nova Friburgo, entre outros — e mineiro — Barbacena, Juiz de Fora e São João Del Rei.

Há, assim, uma divisão entre capitais estatal e privado, estrangeiro e nacional, no que diz respeito aos diferentes gêneros industriais controlados.

Na metrópole paulista, as empresas estatais, ao contrário, têm um peso muito reduzido. São Paulo sedia, sobretudo, empresas de capital privado estrangeiro e nacional.

As empresas estrangeiras estão distribuídas tanto pelas atividades industriais produtoras de bens de equipamento como de bens de consumo durável e não durável. Assim, nas indústrias de produtos alimentares merecem menção, entre outras, a Companhia Nestlé e a Anderson Clayton e, nas indústrias de perfumaria, sabões e velas, a Gessy Lever Ltda., enquanto nas indústrias de material de transporte mencionam-se as empresas automobilísticas General Motors do Brasil Ltda., a Volkswagen do Brasil S.A. e a Ford Brasil S.A., que têm, no conjunto, cerca de 20.000 assalariados externos. A Goodyear do Brasil Produtos de Borracha Ltda., a General Electric do Brasil S.A. e a São Paulo Alpargatas S.A. são outros exemplos de grandes empresas vinculadas às grandes corporações multinacionais que têm sede em São Paulo.

Diferentemente da metrópole carioca, São Paulo sedia numerosas e importantes empresas nacionais em diversos gêneros industriais, inclusive em setores-chave, envolvendo a produção de bens de equipamento como aço, alumínio, produtos químicos e cimento, como se exemplifica com as empresas Siderúrgica Barra Mansa S.A., Companhia Brasileira de Alumínio e a S.A. Indústrias Votorantim, entre outras. A Indústrias Klabin de Papel e Celulose S.A. é outro entre os muitos exemplos possíveis de empresas de capital nacional com sede em São Paulo.

As metrópoles regionais: uma comparação

Diferentemente das metrópoles nacionais, as nove metrópoles regionais apresentam uma atuação que delas se distingue quando se consideram os valores relativos aos atributos considerados, intensidade, diversificação e atuação espacial. Distintas das metrópoles nacionais, elas também se diferenciam entre si no que se refere a esses mesmos atributos.

O Quadro 1 sumaria as características das metrópoles regionais no que diz respeito aos atributos considerados.

A intensidade da atuação

As metrópoles regionais diferenciam-se muito entre si quando se considera a intensidade de atuação de cada uma. Belo Horizonte e Porto Alegre distanciam-se bastante das outras sete metrópoles, enquanto Fortaleza, Manaus, Belém e Goiânia estão no outro extremo, com menos de 10.000 assalariados externos cada uma. Goiânia é o caso limite, com menos de 5.000 assalariados externos. Em posição intermediária situam-se Salvador, Curitiba e Recife, com um número de assalariados externos entre 10.000 e 20.000.

Ressalte-se que a função de gestão de atividades externamente localizadas, uma função predominantemente metropolitana, apresenta enormes variações entre as metrópoles regionais. Algumas delas, como

Quadro 1 — Metrópoles Regionais: Número de Assalariados Externos, Principais Gêneros Industriais Controlados e Atuação Espacial — 1985

Metrópole	Número de assalariados externos	Principais gêneros industriais contro-lados %	Atuação espacial (UF) %
Belo Horizonte	59.881	Metalurgia - 39,3 Mecânica - 21,0 Têxtil - 16,4	MG - 88,6 SP - 4,0 ES - 2,9
Porto Alegre	47.302	Vestuário, Calçados e Artef. de Tecidos - 35,9 Prod. Alimentares - 14,8 Química - 6,5	RS - 70,7 SP - 9,5 RJ - 6,8
Salvador	18.390	Prod. Alimentares - 20,2 Fumo - 16,9 Extrativa Mineral - 16,5	BA - 67,5 SP - 7,8 AL - 6,5
Curitiba	14.929	Madeira - 36,5 Papel e Papelão - 25,4 Transf. de Prod. Minerais Não metálicos - 12,8	PR - 37,6 SC - 32,1 SP - 14,8
Recife	13.343	Prod. Alimentares - 49,4 Têxtil - 14,1 Mecânica - 7,5	PE - 51,6 CE - 7,5 SP - 5,8
Fortaleza	8.455	Prod. Alimentares - 57,0 Bebidas - 19,3 Mecânica - 6,7	CE - 56,8 SP - 8,3 PA - 6,1
Manaus	7.868	Extrativa Mineral - 52,2 Material Elétrico e de Comunicações - 15,0 Diversos - 11,6	AM - 41,9 SP - 32,1 PA - 15,5
Belém	5.576	Madeira - 28,4 Extrativa Mineral - 21,1 Perfumaria, Sabões e Velas - 14,3	PA - 77,3 SP - 12,0 RJ - 4,8
Goiânia	2.302	Prod. Alimentares - 66,1 Editorial e Gráfica - 19,5 Transf. Prod. Minerais Não metálicos - 7,9	DF - 35,1 GO - 34,2 SP - 27,8

Fonte: Censo Industrial — IBGE — 1985

Goiânia, centro erigido à condição metropolitana muito recentemente, ou Belém, tradicional centro metropolitano da Amazônia, tem uma atuação numericamente limitada, inferior mesmo à de centros não metropolitanos, a exemplo de Maceió, Campinas, Sorocaba, Blumenau e Caxias do Sul.

A diferenciação entre as metrópoles regionais deriva do desigual desenvolvimento por que passaram, resultante do fato dos processos sociais não se realizarem uniformemente em termos espaciais. Em outras palavras, os processos gerais, vinculados ao desenvolvimento capitalista, particularizam-se regionalmente e singularizam-se ao nível de cada centro metropolitano. A temática das diferenças metropolitanas ultrapassa os limites do presente estudo, suscitando, no entanto, um convite à pesquisa sobre o desenvolvimento desigual dos centros urbanos brasileiros, seguindo o caminho já traçado por SINGER (1968). No plano teórico, a consulta ao estudo de BROWETT (1984) é fundamental.

A diversificação das atividades industriais controladas

As diferenças já apontadas entre as metrópoles regionais ampliam-se quando se considera a diversificação das atividades industriais por elas controladas. Diferentemente de São Paulo e Rio de Janeiro, as metrópoles regionais exercem o controle sobre uma gama menos diversificada de atividades industriais externamente localizadas. A atuação delas tende a ser especializada e esta é, certamente, uma das características diferenciadoras entre elas e as metrópoles nacionais.

Se considerarmos os dois principais gêneros industriais controlados, verifica-se que em sete das nove metrópoles regionais eles ultrapassam os 50% do total de assalariados externos (Quadro 1). Assim, em relação a Belo Horizonte os gêneros metalúrgica e mecânica respondem por 60,3% do total de assalariados externos, enquanto em Porto Alegre são as indústrias de calçados, de um lado, e de produtos alimentares, de outro, que sobressaem das demais, respondendo por 50,7% dos assalariados externos. De fato, a produção de aço e ferro-gusa, de um lado, e calçados e alimentos industrializados, de outro, são especializações produtivas que inserem de modo marcante os territórios mineiro e gaúcho na divisão territorial do trabalho no país. E esta inserção é fortemente controlada pelas respectivas metrópoles regionais.

Belo Horizonte e Porto Alegre, adicionalmente, controlam, a primeira, indústrias têxteis, extrativas minerais e de produtos alimentares, e a segunda, indústrias químicas e madeireiras, todas importantes nas respectivas hinterlândias.

É sobretudo através da produção madeireira e de papel e celulose, oriundas da mesma matéria-prima, que Curitiba exerce seu papel como centro de controle de atividades externamente localizadas, enquanto no caso de Recife são as indústrias alimentares, particularmente a de produção de açúcar, que define o seu perfil como centro de gestão de atividades de sua hinterlândia. É através dessas atividades que as regiões onde Curitiba e Recife atuam estão parcialmente inseridas na divisão territorial do trabalho no país.

A mesma relação entre metrópole e atividades produtivas da respectiva hinterlândia aparece nitidamente nos casos de Fortaleza, Manaus, Belém e Goiânia. A capital cearense controla atividades industriais ligadas diretamente à produção agrária, ou seja, indústrias de produtos alimentares derivados do caju e do algodão. Manaus, por sua vez, controla a indústria extrativa da cassiterita, enquanto Belém desempenha o mesmo papel face às indústrias madeireiras e de extração de bauxita. Goiânia, finalmente, controla indústrias de produtos alimentares. No caso de Salvador, onde há uma relativa diversificação das atividades industriais externamente localizadas, verifica-se a mesma relação: a metrópole baiana controla parte da industrialização da produção agrícola, cana-de-açúcar, dendê, cacau e caju, assim como participa ativamente do processo de beneficiamento do fumo. As indústrias extrativas minerais são atividades também significativamente controladas pela metrópole baiana.

A atuação espacial

As metrópoles regionais, diferentemente das metrópoles nacionais, apresentam uma atuação espacial eminentemente regional. Há, em realidade, uma forte correlação entre diversificação limitada e âmbito regional de atuação.

Seis das nove metrópoles regionais têm mais de 50% de seus assalariados externos localizados no interior da mesma Unidade da Federação em que estão localizadas, conforme se evidencia da análise do Quadro 1. As exceções correm por conta de Curitiba, Goiânia e Manaus. No caso da capital paranaense, sua atuação se faz em quase 70% no Paraná e no vizinho território catarinense que, em sua maior parte, subordina-se à metrópole curitibana. Goiânia, por sua vez, tem também cerca de 70% de seus assalariados externos no vizinho Distrito Federal e no próprio território goiano.

Já Manaus, com 41,9% de seus assalariados externos no Amazonas, é um caso à parte, pois pesa significativamente a participação paulistana na distribuição de seus assalariados externos. Trata-se, na verdade, de estabelecimentos-filiais de empresas industriais apenas formalmente sediadas na capital amazonense e que tem em São Paulo o principal mercado consumidor. Sintomaticamente, os dois outros gêneros industriais indicados no Quadro 1 são o de material elétrico e o de comunicações e diversos, ambos associados à industrialização implantada no âmbito da SUFRAMA. Por outro lado, e sintomaticamente também, a terceira Unidade da Federação onde Manaus atua é o vizinho Estado do Pará.

A importância do território paulista como área de implantação de estabelecimentos-filiais controlados por Manaus aparece também ao se considerar as outras metrópoles regionais. Em todas São Paulo aparece como a segunda ou a terceira Unidade da Federação onde as metrópoles regionais atuam, indicando o peso do mercado consumidor e distribuidor da principal metrópole brasileira. O território fluminense, ao contrário, tem exercido menor poder de atração para investimentos provenientes das metrópoles regionais, pois apenas em dois casos aparece entre as três mais importantes Unidades da Federação onde esses investimentos foram realizados.

Uma análise mais acurada da atuação espacial das nove metrópoles regionais revela que a atuação delas tende a privilegiar determinados segmentos espaciais no âmbito de suas hinterlândias. Isto indica claramente a natureza seletiva dos investimentos capitalistas, quer se considerem as metrópoles nacionais, quer as regionais.

Belo Horizonte apresenta cerca de 65% de seus assalariados externos em território mineiro localizados na denominada Zona Metalúrgica; a concentração espacial passa para cerca de 80% se adicionarmos o Oeste mineiro. Na Zona Metalúrgica sobressaem nitidamente as unidades do gênero metalurgia da USIMINAS, ACESITA, Cia. Belgo-Mineira, AÇOMINAS e Cimetal Siderúrgica S.A., entre outras, com estabelecimentos-filiais na aglomeração urbana de Ipatinga — Coronel Fabriciano — Timóteo, em João Monlevade, Ouro Branco, Barão de Cocais e Itaúna, entre outros. A extração mineral (Mariana, Santa Bárbara e Ouro Preto) e a indústria têxtil (Itaúna e Alvinópolis) também são importantes.

No Oeste mineiro, a atuação de Belo Horizonte é distinta. A metalurgia está presente, como se exemplifica com unidades localizadas em Sete Lagoas e Pará de Minas. São, no entanto, as indústrias têxteis, de um lado, e a de produtos alimentares, de outro, aquelas que sobressaem. No primeiro caso, destacam-se as unidades da Cia. Fiação e Tecidos Cedro e Cachoeira localizadas em Baldim, Caetanópolis, Inimutaba, Paraopeba e Sete Lagoas e da Cia. de Tecidos Santanense em Pará de Minas e Pitangui, além de unidades em outros centros. No segundo caso, sobressai a Cooperativa Central dos Produtores Rurais de Minas Gerais que, a partir da unidade localizada em Sete Lagoas, organiza a bacia leiteira da capital mineira. Subordinadas à unidade de Sete Lagoas estão as usinas de beneficiamento do leite localizadas em mais de uma dezena de municípios, envolvendo ampla área.

Se a metrópole mineira desempenha importante papel na organização do espaço das duas mencionadas zonas, no restante do Estado a sua atuação não só é menos intensa, como assume, sobretudo, característica pontual: metalurgia em Três Marias, mineração em Vazante, tecidos em Barbacena, celulose em Belo Oriente e fertilizantes em Patos de Minas, Tapira e Uberaba.

Em relação a Porto Alegre, cerca de 65% de seus assalariados externos localizados em território gaúcho estão nas antigas áreas de colonização europeia, nos vales do Taquari, Guaporé e Caí, na serra gaúcha e na região de Santa Cruz do Sul. As atividades criadas por Porto Alegre — em parte a partir de empresas sediadas em municípios de sua região metropolitana, como Campo Bom, Novo Hamburgo e São Leopoldo — são fundamentalmente aquelas ligadas à produção de calçados. Mencionam-se, entre outras, a Musa Calçados Ltda., a Reichert Calçados Ltda. e a Paquetá Calçados Ltda., com unidades em Feliz, São Sebastião do Caí, Bom Princípio, Rolante, Nova Petrópolis, Canela, Serafina Corrêa, Guaporé, Estrela, Taquari, Muçum, Teutônia, Encantado, Venâncio Aires e Candelária, onde, em conjunto, controlam cerca de 8.000 assalariados externos.

A metrópole gaúcha controla também atividades industriais voltadas para a produção de carnes em conserva, óleos vegetais, cerveja, vinho, suco de frutas, madeira, fumo beneficiado e derivados do leite. Exerce assim um significativo papel na gestão das atividades produtivas regionais voltadas para os mercados internacional, nacional e regional. Ressalte-se que nessa velha área de colonização europeia localizam-se centros não metropolitanos que exercem expressivo papel no controle das atividades produtivas regionais: Caxias do Sul, com 6.617 assalariados externos, Lajeado, Bento Gonçalves, Teutônia e Montenegro, cada um com mais de 1.000 assalariados externos, são exemplos identificados por CORRÊA (Inédito).

Além dessa, *"core area"* a atuação da capital gaúcha é, de um lado, caracterizada por ser pontual, vinculada à produção de aço em Charqueadas (Aços Finos Piratini), carvão e cobre, respectivamente em Butiá e Caçapava do Sul, cimento (Pinheiro Machado), adubos (Rio Grande), óleos vegetais (Pelotas) e produtos químicos (Triunfo). De outro, estende-se em área, vinculando-se diretamente à produção agropastoril através de unidades de produção e distribuição de produtos alimentares e adubos. Assim, a Cooperativa Central Gaúcha de Leite Ltda. tem unidades em Cerro Largo, Ijuí, Passo Fundo, Santa Rosa, Três de Maio e Uruguaiana, entre outros.

Diferentemente de Belo Horizonte, a atuação de Porto Alegre fora do Rio Grande do Sul é expressiva. Sobressaem nitidamente as metrópoles nacionais onde a capital gaúcha controla 3.554 assalariados externos em São Paulo e 3.125 no Rio de Janeiro, os principais centros consumidores e distribuidores do país. Em Santa Catarina e no Paraná, em conjunto com 4.802 assalariados externos, a atuação da metrópole gaúcha se faz sobretudo através do controle de unidades ligadas às indústrias madeireira, papel e papelão e de transformação de produtos minerais não metálicos. Catanduvas (SC) e Curitiba e Quedas do Iguaçu no Paraná são os principais centros de atuação porto-alegrense.

A concentração da atuação de Salvador no Recôncavo Baiano, sua tradicional hinterlândia, traduz-se na presença de apenas 33,8% de seus assalariados externos, indicando uma importante dispersão espacial em sua atuação, a qual se associa à diversidade dos gêneros industriais que controla. No Recôncavo, a metrópole baiana atua controlando atividades tradicionais, como o beneficiamento de fumo e a produção de açúcar e álcool. Cruz das Almas, Maragogipe, São Gonçalo dos Campos exemplificam municípios fumageiros, onde atuam tradicionais exportadores de folhas de fumo (TABARAMA, FUMEX, Carl Leoni) e produtores de charutos (Suerdieck). Amélia Rodrigues, Santo Amaro e São Sebastião do Passé, por outro lado, exemplificam municípios canavieiros. Adicionalmente, Salvador controla a produção de óleo de dendê em Cachoeira—São Félix, através da OPALMA, de couros e peles em Alagoinhas e papel e papelão em Feira de Santana, entre outros.

A Chapada Diamantina e o Sertão, em conjunto, concentram 34,6% dos assalariados externos de Salvador em território baiano. As atividades controladas vinculam-se sobretudo à extração mineral em Ibipeba (Caraíba Metais S.A.), Licínio de Almeida, Caetité, Jacaraci, Ibitiara e Urandi, onde sobressai a Mineração Urandi S.A., e à industrialização de produtos agrícolas como o sisal — Jacobina, Santaluz e Riachão do Jacuípe — e o caju em Nova Soure.

Na zona cacaueira estão menos de 20% dos assalariados externos de Salvador, enquanto no Baixo Sul cerca de 10%. Na primeira região a metrópole baiana vincula-se ao beneficiamento de cacau em Camaquã, Coaraci, Gandu, Ibicaraí, Ibirataia, Ilhéus, Ibicuí, Itabuna, Itajuípe, Itamaraju, Jitaúna, Ubaitaba e Ubatã, entre outros, onde sobressai a empresa Barretto de Araújo Produtos de Cacau S.A. No Baixo Sul, por sua vez, Salvador controla a fábrica têxtil de Valença e, através da OPALMA, a produção de óleo de dendê em Cairu, Ituberá e Taperoá.

A metrópole baiana, desse modo, vincula-se às principais atividades de sua hinterlândia. Fora do território baiano, Salvador atua sobremaneira na metrópole paulista, onde controla atividade metalúrgica em Alagoas, onde possui estabelecimentos-filiais de beneficiamento de fumo em Arapiraca e Lagoa da Canoa. Atua ainda secundariamente em Pernambuco, Rio Grande do Norte e Sergipe.

Tendo em vista a atuação de Curitiba estar concentrada em gêneros vinculados à presença da madeira, sua atuação espacial se faz sobretudo no 3º Planalto paranaense e no Planalto catarinense, especialmente nos municípios onde, em função das ricas reservas de araucária, verifica-se uma tradicional atividade madeireira. Assim, cerca de 50% de seus assalariados externos em território paranaense estão em Mangueirinha, General Carneiro, Pinhão, Guarapuava, Laranjeiras do Sul, Bituruna, Palmas, entre outros, empregados quase que exclusivamente em serrarias. No planalto catarinense, por sua vez, às serrarias juntam-se as fábricas de papel e papelão localizadas sobretudo em Campos Novos, Santa Cecília, Curitibanos e Fraiburgo, respondendo também, no conjunto, pela metade dos assalariados externos curitibanos em Santa Catarina.

A atuação de Curitiba é expressiva no 2º Planalto, envolvendo, de um lado, o beneficiamento de erva-mate em São Mateus do Sul, Teixeira Soares, Prudentópolis e Imbituva e, de outro, a fabricação de papel e papelão em Piraí do Sul.

A metrópole paranaense atua ainda nos importantes centros de sua hinterlândia — Paranaguá, Ponta

Grossa, Cascavel, Londrina e Blumenau — através de indústrias de bebidas, editorial e gráfica, fertilizantes e produtos alimentares, gênero que caracteriza sua atuação na cidade de Lapa. Merecem menção ainda as indústrias de mobiliário em Rio Negrinho e São Bento do Sul e de louças em Pomerode, todos em território catarinense.

Fora de sua hinterlândia, Curitiba atua diversificadamente na metrópole paulista (louças, papel e papelão, fumo e material elétrico e de comunicações, entre outras), no Rio Grande do Sul (papel e papelão, e produtos alimentares) e nos Estados de Mato Grosso do Sul, Mato Grosso e Rondônia, onde controla algumas serrarias.

A atuação espacial de Recife está fortemente concentrada na Zona da Mata pernambucana, onde estão cerca de 70% de seus assalariados externos em território pernambucano. Recife controla a tradicional atividade açucareira regional — Aliança, Barreiros, Joaquim Nabuco, Pombos, Nazaré da Mata, Rio Formoso e Vicência — e algumas outras atividades, como uma fiação e tecelagem em Ribeirão e uma fábrica de papel e celulose em Goiana.

No Agreste, onde estão cerca de 25% de seus assalariados, a metrópole pernambucana desenvolveu uma ampla bacia leiteira através da CILPE (Companhia de Industrialização do Leite de Pernambuco) com unidades em Bom Conselho, Canhotinho, Correntes, Gravatá, Itaíba, Limoeiro, Sanharó, São Bento do Una e Surubim, entre outros, ao lado de unidades ligadas à produção de sucos de frutas em Bonito e de conservas alimentícias em Pesqueira (Indústrias Alimentícias Carlos de Britto S.A.).

O beneficiamento de algodão é também atividade do Agreste, mas é no Sertão que Recife desempenha papel mais significativo através de unidade em Sertania.

No Nordeste — Ceará, Rio Grande do Norte e Alagoas, sobretudo — a atuação de Recife vincula-se às indústrias alimentícias em geral, como se exemplifica com as usinas de açúcar de Arês (RN) e Barbalha (CE), a produção de sucos de frutas em Aracati (CE) e a indústria de pescados em Fortaleza (CE), Areia Branca (RN) e Natal (RN). O beneficiamento de algodão em Iguatu (CE) e Currais Novos (RN) e a indústria têxtil em Maceió (AL) são outras atividades importantes controladas pela capital pernambucana, no Nordeste.

No Sudeste, sobressaem as unidades de produção de sucos de frutas em Araguari (MG), de conservas alimentícias em Taquaritinga (SP), de fiação e tecelagem em Curvelo (MG) e outras unidades vinculadas sobretudo à distribuição e localizadas na metrópole paulista.

O município de Cascavel (CE) concentra a metade dos assalariados externos de Fortaleza. Estão eles vinculados ao beneficiamento de castanha de caju nas unidades da Cascaju Agroindustrial S.A. e da CIPA — Ceará Industrial S.A. A atuação da metrópole cearense se faz também através do controle da produção de óleos vegetais comestíveis nos estabelecimentos da CIDAO em Sobral e Iguatu, da produção de suco de frutas em Aracati, cimento em Sobral, beneficiamento de fibras de algodão e tecelagem em Aracati, mineração em Limoeiro do Norte e industrialização de pescados em Camocim.

Trata-se de uma atuação fortemente vinculada à produção de matérias-primas de sua hinterlândia.

Diferentemente, o desempenho de Fortaleza fora de sua hinterlândia está centralizado em produtos como água mineral (Indaiá Brasil Águas Minerais Ltda.) com unidades em cerca de 20 municípios, inclusive centros metropolitanos, e cerca de 1.500 assalariados externos, pescados industrializados, biscoitos, confecções e plásticos. Belém, João Pessoa, São Paulo e Rio de Janeiro são os principais centros onde Fortaleza atua.

Como Fortaleza, a capital amazonense tem um desempenho fortemente concentrado em termos espaciais. No município de Presidente Figueiredo (AM) estão 95% de seus assalariados externos em território amazonense, todos vinculados à extração de cassiterita pela Mineração Taboca S.A., que conta também com unidades menores em São Félix do Xingu e Altamira (PA).

Dada a natureza formal da presença de sedes sociais em Manaus, em realidade sedes de empresas de fora, a capital manauara tem parcela importante de seus assalariados externos fora da Amazônia, particularmente em São Paulo, onde se situam unidades de distribuição e manutenção de indústrias de material elétrico e de comunicações e do gênero diversos, enquanto em Taubaté (SP) localiza-se uma fábrica de tecelagem de juta, matéria-prima do médio vale do Amazonas.

Diferente é a atuação de Belém, a tradicional metrópole da Amazônia. Sua atuação se faz sobretudo nos municípios do baixo e médio Amazonas, como Oriximiná, com extração de bauxita (Mineração Rio Norte S.A.), Portel, Breves, Afuá e Óbidos (madeira) e Anajás (conservas alimentares). Na zona bragantina estão unidades de produção de cimento em Capanema e de produtos alimentares em Santa Isabel do Pará, enquanto na região oriental a metrópole paraense controla o beneficiamento de madeiras em Rio Maria, Redenção, Xinguara e Santana do Araguaia. Fora do território paraense, Belém atua particularmente em São Paulo através, sobretudo, da Perfumaria Phebo S.A., que conta com outras unidades de distribuição em centros metropolitanos, como Rio de Janeiro, Recife, Belo Horizonte, Porto Alegre e Curitiba.

Goiânia, finalmente, tem no Distrito Federal o principal centro onde atua através das indústrias gráficas e de produtos alimentares voltadas para o mercado local. No próprio Estado, a sua atuação, a despeito de uma relativa concentração em Anápolis, se faz de modo disperso, envolvendo em grande parte a produção de leite e laticínios para o seu próprio mercado, através de unidades da Cooperativa Central Rural de Goiás Ltda., Companhia Goiana de Laticínios e Laticínios Marajó Indústria e Comércio Ltda. Fora da região Centro-Oeste, a metrópole goiana atua, sobretudo em São Paulo, através da Arisco Produtos Alimentares Ltda., com unidades em Santa Adélia e na própria metrópole paulistana.

À Guisa de Conclusões: Questionamentos

O presente estudo teve por finalidade avaliar o papel das metrópoles brasileiras enquanto centros de gestão do território. Trata-se de estudo eminentemente descritivo, que apenas apontou os aspectos mais evidentes da atuação metropolitana no controle de atividades externamente localizadas. Constatou-se que elas atuam diferentemente quando são consideradas as respectivas intensidade, diversidade e atuação espacial de seus desempenhos.

A análise realizada, no entanto, possibilitou que vários questionamentos pudessem ser levantados, os quais exigem pesquisas específicas, seja considerando cada questionamento para o conjunto de centros metropolitanos, assim como para outros centros, seja considerando todos os questionamentos para cada metrópole. Comparações entre desempenhos metropolitanos distintos podem, naturalmente, ser feitos.

Entre os possíveis questionamentos indicam-se os seguintes:

- Qual a gênese dos capitais investidos externamente?

- Qual a dinâmica de atuação de cada centro urbano, isto é, a variação espaçotemporal de sua atuação, considerando-se as mudanças no que se refere à intensidade e diversidade?

- Qual a importância da atuação de cada centro em sua própria hinterlândia, confrontada com a atuação de outros centros, particularmente São Paulo?

- Que práticas espaciais foram postas em ação para que, efetivamente, um dado centro pudesse realizar o seu papel de centro de gestão do território?

- Qual a rede de conexões entre as diversas empresas dos diversos centros urbanos, e entre elas e o Estado, visando viabilizar o processo de acumulação capitalista?

- Que conflitos emergem a partir da ação das empresas dos centros sob análise, envolvendo grupos sociais regionais ou locais — proprietários rurais, peões, comerciantes e industriais, entre outros — e como são resolvidos?

- Que impactos sociais, econômicos e políticos resultam da atuação dos centros de gestão do território em suas hinterlândias?

- Que impactos sobre a metrópole carioca, enquanto centro de gestão do território, terá a política de privatização das empresas estatais?

Bibliografia

BORCHERT, J. R. (1978). Major Control Points in American Economic Geography. *Annals of the Association of American Geographers*, Washington, 62(2): 214-232.

BROWETT, J. (1984). On the Necessity and Inevitability of Uneven Spatial Development under Capitalism. *International Journal of Urban and Regional Research*, London, 8(2): 155-175.

COHEN, R. B. (1981). The New International Division of Labor, Multinational Corporations and Urban Hierarchy. *In*: *Urbanization and Urban Planning in Capitalist Society*. Organizado por M. Dear e A. J. Scott, London, Methuen.

CORDEIRO, H. K. (1987). Os Principais Pontos de Controle da Economia Transacional no Espaço Brasileiro. *Boletim de Geografia Teorética*, Rio Claro, 16-17 (31-34): 153-196.

_____. (1992). A "Cidade Mundial" de São Paulo e a Recente Extensão do seu Centro Metropolitano. *Revista Brasileira de Geografia*, Rio de Janeiro, 54(3): 5-26.

CORRÊA, R. L. (1968). Contribuição ao Estudo do Papel Dirigente das Metrópoles Brasileiras. *Revista Brasileira de Geografia*, Rio de Janeiro, 30(2): 56-86.

_____. (1989a). Concentração Bancária e os Centros de Gestão do

Território. *Revista Brasileira de Geografia*, Rio de Janeiro, 51(2): 17-32.

_____. (1989b). Os Centros de Gestão e seu Estudo. *Revista Brasileira de Geografia*, Rio de Janeiro, 51(4): 109-119.

_____. (1991a). Corporação e Espaço. Uma Nota. *Revista Brasileira de Geografia*, Rio de Janeiro, 53(1): 137-145.

_____. (1991b). Corporação e Organização Espacial. Um Estudo de Caso. *Revista Brasileira de Geografia*, Rio de Janeiro, 5(3): 33-66.

_____. (Inédito). Identificação dos Centros de Gestão do Território no Brasil. A ser publicado na *Revista Brasileira de Geografia*.

GOODWIN, W. (1965). The management Center in the United States. *Geographical Review*, New York, 55(1): 1-16.

GOTTMAN, J. (1961). *Megalopolis. The Urbanized Northeastern Seabord of the United States*. New York, The MIT Press.

HAKANSON, L. (1979). Towards a Theory of Location and Corporate Growth. *In*: *Spatial Analysis, Industry and Industrial Environment*, vol. 1. Organizado por F. E. I. Hamilton e G. J. R. Linge. Chichester, John Wiley and Sons.

HARVEY, D. (1980). *Justiça Social e a Cidade*. São Paulo, HUCITEC.

HARVEY, D. (1982). *The Limits to Capital. Chicago*, The University of Chicago Press.

HYMER, S. (1978). *Empresas Multinacionais: a Internacionalização do Capital*. Rio de Janeiro, Graal.

IBGE (1987). *Regiões de Influência das Cidades*. Rio de Janeiro, Instituto Brasileiro de Geografia e Estatística.

_____. (1988). *Classificação de Atividades e Produtos, Matérias-Primas e Serviços Industriais — Indústria Extrativa Mineral e de Transformação*. Diretoria de Pesquisas e Inquéritos, Textos para Discussão, Rio de Janeiro, vol. 1(6).

MAGNANINI, R. L. C. e LIMA, O. B. (1971) Uma Medida da Função de Direção das Cidades Brasileiras. *Boletim Carioca de Geografia*, Rio de Janeiro, 22: 129-147.

MORAES, A. C. R. e COSTA, W. M. (1984). *A Valorização do Espaço*. São Paulo, HUCITEC.

PALLOIX, C. (1978). *La Internacionalización del Capital*. Madrid, H. Blume.

PRED, A. R. (1974). Major Job-Providing Organizations and Systems of Cities. Commission on College Geography, *Association of American Geographers*, Resource Paper 27, Washington.

RAMIRES, J. C. L. (1991). As Grandes Corporações e a Dinâmica Socioespacial: a Ação da PETROBRÁS em Macaé. *Revista Brasileira de Geografia,* Rio de Janeiro, 53(4): 115-151.

ROCHEFORT, M. e HAUTREUX, J. (1963). La Fonction Régionale dans l'Armature Urbaine Française. Paris. *Ministere de la Construction et de l'Equipement,* mimeografado.

SANCHEZ, J. E. (1991). *Espacio, Economia y Sociedad.* Madrid, Siglo Veinteuno Editores.

SEMPLE, R. K. (1985). Toward a Quaternary Place Theory. *Urban Geography,* Silver Springs, 6(4): 285-296.

SINGER, P. (1968). *Desenvolvimento Econômico e Evolução Urbana.* São Paulo, Cia. Editora Nacional.

STRICKLAND, D. e AIKEN, M. (1984). Corporate Influence and the German Urban System: Headquarters Location of German Industrial Corporations, 1950-1982. *Economic Geography,* Worcester, 60(1): 38-54.

TAYLOR, M. J. e THRIFT, N. (1980). Large Corporations and Concentration of Capital in Australia: A Geographical Analysis. *Economic Geography,* Worcester, 56(4): 261-280.

WATTS, H. D. (1981). *The Branch Plant Economy — A Study of External Control.* New York, Longman.

REDES ELETRÔNICAS E NOVAS DINÂMICAS DO TERRITÓRIO BRASILEIRO[1]

Leila Christina Dias

Introdução

O século XX conheceu uma aceleração do ritmo da inovação em vários campos, particularmente no das telecomunicações. A invenção do circuito integrado, cujo primeiro protótipo foi criado em 1958 por um engenheiro da *Texas Instrument*, permitiu que a informação circulasse sob uma forma binária e sobretudo que fosse armazenada e tratada logicamente.[2] Da mesma forma, a invenção do laser, em 1961, foi o ponto de partida das pesquisas tecnológicas sobre as fibras ópticas, cujo uso

[1] Este trabalho se inscreve num projeto de pesquisa em curso, com apoio do CNPq, sobre as implicações das redes de informação na organização territorial brasileira. Na elaboração dos mapas, contamos com a colaboração inestimável do Prof. Luiz Antonio Paulino, do Laboratório de Geoprocessamento, e do bolsista de Iniciação Científica, André Luiz Santos.

[2] A informação no sentido técnico é uma noção que designa ao mesmo tempo uma medida e um símbolo: ela toma a forma de unidade elementar denominada "bit" (contração de "Binary digIT") e simbolizada por 0 e 1.

engendrou um crescimento exponencial da capacidade de transmissão das informações.

Compreender a entrada do Brasil nesse novo contexto científico e tecnológico dos últimos anos implica considerar um quadro conceitual capaz de integrar as escalas nacional e internacional. Contudo, o emprego corrente, há alguns anos, de termos tais como mundial, internacional, planetário ou global só assegura em parte a clareza do debate; ele parece ocultar pelo menos dois fatos contemporâneos: 1) a concepção e a implantação das técnicas não constituem um processo homogêneo; 2) além de uma trama comum, em parte técnico-científica, em parte econômica, a história das diferentes tecnologias se alimenta de singularidades industriais e nacionais.[3] Por isso, a primeira parte do trabalho apresenta a história da implantação das redes de telecomunicação no Brasil, mostrando como a intervenção direta do Estado se inscreveu num verdadeiro projeto nacional de aquisição e de domínio tecnológico, com novos desenhos institucional, industrial e espacial. Na segunda parte, apresentamos a configuração das redes de informação, meio privilegiado de compreender a formação do espaço econômico brasileiro na atualidade e de apreender os laços entre as cidades, laços que, enriquecidos de uma nova dimensão "informacional" se diferenciam dos laços do passado.

Inovação Tecnológica e Redes de Telecomunicação

A citação abaixo, transcrita de uma publicação oficial brasileira, esclarece as condições de funcionamento, no início dos anos sessenta, das redes de telecomunicação implantadas na virada do século XX:

[3] Ideia sustentada por M. MAGNIEN a propósito da eletricidade (1986:439).

> "Os investidores estrangeiros, quando vêm analisar as oportunidades oferecidas como mercado para novos empreendimentos, ficam surpresos com o grau de deficiência de nossa infraestrutura... os meios de comunicação são precários e pouco rendimento oferecem no sentido de dar apoio às relações e trocas comerciais. Um aviso de crédito leva cerca de 30 dias. Uma carta, quando a sorte ajuda, chega algum dia. Faltam-nos os serviços telefônicos e telegráficos. De São Paulo para o Rio e vice-versa, o drama da comunicação telefônica se agrava a cada dia que passa. Já não sabemos dizer qual a melhor hora, porque durante o dia as linhas estão ocupadas e à noite o interurbano não responde" (Boletim Cambial apud RATTNER, 1972: 58).

Como tamanha obsolescência dos serviços telefônicos pôde suceder-se a um período de forte investimento e de rápida incorporação do progresso técnico no início do século? Com efeito, na virada do século XX, as inovações nas técnicas de comunicação ocorreram ao ritmo de sua invenção e de sua aparição no mundo: em 1901 foi inaugurada em Porto Alegre a primeira central telefônica a bateria central, com uma rede de cabos subterrâneos; a telefonia automática, que se desenvolveu na Europa em torno de 1910, foi implantada em Porto Alegre na década seguinte. Essas inovações foram introduzidas pela firma canadense *Brazilian Traction Light & Power*, principal responsável pela exploração das redes telefônicas através do sistema de concessão.[4] Entre 1900 e 1920, os investi-

[4] O poder de concessão das redes telefônicas, originariamente centralizado na esfera federal, passou a ser, na República, igualmente exercido pelos estados da Federação e pelos municípios.

mentos em linhas telefônicas se multiplicaram a fim de acompanhar uma demanda social crescente. Seguindo o modelo mundial, foi "a cidade e mais precisamente a burguesia de negócios urbanos que foi cliente do telefone e permitiu seu desenvolvimento" (DUPUY, 1982: 78).

Políticos, comerciantes e industriais asseguraram a expansão das primeiras linhas telefônicas, cuja distribuição heterogênea revela os principais epicentros da economia brasileira. O Distrito Federal e os estados do Rio Grande do Sul e de São Paulo açambarcavam juntos 76% do total de telefones do país em 1913,[5] apontando para a emergência de novas formas de organização social e espacial — o trabalho assalariado e a urbanização.

A Estagnação das Redes de Telecomunicação

As décadas de quarenta e cinquenta assistiram à diminuição dos investimentos nas redes de telecomunicação. Segundo interpretação dos organismos oficiais, o quadro de estagnação e de obsolescência das redes seria explicado: de uma parte, pela Segunda Guerra Mundial, que freou as possibilidades de importação dos equipamentos; de outra parte, pela competência dispersa entre as administrações de diferentes níveis (federal, estadual e municipal) para a concessão da exploração privada das redes telefônicas. O primeiro argumento só é válido para um curto período, quando, de fato, a guerra praticamente interrompeu a expansão mundial do telefone. Ao contrário, a presença de uma multiplicidade de instâncias do poder público, com formas particulares de gestão e de fixação de tarifas, certamente provocou um desequilíbrio que impediu a expansão do siste-

---

5 Em 1913, o Brasil contava com 39.478 telefones, distribuídos por 18 estados da Federação (BRITO, 1976: 185).

ma existente. No início dos anos sessenta, o país abrigava mais de 800 companhias telefônicas, com 1 milhão de telefones para 70 milhões de habitantes.

Se a argumentação oficial não é falsa, ela nos parece insuficiente. Com efeito, os dois argumentos enunciados isolam a variável *telecomunicação* das condições políticas e econômicas que presidiram, nos anos cinquenta, a criação das redes de infraestrutura. Nossa hipótese é que a estagnação das telecomunicações é também referente, de um lado, à prioridade atribuída, desde 1945, ao transporte rodoviário. A questão central, nesse período da história brasileira, consistia na integração do mercado nacional, pela eliminação das barreiras físicas à livre circulação de mercadorias, de matérias-primas e de força de trabalho. Tratava-se, assim, de promover uma política de unificação de mercados através do desenvolvimento dos meios de transporte. O ritmo acelerado do processo de industrialização no governo de Juscelino Kubitschek, centrado na substituição das importações de bens de consumo duráveis (especialmente os automóveis) e de bens intermediários (combustíveis líquidos, siderurgia), exigia importantes investimentos do Estado em energia e transportes. Por outro lado, a estagnação das telecomunicações deve também ser atribuída à vigência, na época, de um sistema financeiro pouco desenvolvido, que admitia, por exemplo, que taxas de juros diferentes fossem aplicadas dentro do território nacional. Com efeito, a industrialização do país não foi acompanhada, num primeiro tempo, por uma reforma financeira, o que assegurou a permanência de mercados paralelos de crédito locais ou regionais.[6]

---

[6] Analisando o Estado da Bahia, M. SANTOS (1987) demonstrou o papel conservador dos bancos, do comércio exportador e do comércio atacadista na vida econômica regional.

A decalagem entre a expansão industrial e a sobrevivência de velhas formas de financiamento não seria tolerada por muito tempo: a reforma financeira seguiu de perto o golpe de estado de 1964. As medidas econômicas tomadas pelo governo militar tinham por objetivo a modernização do sistema financeiro, sua racionalização, sua flexibilidade e sua eficácia. Elas engendraram uma concentração bancária, como testemunham a redução de número de sedes e o aumento da participação relativa de alguns bancos nos depósitos, empréstimos e patrimônio líquido do sistema bancário comercial. A criação dos programas governamentais de subsídios à produção agrícola e à exportação, bem como a política de captação de recursos externos beneficiaram os grandes bancos. Eles passaram rapidamente a financiar os mercados de exportação e de importação e a desempenhar um papel de intermediário entre os bancos estrangeiros e o setor público. Suas atividades no mercado internacional permitiram-lhes atrair os fundos que serviriam ao financiamento de grandes projetos de infraestrutura.

Nessa perspectiva, a existência de um sistema nacional e performante de telecomunicação passou a representar uma das condições fundamentais de realização do modelo econômico, cujo objetivo era "continuar e acelerar uma radical reestruturação do país através da modernização econômica e da mudança espacial" (MACHADO, 1987: 194).

A Implantação da Política Industrial

Os anos sessenta configuraram uma década de reestruturação institucional do setor, marcada pela criação da Empresa Brasileira de Telecomunicações (EMBRATEL)[7] e do Ministério das Comunicações. A reestruturação foi concluída em 1972, com a criação das Telecomunicações Brasileiras S.A. (TELEBRÁS), cujos principais objetivos eram: a) coordenar a ação da EMBRATEL e das companhias telefônicas estaduais; b) definir a política de pesquisa e desenvolvimento do setor.

No quadro de uma política de autonomia tecnológica, a ação governamental, durante a vigência do II Plano Nacional de Desenvolvimento (1975-1979), revelava a preocupação em assegurar a coerência entre: de uma parte, a política científica e tecnológica; de outra parte, a política industrial. As formas de intervenção do Estado brasileiro, que respondiam a considerações de estratégia econômica e de soberania nacional, condicionaram as primeiras ações da TELEBRÁS, consagradas ao fortalecimento do controle nacional sobre a produção de equipamentos de telecomunicações. Sob a tutela da TELEBRÁS, que tinha a exclusividade na compra de equipamentos e que apostava na expansão do mercado interno brasileiro, uma centena de firmas brasileiras surgiram, representando, em 1982, 14% do capital e 30% da mão de obra na indústria de bens de equipamentos (HOBDAY, 1984:51). Em face da incapacidade das empre-

---

[7] As dificuldades que marcaram a criação da EMBRATEL ilustram as profundas divisões no interior do Estado face à organização do setor. Dois modelos se opunham: o primeiro, expressão da aliança entre as concessionárias estrangeiras e os órgãos governamentais de decisão econômica, recomendava a formação de um consórcio de empresas privadas; o segundo, finalmente vencedor, defendido pelo Conselho Nacional de Telecomunicações e pelos setores militares, previa a criação de uma empresa pública.

sas nacionais de financiar programas de desenvolvimento tecnológico, em razão da grandeza dos investimentos, a TELEBRÁS instalou em 1976, em Campinas, um centro de pesquisa e desenvolvimento (CPqD). Desde o início, os projetos desenvolvidos pelo CPqD testemunharam uma escolha deliberada em favor das tecnologias de ponta: programas de comunicação por satélite, de transmissão digital e de comunicação ótica. Seguindo o esquema mundial, a estratégia adotada pelo CPqD privilegiou o desenvolvimento de centrais de comutação temporal, orientando-se a longo termo em direção à digitalização integral da rede de telecomunicações. Isto significa que a orientação não é mais direcionada para a difusão de um serviço preciso (telefone, telex), mas para a diversificação dos serviços sobre uma única rede: voz, imagem, texto e dados. Esse fato foi resultado da convergência tecnológica de diferentes setores — telecomunicações e informática — que passaram a dispor de uma mesma unidade técnica baseada na eletrônica, mais particularmente nos circuitos integrados.[8]

A crise macroeconômica dos anos oitenta acarretou uma série de restrições nos programas de pesquisa do CPqD, obrigando-o a iniciar, em 1989, uma reestruturação através de um processo de planejamento integrado. Com o objetivo de continuar acompanhando o avanço tecnológico internacional, o centro de pesquisas passou a atuar seletivamente, concentrando recursos em projetos considerados estratégicos (ERBER e AMARAL, 1995: 364).

Em matéria de política industrial, menos de vinte anos separam os primeiros passos da TELEBRÁS da implantação de uma política nacional de equipamentos.

---

[8] A substituição do paradigma eletromecânico pelo eletrônico permitiu que sons, textos, imagens e dados se transformassem em "bits", pelo menos durante o tempo das operações realizadas pela máquina.

O papel do Estado, essencial na modernização industrial, não foi menor na ação de equipar o território, condição indispensável à realização do modelo brasileiro.

O Equipamento do Território

No final dos anos sessenta, grandes porções do território nacional ainda não eram integradas pelas redes de telecomunicação. Duas linhas em micro-ondas asseguravam a ligação entre o Rio de Janeiro, São Paulo e Campinas, de uma parte, e o Rio de Janeiro, Belo Horizonte, Brasília e Goiânia, de outra parte. As ondas curtas e os cabos submarinos com baixa capacidade de transmissão ligavam precariamente o restante do país. Em seguida, o equipamento do território por redes de micro-ondas e por satélites permitiu o desenvolvimento da telefonia e a diversificação dos serviços de telecomunicações.

Em 1985, a rede passou a integrar virtualmente todos os municípios. Contudo, a evolução dos serviços aponta para um quadro de desigualdades — tanto de acesso quanto de ritmo de crescimento dos diferentes serviços. Nesse sentido, é importante distinguir os serviços de telecomunicações e as redes-suporte, que constituem a infraestrutura:

"... no caso das telecomunicações, o conceito de rede se aplica a dois níveis distintos: de uma parte, àquele das infraestruturas de suporte, ou seja, redes técnicas que permitem o encaminhamento e o direcionamento dos fluxos; de outra parte, àquele dos serviços de comunicação oferecidos a partir dessa infraestrutura: rede telefônica, rede de transmissão de dados, rede de vídeo-comunicação..." (CURIEN e GENSOLLEN, 1985:50).

Em relação à rede-suporte, as redes telefônicas ou as redes de transmissão de dados comportam um "valor adicionado ligado aos procedimentos particulares de tratamento e de distribuição dos fluxos de informação" (idem: 50). Enquanto meio técnico, a rede-suporte multiplica as possibilidades de circulação da informação, sem *a priori* definir nenhuma orientação particular. Ao contrário, a organização das redes-serviço reflete uma forma de sociedade, uma estrutura de poder, que age seletivamente.

a) A implantação das redes-suporte

O traço mais marcante da história do equipamento do território brasileiro foi, sem nenhuma dúvida, a rapidez na implantação da rede nacional de telecomunicações. Tratava-se de recuperar o atraso acumulado desde 1957, quando a técnica de micro-ondas foi utilizada pela primeira vez no Brasil, e de assegurar assim os meios técnicos necessários à realização do binômio segurança e desenvolvimento.

A integração progressiva das principais cidades do país pela rede de micro-ondas, a partir de 1969, começou pelo Centro-Sul para terminar no Norte-Nordeste. Em 1972, a rede foi, oficialmente, reconhecida como nacional, ainda que só integrasse as principais cidades do país — apenas 55% dos municípios brasileiros eram servidos pela telefonia. A integração de todos os municípios à rede-suporte de telecomunicação só se concretizou, de fato, em 1985, com a introdução do sistema de telecomunicação por satélite. Como outros países de dimensão continental — URSS, Canadá, Estados Unidos e Índia — o Brasil lançou seus próprios satélites, BRA-

SILSAT I (1985) e BRASILSAT II (1986).[9] A instalação da rede técnica de base foi, assim, realizada em menos de vinte anos. Em 1987, as ligações em micro-ondas atingiam 22.562 km de extensão, e trinta estações terrenas, receptoras e emissoras de sinais de telecomunicação por satélites, estavam instaladas.

Na década de noventa, os investimentos vêm sendo dirigidos para a implantação de enlaces locais, em fibra óptica com tecnologia digital, nas entradas dos circuitos dos maiores centros urbanos — São Paulo, Rio de Janeiro, Belo Horizonte, Porto Alegre e Recife. O programa de implantação de sistemas ópticos de longa distância reproduz a mesma trajetória dos primeiros sistemas em micro-ondas, começando em 1994 pelo Centro-Sul e se estendendo agora para o Nordeste do país. Nas regiões Centro-Oeste e Norte, o número de estações terrenas para recepção de sinais de satélites mais que duplicou entre 1987 e 1992, passando de 24 para 53. Esse conjunto de redes-suporte permite doravante a diversificação de usos e o fornecimento das diferentes redes-serviços.

b) As redes-serviço

As redes-suporte permitiram, antes de tudo, a extensão da rede telefônica. Sua densidade (número de telefones por 100 habitantes) havia apenas dobrado em um quarto de século, mas a partir de 1978 seu crescimento se acelerou (Tabela 1). Apesar dessa rápida evolução, a densidade telefônica, em 1986, permaneceu

---

[9] Os dois satélites foram construídos pela empresa canadense *Spar/Aerospace*, numa operação de transferência tecnológica que previa a participação das indústrias nacionais (as estações terrenas foram desenvolvidas e produzidas no Brasil).

inferior à de outros países latino-americanos, como a Argentina (10,3%) e o México (9,6%), e vem até decrescendo nos últimos anos.

Tabela 1 — Evolução da Densidade Telefônica no Brasil (Número de Telefones por 100 Habitantes)

Anos	%	Anos	%
1948	1,0	1978	4,9
1964	1,5	1982	7,3
1970	2,1	1986	9,1
1974	2,7	1991	7,3

Fonte: para os anos 1948 a 1974 — MACULAN, 1981:193; para os anos 1978 a 1986 — Ministério das Comunicações, 1987:11; para o ano 1991 — IBGE, 1994:5-48.

Como explicar esse quadro? De fato, a conjuntura político-econômica de implantação das primeiras redes-suporte foi inteiramente diversa daquela de sua expansão e da instalação dos serviços. O equipamento em micro-ondas na década de setenta se beneficiou de recursos externos, mas principalmente de um esquema original de autofinanciamento, apoiado no tripé constituído pelas receitas: a) dos serviços mais rentáveis — interurbanos e internacionais; b) das ações subscritas por cada novo assinante às companhias telefônicas de cada estado; c) do Fundo Nacional de Telecomunicações (FNT), que representava uma sobretaxa de 30% sobre os serviços de telecomunicações (HOBDAY, 1984). Nos anos oitenta, a expansão das redes-suporte e das redes-serviço não pôde contar com os recursos externos, nem com os do FNT, sistematicamente desviados para outros programas governamentais.

Mesmo numa conjuntura macroeconômica desfavorável, as redes de transmissão de dados conheceram um crescimento extraordinário. O desenvolvimento da rede TRANSDATA, constituída por um conjunto de circuitos ponto a ponto e multiponto, ilustra bem esse processo. Implantada em 1981, em resposta à pressão de grandes organizações econômicas que exigiam a utilização permanente de um meio de comunicação para a transmissão de grandes quantidades de dados, a rede não cessou de crescer: a) a velocidade de transmissão, limitada a 9.600 bits por segundo até 1990, a partir daí foi ampliada para 48 kilobits por segundo;[10] b) o número de circuitos passou de 8.100 para 57.022 entre 1985 e 1991. Com o objetivo de atingir velocidades ainda maiores, satisfazendo assim a necessidade de grandes clientes financeiros e industriais, a EMBRATEL introduziu, na década de noventa, novas redes-serviço: o serviço de comunicação de dados via satélite em alta velocidade (DATASAT Plus), que possibilita ligações em velocidades de até 2 megabits por segundo e as redes privativas digitais, configuradas para um tráfego de 50 megabits por segundo.

O lugar que o Brasil reserva à teleinformática é revelador de uma sociedade plena de desigualdades. De fato, uma grande parcela da população permaneceu completamente excluída do processo de modernização pelo qual o país passou nos últimos anos: entre 1985 e 1991 a utilização da rede TRANSDATA aumentou 604%, a telefonia de negócios 86% e a residencial ape-

[10] No sistema de equivalência entre bits, kilobits e megabits, 1.000 bits correspondem a 1 kilobit e 1.000.000 de bits correspondem a 1 megabit.

nas 20%.[11] Essas diferenças percentuais não podem ser atribuídas ao tempo de existência, maior ou menor, dos diferentes serviços; nossa análise demonstrou que a expansão de uns e de outros é recente, incluindo a telefonia. Com efeito, ao contrário dos países centrais, que introduziram redes de transmissão de dados quando a rede telefônica já havia atingido um alto grau de difusão, o Brasil, como outros países semiperiféricos, implementou uma política ao mesmo tempo de extensão da rede telefônica e de criação de redes telemáticas.

A multiplicação das redes-suporte, e com ela as possibilidades de comunicação no território, esbarrou numa sociedade que permaneceu muito heterogênea. Ainda falta muito para que muitos brasileiros se beneficiem da modernização do país. Apesar da ausência de consenso sobre as estatísticas, as pesquisas vêm assinalando que cerca de 40% das famílias metropolitanas apresentam renda inferior a um salário mínimo. Esse fenômeno de exclusão social coloca em risco a criação de sistemas de pesquisa e desenvolvimento e a modernização das telecomunicações, pois só a existência de uma demanda social efetiva justifica programas tecnológicos de custos muito elevados e cria as condições para o seu desenvolvimento. Não é, portanto, excessivo afirmar que exclusão social e valorização econômica e espacial formam um par; elas constituem as duas faces do modelo brasileiro. Nesse sentido, os investimentos que privilegiaram as redes de transmissão de dados atenderam, antes de tudo, às exigências de poderosas organizações nacionais e internacionais, financeiras e industriais.

Para todas as organizações econômicas, a conexão às redes eletrônicas é uma etapa no processo de moder-

---

[11] Fonte: IBGE, Anuários Estatísticos 1988 e 1994.

nização — *permanecer moderna* equivale aqui a reduzir o tempo da circulação em todas as escalas nas quais as empresas operam. O que está em jogo é a busca de um tempo — mundial ou nacional — beneficiando-se de escalas gerais de produtividade, de circulação e de trocas. Nossa hipótese é que as redes eletrônicas constituem um dos elementos fundamentais de um novo modo de gestão e de regulação econômica, resultante de novas regras ditadas pela globalização dos mercados. A pesquisa que vimos desenvolvendo mostra que tanto a capacidade competitiva das empresas, quanto seus investimentos em telecomunicações variam fortemente segundo o setor de atividade e a escala de operação. Mostra também que essa seletividade econômica é acompanhada de uma seletividade espacial: integrando os agentes mais importantes, as redes integram desigualmente os territórios, seguindo o peso das atividades econômicas preexistentes.

Fluxo de Informação e Urbanização

A configuração dos fluxos de informação que ligam as cidades brasileiras chama a atenção sobre dois fenômenos concomitantes: a centralização do comando em alguns raros pontos do território e a dispersão das atividades bancárias, manufatureiras, agrícolas e minerais sobre o conjunto do território.[12]

[12] Essa parte do trabalho se baseia nos dados relativos à rede TRANSDATA, principal rede de transmissão de dados do país. Em 1988, a rede era formada por um conjunto de 14.867 circuitos que ligavam 804 centros urbanos, entre os quais 95 integravam regiões metropolitanas. Na representação cartográfica: a) a variável *informação*, expressa em número de kilobits por segundo, foi utilizada para o estabelecimento dos níveis hierárquicos dos nós e dos fluxos; b) cada nó da rede correspondeu à soma de todos os fluxos que transitavam pelo centro urbano considerado.

A região metropolitana de São Paulo (RMSP) se impôs como o principal nó da rede, seguida pela região metropolitana do Rio de Janeiro (RMRJ), cuja capacidade de produzir, coletar, armazenar e distribuir as informações representa um terço da capacidade da metrópole paulista. Nós encontramos uma distância semelhante entre o segundo e o terceiro níveis da hierarquia: Porto Alegre, Belo Horizonte e Brasília se situam a um terço da capacidade do Rio de Janeiro. O quarto nível é representado pelas duas mais importantes metrópoles do Nordeste — Salvador e Recife —, assim como por Curitiba e Campinas. Nos outros níveis da hierarquia, observamos a importância, de uma parte, das cidades do interior de São Paulo; de outra parte, da maioria das capitais estaduais. Diversamente das capitais situadas no Sul e Sudeste, aquelas do Nordeste, do Norte e do Centro-Oeste exercem uma supremacia sem falha nas suas regiões respectivas (Figura 1).

Em 1988, a região metropolitana de São Paulo articulava 84% dos centros urbanos integrados pela rede TRANSDATA. A região metropolitana do Rio de Janeiro controlava também uma rede de dimensão nacional, mas que, inversamente, ia raramente além das capitais estaduais, articulando somente 14% das cidades. Os fluxos informacionais mais importantes, comandados por essas duas metrópoles nacionais, estão representados nas Figuras 2 e 3, excetuando-se aqueles inferiores a 320 kilobits. Uma situação de equilíbrio prevalece nas trocas de informações entre as duas maiores regiões metropolitanas do país. Ao contrário, os níveis hierárquicos seguintes manifestam a preeminência de São Paulo, tanto no número de cidades articuladas, quanto na grandeza dos fluxos. Assim, no segundo e terceiro

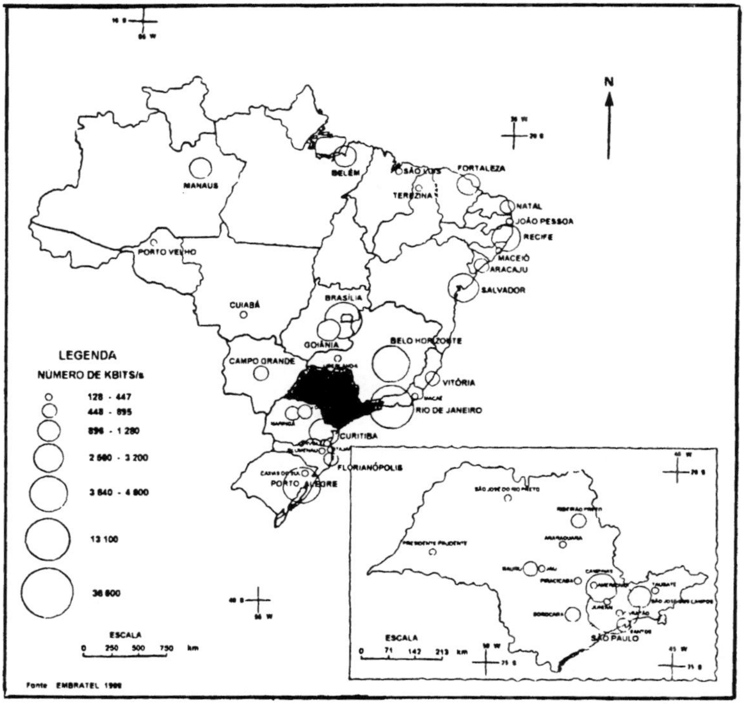

Figura 1 — *Brasil: Os principais nós da rede transdata*

níveis, São Paulo comanda os fluxos para Campinas, Porto Alegre e São José dos Campos. No quarto nível, o Rio governa os fluxos para Brasília e Belo Horizonte, enquanto São Paulo atrai Salvador e Curitiba. A repartição dos fluxos nos níveis hierárquicos inferiores só confirma e acentua a posição privilegiada da aglomeração paulista.

Tecendo uma tela que cobre todo o país, a RMSP logicamente se impôs como o principal ponto de controle da economia brasileira.[13] Acolhendo 40% das sedes dos bancos operando no país, ela é de longe a primeira praça forte financeira. Além disso, 332 das 1.000 maiores empresas não financeiras — um conjunto envolvendo todos os setores de atividades — têm aí instaladas suas sedes. Segundo epicentro da economia brasileira, a RMRJ desempenha um papel preponderante nos ramos de mineração, metalurgia, construção naval, turismo e serviços públicos federais. A presença, ainda hoje, das grandes estatais conta bastante na sua força econômica. E não esqueçamos que, como mercado financeiro, o Rio só cede lugar para São Paulo.

A distribuição dos nós da rede no interior da região metropolitana de São Paulo aponta o peso impressionante das cidades de Osasco, de Barueri, mas também de São Bernardo do Campo, de Santo André e de Guarulhos no controle da informação (Figura 4). A origem de uma tal divisão do trabalho entre a capital e a periferia remonta aos anos cinquenta, quando um parque industrial — constituído principalmente pela indús-

---

[13] Retomamos aqui o título do artigo de H. K. CORDEIRO (1986-87). A autora estudou em detalhe a localização das sedes sociais das 1.000 maiores empresas não-financeiras e dos bancos instalados no Brasil. Agradecemos o acesso às tabelas originais de seu estudo.

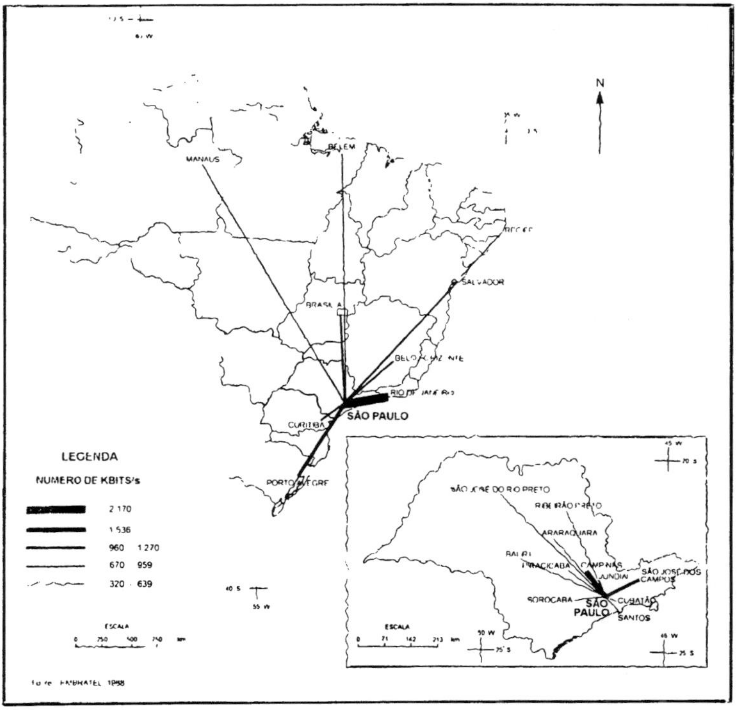

Figura 2 — Brasil: *Os principais fluxos da rede transdata comandados pela RMSP*

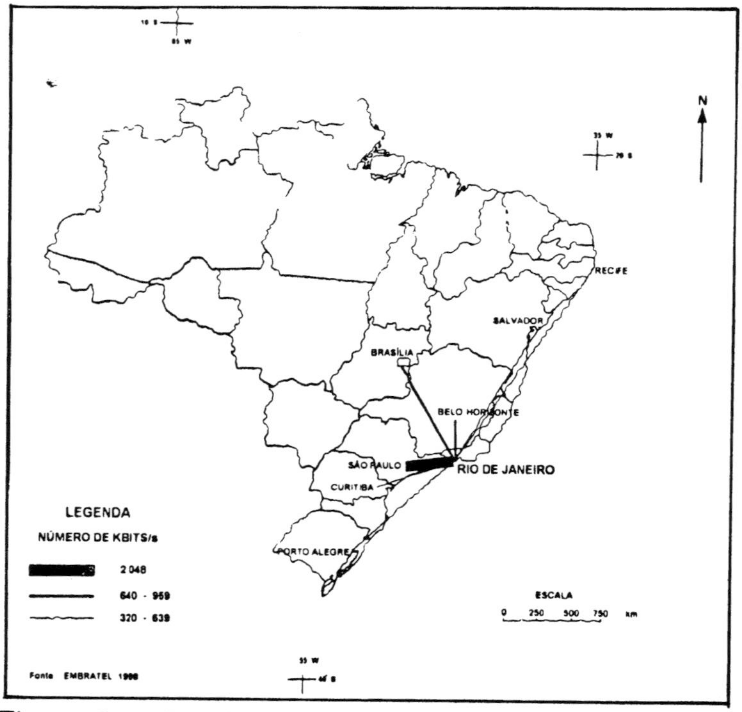

Figura 3 — *Brasil: Os principais fluxos da rede transdata comandados pela RMRJ*

tria automobilística — foi progressivamente instalando-se em torno da cidade num anel de aproximadamente cinquenta quilômetros.

Ao longo das décadas de sessenta e de setenta, o aumento do valor da terra na capital acelerou o processo de deslocamento das indústrias para a periferia. Mais recentemente, esse processo de deslocalização de atividades no interior da região metropolitana mudou de conteúdo, através da transferência, para a periferia, dos centros de processamento de dados (CPDs) de bancos, de indústrias e de empresas públicas. O exemplo de Alphaville, situada no município de Barueri, ilustra bem esse processo. Concebida para abrigar os CPDs de empresas localizadas na capital, Alphaville foi palco de grandes investimentos em energia elétrica e telecomunicações. Em 1982, a TELESP (Telecomunicações de São Paulo) ampliou o perímetro urbano para aplicação de uma tarifa única dos serviços: a tarifa de comunicação entre a cidade de São Paulo e as outras cidades de sua região metropolitana, até então mais cara do que a comunicação no interior da capital paulista, passou a ser a mesma. A eliminação da barreira de ordem econômica teve implicações de ordem espacial: o deslocamento, nos limites da região metropolitana, das operações de processamento de dados das grandes empresas. Assim, por exemplo, os CPDs da TELESP e da Pirelli, até então instalados na capital, foram logo transferidos para Alphaville, respondendo, ao mesmo tempo, às necessidades de mão de obra qualificada e de comunicação fácil com as sedes, localizadas em São Paulo. No mesmo sentido, o BRADESCO implantou, em 1988, um segundo CPD em Alphaville, distante apenas vinte quilômetros de Osasco. Segundo a direção do banco, "a criação de um segundo CPD foi uma medida de precaução tanto em termos técnicos quanto em termos humanos — em Osasco e Alphaville dominam dois sindicatos diferentes".[14] Esses diferentes processos explicam o crescimento do conteúdo informacional dessa parcela do território, na qual as cidades de Osasco e de Barueri exercem um comando que ultrapassa o da maioria das metrópoles brasileiras (Figuras 1 e 4).

Esses dados marcam o advento de uma nova etapa no processo de urbanização, ao longo do qual o poder de controle sobre a economia e o espaço vai cada vez mais assentar-se na aptidão de certos lugares a manipular a informação. A pesquisa vai ao encontro da tese defendida por M. SANTOS (1992: 20): "O dado organizacional é o espaço de fluxos estruturadores do território e não mais, como na fase anterior, um espaço onde os fluxos de matéria desenhavam o esqueleto do sistema urbano". A pesquisa confirma igualmente a tese desse autor de que a metrópole informacional tomou o lugar da metrópole industrial, mudando o seu conteúdo. De fato, São Paulo vem impondo-se como o principal nó da rede de transmissão de dados nacional: entre 1983 e 1988, a participação da RMSP na rede TRANSDATA cresceu de 30 para 45%; e internacional: em 1994, a participação da RMSP na rede internacional de comunicações digitais via satélite representou 62% do volume total de ligações com o exterior.

O fortalecimento dos papéis nacional e internacional de São Paulo teve paralelamente mudanças de igual importância no interior do sistema urbano. Por exem-

[14] No seu estudo sobre os bancos franceses, J. LOJKINE apontou o fator "pane humana" (movimentos de greve) na opção do Crédit Lyonnais em favor de uma pluralidade de centros de processamento de dados (1976: 59).

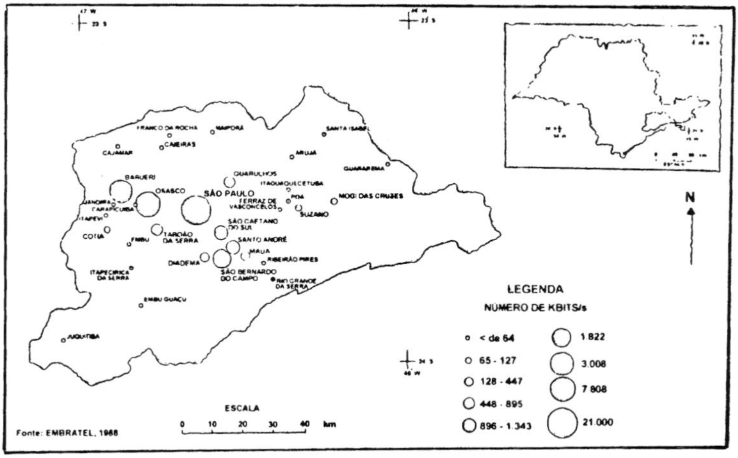

Figura 4 — *RMSP: Os nós da rede transdata*

plo: uma análise dos dados na escala da Amazônia mostra ligações diretas e instantâneas de algumas cidades com a metrópole paulista, sem as tradicionais mediações dos degraus médios da hierarquia urbana: as cidades de Parintins, Itacoatiara, Balsas e Alta Floresta "fogem" completamente do controle regional e se ligam diretamente a São Paulo.

A história da urbanização constitui, em grande parte, a história das redes técnicas. Com efeito, a dispersão das atividades econômicas pelo território e a concentração concomitante das funções de comando e de controle só foram possíveis no momento em que as relações socioespaciais adquiriram uma real fluidez. Nós tivemos de início as ferrovias e rodovias — eixos tangíveis e reais — que irrigavam o país com matérias-primas e mão de obra. Hoje em dia se superpõem e se impõem os fluxos de informação — eixos invisíveis e imateriais certos, mas que se tornaram uma condição necessária a todo movimento de elementos materiais entre as cidades que eles articulam.

Considerações Finais

A dinâmica territorial brasileira passou, nos últimos trinta anos, por profundas transformações com o surgimento de novas estratégias financeiras, industriais e técnicas. Articulados a um vasto projeto de formação científica e tecnológica, de modernização da economia e de reorganização espacial, o governo militar que se instalou em 1964 implementou uma reforma financeira e uma política de telecomunicações. Na ausência de instâncias democráticas de discussão e de contestação, militares e tecnocratas puderam impor um modelo brasileiro de desenvolvimento que associava estreitamente, na sua realização, a segurança nacional e o capital internacional.

A política industrial de telecomunicações voltou-se para os projetos de alta tecnologia, buscando acompanhar a fronteira tecnológica internacional caracterizada pela substituição do paradigma eletromecânico pelo eletrônico. A reorganização do espaço nacional, condição indispensável à realização do modelo nacional, acompanhou as transformações do setor industrial. Em menos de vinte anos as infraestruturas de suporte — rede de micro-ondas e satélites —cobriram o conjunto do território, permitindo a introdução das diferentes redes-serviços. Contudo, a capacidade das redes-suporte em integrar todos os pontos do espaço é apenas virtual; com efeito, ela só se concretiza no momento de instalação das redes-serviço. Ora, o caso brasileiro aponta para um paradoxo: a densidade telefônica permaneceu fraca e vem até decrescendo nos últimos anos, enquanto as redes de transmissão de dados conheceram um desenvolvimento impressionante.

Num mundo onde o que conta cada vez mais são a competência e a organização, as redes eletrônicas passaram a constituir o meio de comunicação que melhor corresponde à aparição de novas formas organizacionais da produção e do espaço das grandes organizações econômicas. Como sustenta DANTAS (1996: 40):

> "Ao reduzir a informação a um mesmo meio de processamento e transporte, a digitalização viabiliza o seu tratamento por uma mesma medida. Esta medida é o tempo: gerar e comunicar informação consome tempo de trabalho; porém receber informação poupa tempo de trabalho. O valor da infor-

mação reside justamente nessa poupança de tempo, que não se realiza pela troca na circulação, como na mercadoria, mas pela interação, na comunicação."

A aceleração dos ritmos econômicos pela busca dessa poupança de tempo deu livre curso a todo um jogo de novas interações espaciais. Ao contrário de algumas teses em voga, o espaço não se tornou uma noção em desuso ou desprovida de sentido, tampouco qualquer coisa de indiferenciado ou de homogêneo. Assistimos ao fortalecimento das vantagens locacionais e à diferenciação crescente dos lugares pelo seu conteúdo: recursos naturais, oferta de trabalho, redes de energia, de transportes e de telecomunicações (HARVEY, 1989).

A análise do caso brasileiro vai de encontro à visão de um espaço indiferenciado, reduzido à única noção de distância. Observamos um espaço que se ordena em função de uma nova diferenciação que poderíamos caracterizar como a diferença entre o virtual e o real — a integração territorial através das novas redes de telecomunicações, sem consideração de distância, só se materializa em função de decisões e de estratégias. A localização geográfica adquiriu um valor estratégico ainda mais seletivo.

Ao mesmo tempo em que as redes permitem a comunicação instantânea a longa distância, tendem a ser um elemento-chave de estruturação dos espaços regidos por laços de proximidade geográfica. Assim, no Brasil, o espaço teleinformático é fortemente polarizado em torno de São Paulo.[15] Esse fenômeno de polarização

---

[15] Tal afirmação é igualmente válida para outros países. Num estudo sobre a região urbana de Lyon, BEGAG et alii (1990) mostraram que a demanda em telemática se ordenava em torno da aglomeração de Lyon.

em torno de uma metrópole nos leva a interrogar sobre a capacidade da teleinformática em favorecer uma repartição mais harmoniosa dos recursos produtivos. Não há dúvida de que ela constitui uma inovação técnica susceptível de facilitar e mesmo de transformar a organização espacial. No entanto, ela não deve ser reduzida unicamente ao seu aspecto técnico, mas pensada como suporte das ações políticas e econômicas. No jogo complexo das decisões e das estratégias que determinam as configurações espaciais das organizações — centralizada/hierarquizada ou descentralizada/repartida — sempre se encontra uma estrutura de poder que, em função de seus projetos, utiliza uma tecnologia. A estreita associação entre a topologia das redes empresariais de informação e o sistema nacional, criado e mantido pelo Estado, demonstra que os investimentos em telecomunicações responderam, antes de tudo, às exigências de poderosas organizações nacionais e multinacionais.

O processo de desregulamentação, ora em curso, atualiza as questões aqui discutidas, apontando para um conjunto de novas interrogações. A própria evolução dos debates nacionais testemunha as divisões no interior do Estado em face da organização do setor. Trata-se, com efeito, da oposição entre dois modelos concorrentes: um recomenda a privatização total, implicando o retorno aos centros políticos e econômicos internacionais do controle das telecomunicações do país; o outro defende a flexibilização do monopólio, através da permanência do Estado na operação da rede em áreas carentes e da abertura para o capital privado dos segmentos mais lucrativos do mercado. Como afirma DANTAS (1996: 54):

> " — a não ser que se introduzam entre nós os mesmos princípios de 'serviços mandatórios' e de equalização tarifária adotados na Europa — o nosso sistema estatal prosseguirá prestando serviços cada vez mais precários à população, pois verá erodido o seu potencial de investimento na medida em que seja excluído, pelas corporações privadas, dos segmentos mais lucrativos do mercado".[16]

O modelo de telecomunicações que emergirá nos próximos anos será portador de um projeto de modernidade. Embora essa complexa questão escape aos limites deste artigo, cabe formular uma interrogação. Por qual modernidade nós aspiramos? A história nos revela que a introdução das redes eletrônicas no Brasil veio atender às necessidades da acumulação capitalista, num contexto distante de uma prática real de democracia. "Um sistema político democrático não é o mesmo que um sistema econômico orientado pelo mercado... um consumidor não é o mesmo que um cidadão" (HILLS *apud* DANTAS, 1996: 55). A resposta a essa questão faz parte de uma resposta global que o Brasil e outros países darão à questão da exclusão. O caminho deve ser a busca de uma sociedade não somente mais eficaz e competitiva, mas também mais solidária e cooperativa.

---

[16] O princípio denominado "serviço mandatório" foi adotado na Alemanha, onde a DBT e outras transportadoras públicas (operadas por capitais privados) são contratualmente obrigadas a prestar outros serviços de interesse social ou nacional, mesmo que estes não se demonstrem, a princípio, lucrativos. Ainda assim, políticas tarifárias passaram a ser largamente empregadas para proteger a DBT da concorrência predatória e assegurar seus investimentos em segmentos pouco rentáveis (DANTAS, 1996: 50).

Bibliografia

BEGAG, A., CLAISSE, G. e MOREAU, P. L'espace des bits: utopies et réalités. *In*: Bakis, H. (ed.). *Communication et territoires*. Paris, La Documentation Française, 1990, pp. 187-217.

BENAKOUCHE, T. Redes de comunicação eletrônicas e desigualdades regionais. *In*: Gonçalves, M. F. (org.). *O novo Brasil urbano, impasses, dilemas, perspectivas*. Porto Alegre, Mercado Aberto, 1995, pp. 227-237.

BRETON, P. *Histoire de l'informatique*. Paris, La Découverte, 1987, p. 239.

BRITO, M. *Subsídios para a história da telefonia no Brasil*. Rio de Janeiro, NEC do Brasil, 1976, 193 p.

CASTRO, I. E. de. O problema da escala. *In*: Castro, I. E. de; Costa Gomes, P. C. da e Corrêa, R. L. (orgs.). *Geografia: conceitos e temas*. Rio de Janeiro, Bertrand Brasil, 1995, pp. 117-140.

CLAVAL, P. Le système urbain et les réseaux d'information. *Révue de Géographie de Montreal*, vol. XXVII, n. 1: 5-15, 1973.

CLAVAL, P. Réseaux territoriaux et enracinement. In: Dupuy, G. (ed.). *Réseaux territoriaux*. Caen, Paradigme, 1988, pp. 147-161.

CORDEIRO, H. K. Os principais pontos de controle da economia transacional no espaço brasileiro. *Boletim de Geografia Teorética*, 16-17 (31-34): 153-196, 1986-87.

CORRÊA, R. L. *A rede urbana*. São Paulo, Ática, 1989, 96 p.

CORRÊA, R. L. Concentração bancária e os centros de gestão do território. *Revista Brasileira de Geografia*, 51 (2): 17-32, 1989.

CURIEN, N. e GENSOLLEN, M. Réseaux de télécommunications et aménagement de l'espace. *Révue Géographique de l'Est*, n. 1: 47-53, 1985.

DANTAS, M. A lógica do capital-informação — Fragmentação dos monopólios e monopolização dos fragmentos num mundo de comunicações globais. *Comunicação & Política*, vol. III, n. 1 : 34-57, 1996.

DIAS, L. C. Redes: emergência e organização. *In*: Castro, I. E. de; Costa Gomes, P. C. da e Corrêa, R. L. (orgs.). *Geografia: conceitos e temas*. Rio de Janeiro, Bertrand Brasil, 1995, pp. 141-162.

DIAS, L. C. *Réseaux d'information et réseau urbain au Brésil*. Paris, L'Harmattan, 1995, 172 p.

DUPUY, G. Les effets spatiaux des techniques de télécommunications: ouvrons la boîte noire! *Bulletin de l'IDATE*, nº. 7: 77-83, 1982.

EMBRATEL. *Rede Transdata — circuitos comercializados por rota e velocidade*. Rio de Janeiro, 1988, 124 p.

ERBER, F. S. e AMARAL, L. U. Os centros de pesquisa das empresas estatais: um estudo de três casos. In: Schwartzman, S. (coord.). *Ciência e tecnologia no Brasil: política industrial, mercado de trabalho e instituições de apoio*, 2. Rio de Janeiro, Fundação Getúlio Vargas, 1995, pp. 333-371.

HARVEY, D. *The condition of postmodernity*. Oxford, Basil Blackwell, 1989, 378 p.

HOBDAY, M. *The Brazilian telecommunications industry: accumulation of microelectronic technology in the manufacturing and service sectors*. Rio de Janeiro, UFRJ/IEI, mimeog., 1984, 69 p.

IBGE. *Anuário Estatístico do Brasil 1987/1988*. Rio de Janeiro, 1988, 739 p.

IBGE. *Anuário Estatístico do Brasil 1994*. Rio de Janeiro, 1994, 8-32 p.

LOJKINE, J. *Stratégies des grandes entreprises et politiques urbaines: les cas des banques et assurances*. Paris, Centre d'étude des mouvements sociaux, 1976, 118 p.

MACHADO, L. O. A Amazônia brasileira como exemplo de uma combinação geoestratégica e cronoestratégica. *Tubinger Geographische Studien*, n. 95: 189-204, 1987.

MACULAN, A. M. *Processo decisório no setor de telecomunicações*. Rio de Janeiro, IUPERJ, Tese de Mestrado, 1981, 196 p.

MAGNIEN, M. *Histoire de l'électricité 1880-1980, un siècle d'électricité dans le monde*. Paris, Actes du premier colloque international d'histoire de l'électricité, 1986, 439 p.

MARQUES, N. F. da S. *A concentração bancária brasileira no período pós-1964*. São Paulo, USP, Tese de Doutorado, 1982, 146 p.

MINISTÉRIO das Comunicações. *Comunicações no Brasil 87*. Rio de Janeiro, 1987, 67 p.

RATTNER, H. *Industrialização e concentração econômica em São Paulo*. Rio de Janeiro, Fundação Getúlio Vargas, 1972, 215 p.

REICHSTUL, H. P. e COUTINHO, L. Investimento estatal 1974-1980: ciclo e crise. *In*: Belluzzo, L. G. e Coutinho, R. (eds.). *Desenvolvimento capitalista no Brasil, ensaios sobre a crise*, 2. São Paulo, Brasiliense, 1983, pp. 38-58.

SANTOS, M. Passado e presente das relações entre sociedade e espaço e localização pontual da indústria moderna no Estado da Bahia. *Boletim Paulista de Geografia*,n. 65: 5-28, 1987.

SANTOS, M. Modernidade, meio técnico-científico e urbanização no Brasil. *Cadernos IPPUR/UFRJ*, VI (1): 9-22, 1992.

Pensando a Cidade no Brasil do Passado[1]

Maurício de Almeida Abreu

Em contraposição aos últimos cinquenta anos, que elevaram a cidade a uma posição cada vez mais destacada na estrutura econômica, política e cultural do Brasil, transformando-a, inclusive, em tema privilegiado de estudo da Geografia, no longo período que antecede a essa fase de urbanização acelerada, a importância da cidade, enquanto objeto de reflexão, foi, obviamente, muito menor. Isto não quer dizer, entretanto, que a cidade e as questões urbanas estivessem ausentes do temário colonial ou daquele do Brasil do século XIX. Ao contrário, o que se verifica é a existência de uma reflexão contínua e crescente sobre a cidade brasileira, ainda que tenham variado, ao longo desse período, tanto os agentes quanto os objetivos e a fundamentação desse pensamento. Este trabalho pretende resgatar,

[1] Trabalho realizado com apoio do CNPq e da FINEP e apresentado no Seminário "La recherche sur la ville au Brésil", realizado em Paris em 28-29 de novembro de 1994 e organizado pelo Programme Interdisciplinaire de Recherche sur la Ville do Centre National de la Recherche Scientifique (CNRS). Em seguida, foi também apresentado no 4º Simpósio Nacional de Geografia Urbana, realizado em Fortaleza, Ceará, de 16 a 20 de outubro de 1995, sob os auspícios da Associação dos Geógrafos Brasileiros.

ainda que sumariamente, quem pensou a cidade brasileira do passado e quais foram essas reflexões.

Antes de iniciar a análise é necessário, entretanto, que o tema a ser discutido seja claramente recortado. Ainda que o título deste trabalho possa dar a entender que pretendemos analisar o "Brasil urbano do passado", esta tarefa seria, obviamente, ambiciosa demais. Não nos parece, inclusive, que seja possível a um único pesquisador desvendar todas as dimensões (econômicas, sociais, culturais e territoriais) que envolveram o passado urbano do país, ainda que se conheçam trabalhos de grande envergadura nessa direção (MORSE, 1975; REIS FILHO, 1968). Muito mais modestamente, o que pretendemos discutir aqui é como a cidade, enquanto materialidade social claramente diferente do campo, destacou-se como objeto específico de reflexão no Brasil do passado, tentando relacionar, na medida do possível, esse pensamento urbano que surgia com o processo maior de evolução da sociedade (e das cidades) brasileiras.

Pensando a Cidade no Período Colonial

É comum afirmar-se que a cidade teve um papel pouco importante na colonização brasileira. Com efeito, se adotarmos um ponto de vista estritamente quantitativo, é visível o contraste que se estabelece entre a imensidão do território conquistado pelos portugueses na América — que ultrapassou em muito a linha demarcatória de Tordesilhas — e o pequeno número de cidades e vilas fundadas durante a época colonial. Conforme demonstrou Aroldo de Azevedo, ao obter sua independência política em 1822, o país contava com 219 núcleos urbanos, a grande maioria de tamanho quase insignificante, três quartos dos quais estabelecidos nos últimos 100 anos (AZEVEDO, 1956).

Essa base urbana modesta, que contrastava com a rede de cidades muito mais complexa implantada na América Espanhola, tem sido explicada a partir das diferenças que se estabeleceram entre os processos de colonização adotados pelos dois países ibéricos no Novo Mundo. Por um lado, os espanhóis não apenas encontraram na América civilizações que já possuíam uma base urbana, como tiveram na mineração a sua base de apoio mais importante, o que exigiu o estabelecimento de uma série de núcleos de controle da produção e circulação dos metais preciosos. Ademais, a conquista espanhola alicerçou-se, desde o início, na fundação de cidades, uma prática que acabou sendo oficializada pela metrópole a partir de 1573, quando foram promulgadas as *Ordenações de Descobrimento e de Povoamento* de Felipe II, também conhecidas como "Leis das Índias", um verdadeiro guia orientador de todo o processo de colonização espanhola e que tem sido apontado como o primeiro código de urbanismo da idade moderna (SALCEDO, 1990).

A colonização portuguesa da América seguiu outros caminhos. Não encontrando no Brasil, de imediato, as riquezas minerais que tanto almejavam, os portugueses deram ao território recém-conquistado uma atenção apenas secundária, garantindo sua presença aí pelo estabelecimento de feitorias, onde o pau-brasil comerciado com os indígenas era embarcado para a Europa. A ameaça crescente de outras nações europeias, notadamente da França, que não aceitavam a doutrina do *mare clausum* contida no pacto de Tordesilhas, logo alterou, entretanto, essa estratégia inicial. Objetivando consolidar seu domínio sobre a terra conquistada, Portugal deu então início, a partir de 1532, à política de colonização efetiva do Brasil, que assumiu, entretanto, um contorno diverso daquele verificado na maior parte da América Espanhola, notadamente no que diz respeito ao papel das cidades.

A produção de conhecimento sobre o período colonial vem sendo enriquecida, nos últimos 50 anos, por análises de peso, que têm combatido a explicação tradicional de que o Brasil se explicaria apenas pela sucessão de ciclos econômicos, cada um voltado para um produto de exportação. Caio Prado Junior, Celso Furtado e Fernando Novais, por exemplo, têm apontado para uma determinação estrutural da economia colonial, que seria a sua definição mesmo como o *locus* de produção e de transferência de excedentes para a metrópole (PRADO JUNIOR, 1942; FURTADO, 1970; NOVAIS, 1989). Para entender o Brasil colonial seria necessário, então, compreender primeiro a história comercial europeia. Jacob Gorender e Ciro Cardoso, por outro lado, sem tirar a importância fundamental da vinculação externa, defendem que haveria também uma certa autonomia da economia colonial, chegando mesmo a sugerir a existência de um modo de produção escravista colonial (GORENDER, 1978; CARDOSO, 1980). Divergentes nesses termos, ambas as posições apontam, entretanto, para a mesma direção: o Brasil colonial centra-se fundamentalmente no campo.

Definida assim a economia colonial, qual teria sido então o papel da cidade nesse sistema? Seria mesmo a cidade, nessa época, um objeto digno de interesse e de atenção? Se esse for o caso, quem pensaria então a cidade e de que maneira?

A interpretação usual que se dá sobre a cidade colonial brasileira é a de que ela não foi mais do que um ponto de controle do território. Caracterizada pela autosuficiência, por seu caráter "autárquico", a grande propriedade rural escravista prescindiria inclusive da existência material dos núcleos urbanos, isto só não ocorrendo totalmente porque aí estava localizado o poder local, principal elo de intermediação entre o colono e o Rei, e sobre o qual os grandes proprietários tinham não só influência como controle (LOBO, 1962; DUARTE, 1966; OLIVEIRA, 1982; ZANCHETTI, 1986). Mesmo assim, dados os longos trajetos a percorrer e a precariedade das comunicações internas, era somente em ocasiões especiais, e muito especialmente nas festas cívicas ou religiosas, que a classe proprietária se dirigia aos poucos núcleos urbanos existentes, que definhavam o restante do ano em insuportável e insignificante monotonia.

Uma das grandes qualidades da produção acadêmica recente sobre o Brasil colonial tem sido a sua insistência em recolocar em debate uma série de explicações sobre a história do país. Aliando o rigor teórico à preocupação com a procura de bases empíricas até agora pouco utilizadas ou desconhecidas, inúmeros trabalhos vêm, por um lado, confirmando antigas certezas e, por outro, oferecendo também novas (e surpreendentes) revelações. Dentre essas revelações destaca-se a comprovação de que a economia colonial era muito mais complexa do que se pensava anteriormente, o que coloca em xeque (ou relativiza) uma série de afirmações consagradas. É o caso, por exemplo, das teses que sustentam a total autarquização do mundo rural face ao urbano, ou que pregam a impossibilidade de realização de acumulações endógenas à colônia, que vêm sendo crescentemente rejeitadas por trabalhos que comprovam a existência, principalmente a partir do século XVIII, de uma extensa rede de abastecimento do mercado interno, comandada sobretudo pelos grandes comerciantes urbanos da colônia (os chamados "negociantes de grosso trato"). E mais: as estratégias de acumulação desses negociantes não se constituíram em mero reflexo dos interesses comerciais metropolitanos (VERGER, 1987; SCHWARTZ, 1988; FRAGOSO, 1992; FRAGOSO e FLORENTINO, 1993).

A afirmação de que as cidades brasileiras foram obra do acaso e da imprevidência também vem sendo posta à prova. E ao contrário do que sustentam certas explicações consagradas, o que vem aflorando dessas análises é que o Estado Português teve um papel muito mais importante na organização territorial e urbana da colônia do que aquele que é geralmente admitido. A fundação de núcleos urbanos nas áreas de fronteira com a América Espanhola durante o século XVIII, por exemplo, sempre foi explicada pela historiografia brasileira como evidência da adoção de critérios nitidamente geopolíticos na orientação do processo de ocupação do território. O que só se ficou sabendo mais recentemente, entretanto, é que essa estratégia foi muito mais planejada do que se pensava. Nela estiveram envolvidos diversos engenheiros militares, que pensaram a cidade não só em termos de logística militar, mas como elementos de um sistema urbano maior (MACHADO, 1989; DELSON, 1979; FLEXOR, 1988), confirmando assim o que Nestor Goulart Reis já havia indicado há algum tempo, ou seja, de que tanto a criação de cidades e vilas no Brasil colonial, como a elevação de vilas à categoria de cidade, obedeceram a um projeto de política territorial muito mais abrangente do que aquele que é geralmente admitido (REIS FILHO, 1968). A atuação dos engenheiros militares não se restringiu, ademais, às áreas de fronteira. Ela se fez sentir também no planejamento e embelezamento de outras cidades e vilas, o que nos permite caracterizá-los como grandes pensadores urbanos do Brasil colonial (UNDERWOOD, 1988; DAL BRENNA, 1990).

É entretanto no que diz respeito à organização interna dos núcleos urbanos que as revelações têm sido mais contundentes. Durante muitos anos tornou-se um axioma repetir a afirmação de Sérgio Buarque de Holanda de que *"a cidade que os portugueses construíram na América não é produto mental, não chega a contradizer o quadro da natureza, e sua silhueta se enlaça na linha da paisagem. Nenhum rigor, nenhum método, nenhuma previdência, sempre esse significativo abandono que exprime a palavra 'desleixo'..."* (HOLANDA, 1984: 76). Vistas assim como produto da imprevidência, as cidades brasileiras contrastariam flagrantemente com aquelas da América Espanhola, onde a implantação de núcleos urbanos foi prevista rigorosamente pela Coroa, que impunha a adoção do plano em grelha, do tabuleiro de xadrez, e que chegava a detalhar os locais onde seriam construídos os edifícios da administração, as igrejas, os conventos, e mesmo as residências da elite da terra. Um autor chegou mesmo a afirmar que *"os portugueses estabeleceram no Brasil, quase intacto, o mundo que haviam criado na Europa... A ordem era ignorada pelos portugueses. Suas ruas, ironicamente chamadas de "direitas", eram tortas e cheias de altos e baixos, as praças eram geralmente irregulares... Nada inventaram os portugueses em relação à planificação de cidades em países novos"* (SMITH, 1954; *apud* P. O. AZEVEDO, 1990: 306).

Que essas afirmações foram precipitadas, ou pelo menos mal formuladas, não há qualquer dúvida hoje. Se a comparação de planos de cidades revela, sem dúvida, diferenças marcantes quanto à forma urbana implantada por espanhóis e portugueses na América, ela não é suficiente para que se conclua que as cidades brasileiras surgiram e se estruturaram avessas a qualquer preceito de ordem. Há evidente exagero na formulação dessas teses. Se a afirmação consagrada de Sérgio Buarque de Holanda pode servir para explicar o padrão que se desenvolveu a partir do crescimento de antigos arraiais e povoados, ou mesmo de algumas vilas fundadas por donatários, ela certamente não se aplica a todos os núcleos urbanos fundados no período colonial, e muito menos às *cidades reais*, ou seja, àqueles núcleos urbanos que foram fundados diretamente pela Coroa. Com efeito, mapas antigos de Salvador, do Rio de Janeiro, de João Pessoa, de São Cristóvão e de Cabo Frio indicam que nas cidades reais foi geralmente adotado um plano geométrico, cujas irregularidades, como bem lembrou Morse, são comparáveis àquelas que a topografia e as fortificações impuseram a diversas cidades portuárias hispano-americanas (MORSE, 1975: 156).

Sabe-se que a fundação da primeira capital brasileira, em 1549, foi detalhadamente planejada pelo governo português, que enviou à Baía de Todos os Santos o "arquiteto" Luiz Dias com a incumbência específica de dirigir a construção da cidade do Salvador, segundo um plano geral elaborado diretamente pela Coroa e que, infelizmente, não chegou aos nossos dias. A presença de um *mestre de obras*, responsável pela medição de terrenos e pela construção de edifícios e fortificações, também é confirmada no Rio de Janeiro desde 1567, data em que a cidade foi transferida do arraial inicial fundado por Estácio de Sá para o seu sítio definitivo no Morro do Castelo (REIS FILHO, 1968: 68; Treslado de...).

E o que falar da despreocupação com a arruação, que segundo tantos autores comprovaria o "desleixo" português no que toca à fundação de cidades no Brasil? Se o caso do Rio de Janeiro pode servir de exemplo, o que verificamos é que aí ocorreu justamente o contrário. As decisões relativas à medição e à arruação das *sesmarias de chãos*, ou seja, dos lotes urbanos doados para a formação da cidade, aparecem desde os primeiros tempos e prolongam-se por todo o período colonial. O que não pôde ser encontrado — ou não existiu — foi um código específico sobre esse assunto. Vigiam aí as tradições e os costumes do Reino, que nem sempre se materializavam em posturas urbanas formais, mas que não deixavam de ser seguidos. A documentação existente sobre esse assunto comprova plenamente esta afirmação.

Em 1573, por exemplo, quando a cidade do Rio de Janeiro já começava a abandonar o seu sítio em acrópole (BERNARDES, 1960) e a expandir-se em direção à várzea circundante, o Governador Cristóvão de Barros concedeu uma sesmaria de chão "na várzea e praia desta cidade" com a ressalva de que entre o chão dado e um outro já concedido deveria ser reservado um espaço de trinta palmos para a abertura de uma rua (AGCRJ). Outro documento, este de 1595 e sobre uma licença para a construção de casas em área onde o mar havia recuado, registra um despacho explícito da Câmara ordenando ao mestre de obras da cidade que fosse "arruar ao Suplicante como pede, *deixando à rua o que se costuma*". Cumprida a exigência, foi então redigido um auto de medição em que se informa que ficaram *"trinta e cinco palmos de rua que o dito arruador lhe deixa por ser rua principal"* (Petição de...). Escrituras de venda de imóveis dos séculos XVII e XVIII também fazem inúmeras menções à obrigatoriedade de *arruação* dos lotes, e muito especialmente daqueles que estavam localizados em trechos ainda não *cordeados* de artérias já existentes, garantindo-se assim o perfeito alinhamento das ruas quando estas fossem prolongadas.[2]

Murillo Marx afirmou que a "questão crucial" a respeito das cidades brasileiras é saber *o que veio antes, o arruamento ou a concessão de seguidas ou sucessivas datas?* (MARX, 1991: 77). Se a documentação histórica referente ao Rio de Janeiro pode ser chamada a dar alguma resposta, concluímos que o arruamento e a concessão de datas não se sucederam mas foram concomitantes, o que vem reforçar a tese de que a cidade que os portugueses criaram na América, ao invés de ser o puro fruto do deus-dará, foi muito mais planejada do que é geralmente admitido. Ao contrário do que afirmou Sérgio Buarque de Holanda, muitas cidades brasileiras, entre elas o Rio de Janeiro, foram decididamente um "produto mental" dos portugueses. A pouca expressividade que teve o modelo em tabuleiro de xadrez no Brasil colonial não pode, pois, ser vista como ausência de rigor, de método ou de previdência no planejamento de núcleos urbanos. E muito menos como desleixo.

A simples comparação de planos urbanos não diz muita coisa sobre o processo histórico da urbanização brasileira. Conforme afirmou Nestor Goulart Reis, as

---

[2] Diversos *autos de arruação* podem ser encontrados na revista *Archivo do Districto Federal,* Rio de Janeiro, volumes 1-4, 1894-1897. Embora referentes ao final do século XVIII, eles não devem ser diferentes dos que lhe antecederam, destruídos no incêndio da Câmara Municipal em 1790.

cidades brasileiras responderam a outra tática colonial (REIS FILHO, 1968: *passim*). Murillo Marx, por seu lado, avançou mais recentemente a tese de que "*as cidades coloniais espelharam uma outra forma de organização do poder metropolitano, distinta das veleidades e necessidades imperiais hispânicas.... [Daí] ao contrário da obediência a um padrão estipulado por lei, tivemos o prosseguimento de uma maneira habitual de organizar o espaço urbano do reino, calcada na sua legislação, no seu controle e no seu costume...*" (MARX, 1991: 60). E prossegue o mesmo autor: "*... não se adotou um padrão urbanístico a se repetir indefinidamente, ... E quando, perante situações ou momentos especiais, cuidou-se ... de bem traçar ou traçar com clareza os núcleos coloniais, adotaram-se planos regulares, sim, porém completamente distintos daquele padrão eleito pelos espanhóis e feito lei*" (MARX, 1991: 60-61).

Os controles exercidos pelo Estado Português não se limitaram, entretanto, às questões do plano da cidade. Eles fizeram-se sentir também em outras dimensões da vida urbana, ainda que isto não seja muito aparente à primeira vista.

Com efeito, se as Ordenações do Reino, que regiam a sociedade portuguesa daquém e dalém mar, eram menos detalhadas do que as Ordenações espanholas, isto não significa que elas eram mais permissivas ou menos controladoras. Na verdade, o Estado Português se insinuava por todas as dimensões da vida urbana, e muito especialmente nas cidades reais. Se a autonomia municipal, conquistada nos tempos medievais e transferida para o Brasil, assegurava às cidades e vilas o direito de fazer justiça em nome do rei e de legislar sobre o que era de seu "peculiar interesse", os limites impostos a esse direito sempre se fizeram sentir, e ainda cresceram com o tempo. A centralização da administração colonial materializava-se, por exemplo, na intervenção direta que os ouvidores da Coroa faziam sobre os assuntos locais em suas correições (auditorias) anuais, anulando decisões dos vereadores, exigindo a adoção de determinadas posturas urbanísticas por parte da Câmara, e chegando mesmo a interferir nos mínimos aspectos do quotidiano urbano (TOURINHO, 1929-1931). Os controles materializavam-se também na delegação de poderes à Igreja, que era então umbilicalmente ligada ao Estado, para que esta legislasse sobre aspectos da vida religiosa e mesmo mundana, como bem demonstram as *Constituiçoens Primeyras do Arcebispado da Bahia*, cujos efeitos se fizeram sentir por todo o país e atingiram o século em curso (MARX, 1991: Capítulo 1).[3] Concretizavam-se, por fim, na intervenção direta do monarca em assuntos verdadeiramente paroquiais, o que ocorreu sobretudo nas cidades reais.[4]

Há que se relativizar, portanto, as afirmações que pregam a inexistência de controles e planejamentos

---

[3] As relações entre Estado e Igreja eram complexas e perpassavam toda a estrutura da antiga sociedade portuguesa (GODINHO, 1977). A transformação de uma vila em sede de bispado, por exemplo, exigia mudanças jurídicas importantes. Segundo a tradição romano-ibérica, a cidade reclamava terras próprias, não tributárias, e como, na Colônia, o solo estava sujeito à jurisdição espiritual da Ordem de Cristo, fazia-se imprescindível, quando da criação da diocese, que El-Rei ou o Papa quebrassem os vínculos que submetiam a área da sede do bispado ao controle da Ordem de Cristo. Isto porque, sendo nobres de primeira grandeza, os bispos somente podiam residir em terras alodiais, isto é, não sujeitas a quaisquer senhorios (PORTO, 1965).

[4] Discordamos, neste sentido, da posição de Murillo Marx, que afirma (MARX, 1991: 56-57) que "foram raras, mas aconteceram interferências do próprio rei nos assuntos municipais e naqueles atinentes à disposição física das cidades". O exemplo do Rio de Janeiro mostra que a intervenção real foi constante e multifacetada, incluindo decisões de amplo espectro sobre terrenos de marinha, que são vigentes até hoje, ou simples ordens que regulavam a dimensão de canos, a localização de quitandeiras no espaço público etc.

urbanos no Brasil colonial. Mesmo que nos limitemos ao âmbito da forma física das cidades, essa conclusão também não se sustenta plenamente. E embora isto possa parecer paradoxal, parece que foi a existência de controles metropolitanos rígidos, e não a sua ausência, a grande responsável pela menor regularidade de muitas cidades brasileiras. A autoridade das Câmaras Municipais, sob o regime colonial, era bastante restringida pela exigência de obtenção de permissões, de licenças e de autorizações régias para inúmeras iniciativas locais, sobretudo quando estas envolviam despesas. Os governantes municipais viviam sob um permanente regime de tutela, sendo abundantes os exemplos de obras públicas necessárias, muitas das quais urgentes, que eram adiadas ou procrastinadas, com graves prejuízos para a população e para a própria administração, por causa da demora de Lisboa em dar solução às consultas enviadas pelos governos locais (COARACY, 1944: 75-76). Consequentemente, muitas "soluções provisórias", adotadas enquanto as ordens da metrópole eram esperadas, acabaram por se impor na paisagem, conferindo-lhe uma feição muito menos rígida do que aquela que predominou nos países vizinhos. E isto não foi necessariamente tão mau. Há autores que acreditam, inclusive, que essa maior "flexibilidade" da forma urbana acabou se constituindo em qualidade, e não em defeito. Ao contrário de termos cidades exasperadamente iguais, que se repetem monotonamente pelo território nacional, o "desleixo" português acabou criando cidades muito mais autênticas, mais personalizadas, mais "*sujeitas aos princípios naturais da biologia e da sociologia*" (SANTOS, 1968; *apud* AZEVEDO, 1990: 306).

O Início do Século XIX: Novas Dimensões da Reflexão Urbana

A partir do século XVIII a colônia brasileira começa a apresentar sinais de mudança. O desenvolvimento da mineração, na primeira metade do século, não só estimulou o comércio interno, como fez surgir na colônia um padrão de ocupação territorial que dava destaque aos núcleos urbanos (REIS FILHO, 1968; MAXWELL, 1973). Ainda que postas sob suspeição pelo Governo Português, e sendo mesmo proibidas posteriormente, as ideias do Iluminismo também começaram a chegar, estimulando reflexões e discussões, e dando origem a revoltas que foram reprimidas com mão de ferro (MAXWELL, 1973; SANTOS, 1992). Por sua vez, a Revolução Industrial inglesa, ao fortalecer o modo de produção que surgia, e a Revolução Francesa, ao afrontar diretamente o Antigo Regime, imprimiram mudanças profundas na Europa, que acabaram por atingir não apenas Portugal, como toda uma estrutura econômica e social que já durava alguns séculos, e que se convencionou chamar de "antigo sistema colonial" (NOVAIS, 1989). É nessa *conjuntura* tumultuada, que se explicava pelo desenrolar de processos que só podiam ser identificados naquela escala que Braudel chamou de *longa duração*, que um *evento* teve lugar (BRAUDEL, 1990). Um acontecimento que veio alterar definitivamente o rumo da sociedade brasileira: a transferência da sede do governo português para o Rio de Janeiro.

A corte portuguesa demorou-se em terras cariocas de março de 1808 a abril de 1821. Foram treze anos de transformações políticas, econômicas e culturais, que em alguns casos modificaram as estruturas sociais já consolidadas da colônia, e em outros adaptaram-se a elas ou acabaram por reforçá-las, num verdadeiro choque de temporalidades (ABREU, 1996). Acompanhando essas transformações, a reflexão sobre a cidade brasileira também sofreu mudanças profundas. A ascensão repentina do Rio de Janeiro — uma cidade urbanisticamente pobre, habitada por uma maioria de população escrava, e destituída de confortos materiais — à sede da Coroa Portuguesa, logo exigiu, por exemplo, que decisões imediatas fossem tomadas, visando a adequar a forma física da antiga capital colonial às novas funções que ela agora deveria desempenhar. No bojo das ações empreendidas pelo governo absolutista para atingir esses objetivos, surgiram então no país as primeiras reflexões voltadas prioritariamente para a intervenção no espaço urbano, que se orientaram para a análise de situações específicas da nova sede da monarquia. A independência política do país só veio reforçar essa posição privilegiada da capital. Será, pois, no Rio de Janeiro, e a partir da análise de seus problemas urbanos, que a reflexão sobre a cidade vai se desenvolver no Brasil do século XIX, atingindo depois outras partes do país.

De maneira geral, podem ser identificados no Brasil, a partir do início do século XIX, dois tipos de reflexão urbana, ambos voltados para a intervenção sobre o espaço construído. O primeiro deu continuidade ao *pensamento dos engenheiros militares* e viu a cidade como espaço físico a defender, a prover de comodidades e de infraestrutura. Diferia, entretanto, do pensamento predominante até o século XVIII por identificar cada vez mais a cidade como um território perigoso, onde a dissensão e a revolta se escondiam ou estavam latentes, um espaço que precisava, antes de tudo, ser vigiado e controlado pela polícia. O segundo tipo de reflexão urbana preconizou também o controle e a necessidade de polícia, mas inseriu-se em outra matriz epistemológica. Seguindo a tradição que vinha dos fisiocratas, de que a população (ou "corpo social") era um recurso que deveria ser zelosamente preservado, e que cabia ao Es tado assegurar o seu bem-estar e segurança, o *pensamen to higienista,* que já se projetava na Europa há algum tempo, veio também fincar as suas bases no Brasil a partir dessa época, preconizando a adoção de uma *polícia médica* para as áreas urbanas, ou seja, de uma política de saúde destinada a colocar os interesses coletivos acima dos individuais (SINGER et al., 1988: 21; DAMASCENO, 1993: 19, 27). Esses dois tipos de pensamento permearam grande parte da reflexão urbana do Brasil oitocentista, confundindo-se, muitas vezes, um com o outro.

A Emergência do Pensamento Higienista

O higienismo tem suas origens na obra de Hipócrates, intitulada *Sobre os ares, as águas e os lugares,* e teve no médico inglês Thomas Syndenham (1624-1689) o seu grande sistematizador moderno (STASZAK, 1995; URTEAGA, 1980). Tendo estudado a pandemia que afetou Londres na década de 1660, este autor ressuscitou o antigo conceito grego de *katastasis,* ou constituição epidêmica, e sugeriu que haveria uma relação íntima entre certas doenças e o meio natural. Para Syndenham algumas enfermidades eram "*epidêmicas*", isto é, "*determinadas por uma alteração secreta e inexplicável da atmosfera*", *enquanto outras seriam "estacionárias" e produzidas por "uma oculta e inexplicável alteração ocorrida nas entranhas mesmas da Terra"* (URTEAGA, 1980: 9).

A deterioração da qualidade de vida de grande parte da população europeia, a partir da Revolução Industrial, veio reforçar bastante o pensamento higienista. Tentando dar uma resposta às epidemias que assolavam as grandes cidades, os médicos não hesitaram em associá-las a diversos elementos do quadro natural circundante, que seriam os principais causadores das doenças. Dentre os grandes vilões do meio ambiente destacavam-se os pântanos, elo de ligação entre as "entranhas da Terra" e a "atmosfera", os quais, sendo locais de putrefação de matéria orgânica, acabavam por produzir uma série de "vapores" prejudiciais à saúde, que seriam depois disseminados pelos ventos para outros locais. Esses vapores, chamados de *miasmas*, eram os verdadeiros causadores das epidemias, mas sua ação patológica era também facilitada pelas péssimas condições de higiene verificadas nas cidades.

Com efeito, não se devia imputar o papel de vilão apenas à Natureza. Havia também "causas sociais" da insalubridade, que se evidenciavam na superlotação, na insuficiência de ventilação e na pouca insolação das habitações; na sujeira dos logradouros públicos; e mesmo, segundo alguns médicos, no excesso de trabalho e na má alimentação. Como esses "fatores sociais" reforçavam a ação dos "fatores naturais" de infecção, era preciso combater tanto uns quanto outros, razão pela qual difundiu-se, a partir dessa época, um tipo de reflexão médica de caráter nitidamente "ecológico", que buscava identificar toda a cadeia de fatores responsáveis pela insalubridade dos lugares, e que se materializou na elaboração das chamadas *geografias e topografias médicas*.

As geografias e topografias médicas representaram

o exemplo mais bem acabado do pensamento higienista. Trata-se de trabalhos que pretendiam estudar as interações entre o meio físico e social e o estado de saúde de uma determinada população, procurando identificar, ademais, suas relações de causa e efeito.[5] Esses estudos, geralmente de caráter monográfico, tiveram uma importância que ultrapassou em muito os limites do pensamento médico. Segundo bem lembrou Urteaga, eles se inscreveram no movimento maior de emergência de uma política de saúde na sociedade europeia do século XVIII, uma política que, segundo Foucault, transcendia os limites da medicina e se integrava, na realidade, a toda uma gestão política e econômica direcionada à racionalização da sociedade. Buscava-se com isso combater a doença e a elevada mortalidade, que afetavam diretamente a produtividade do trabalho (FOUCAULT, 1979). Um passo adiante nessa direção foi a fundação dos serviços de saúde pública, que tiveram papel importante na difusão dos hábitos considerados compatíveis com o novo estágio de sociabilidade que se havia atingido, e a criação das academias de medicina. Essas últimas não apenas contribuíram para a formação de uma consciência médica, como permitiram a difusão de conhecimentos "científicos" que justificavam o controle e a coação, mesclando, portanto, o saber médico com o poder de polícia (FOUCAULT, 1980; DAMASCENO, 1993).

Foi, pois, a partir do saber médico que a cidade se

[5] Urteaga, baseado em textos da época, afirma que havia apenas uma diferença de escala entre a geografia e a topografia médica, reservando-se o termo "geografia" para os trabalhos de caráter suprarregional ou nacional, e denominando-se de "topografias" médicas aquelas análises de unidades menores, como, por exemplo, uma cidade. (Ver URTEAGA, 1980: 24).

transformou, na Europa e no final do século XVIII, em objeto privilegiado de análise e de reflexão. Será também baseado nesse saber que o pensamento urbanístico moderno vai se estruturar no decorrer do século XIX, justificando, em nome das teorias higienistas, as inúmeras intervenções que serão realizadas nos mais diversos contextos urbanos. A "revolução bacteriológica", que sacudiu a pesquisa médica a partir de 1880, acabará por desacreditar os principais postulados do higienismo, e em especial a chamada "teoria dos miasmas". Ela não conseguiu, entretanto, fazer desaparecer a influência dessas ideias, que continuaram a se fazer sentir pelo século XX adentro, especialmente no que diz respeito à forma das cidades e às práticas de higiene coletiva.

Saber Médico e Reflexão Urbana no Brasil do Século XIX

Não há notícia da realização de topografias médicas no Brasil colonial. Há indícios, entretanto, de que o pensamento higienista já havia desembarcado nos trópicos desde o final do século XVIII, como provam, por exemplo, as respostas dadas por três médicos a uma consulta realizada pela Câmara do Rio de Janeiro em 1798. Solicitados a opinar sobre quais seriam as causas principais da insalubridade da cidade, os médicos apontaram para a ação prejudicial dos pântanos, que produziam miasmas; das montanhas que circundavam a cidade, que impediam a ação purificadora dos ventos; da proximidade do lençol d'água, que dificultava a drenagem das águas pluviais e tornava o solo sempre úmido; e da imundície das vias públicas, que infeccionava o ar. Indicaram também a existência de diversos "fatores sociais" que contribuíam para a insalubridade da cidade, tais como a direção errada das ruas em relação aos ventos predominantes, a superlotação das habitações, o costume de enterrar os mortos nas igrejas, a dieta inadequada, a ausência de exercícios físicos (certamente por parte da população livre), a prostituição etc.[6] Apesar de chegarem a minúcias sobre como deveria ser melhorada a salubridade da cidade, nenhuma das sugestões apresentadas pelos médicos foi adotada, e tudo continuou como antes.

Foi preciso aguardar a chegada da Família Real Portuguesa a essa cidade insalubre para que o pensamento higienista fincasse um pouco mais firmemente os seus pés no país. É significativo, nesse sentido, que o primeiro livro publicado pela recém-instalada Imprensa Régia tenha sido exatamente uma obra de topografia médica, escrita por ninguém menos do que o Físico-Mor do Reino. Seguindo ordens recebidas do Príncipe Regente, que indagava "*quais eram as causas próximas ou remotas das doenças deste país; que opiniões tinham obtido sobre esse objeto os médicos, que por diversas vezes tinham sido consultados; e por que meios poderiam ser removidas, ou ao menos diminuídas a maior parte dessas mesmas causas*", o doutor Manoel Vieira da Silva, ainda que conhecendo pouco o lugar, apressou-se a sugerir soluções destinadas a "melhorar o clima da cidade do Rio de Janeiro"

---

6 Quinze anos mais tarde, quando a imprensa já havia sido autorizada a funcionar no Brasil, essas respostas seriam publicadas, apressando-se, entretanto, o Redator a esclarecer que "grande parte das causas, tanto físicas como morais, que [os] médicos têm apontado, se têm desvanecido depois que esta Cidade tem a honra de ser a Corte do Nosso Augusto Soberano, e com muita especialidade as causas morais". Ver *O Patriota*, nº 1, janeiro de 1813; nº 2, fevereiro de 1813, e nº 3, março de 1813.

(SILVA, 1808).[7] Dentre essas, destacava-se, como sempre, o combate aos pântanos. Ao contrário dos médicos do século XVIII, entretanto, o Físico-Mor iria denunciar sobretudo as "causas sociais" do "clima" carioca, apontando para o malefício causado pelos enterramentos nas igrejas, para a urgência da fundação de um lazareto destinado à quarentena dos escravos recém-chegados da África, para a necessidade de se ter maior controle sobre os gêneros alimentícios postos à venda etc.

O pensamento higienista teve, de início, pouca ressonância. À exceção do aterro de pântanos, as sugestões feitas pelos médicos coloniais e pelo Físico-Mor foram em grande parte postas de lado, ainda que algumas delas tenham reaparecido em outros trabalhos da época, como é o caso da proposta de intervenção no sistema de drenagem urbana e da condenação aos enterramentos dentro dos templos (SANTA ANNA, 1815; PICANÇO, 1812).[8] Na verdade, as imensas carências materiais da cidade, a incerteza quanto ao tempo de permanência da Corte no Rio, e a pouca importância que ainda tinha o pensamento médico no Brasil fizeram com que o trato das questões urbanas deste período assumisse uma versão nitidamente militar, revelando uma estratégia que

---

[7] É interessante notar que o Físico-Mor relata a existência de leis de saúde pública em Portugal, acrescentando, entretanto, que "a distância imensa entre a Sede do Trono Português, e os seus vassalos do Brasil, impossibilitaram até agora a [sua] execução..." (SILVA, 1808: 5).

[8] Vieira Fazenda informa que a obra de Picanço era tradução de outra de Vick d'Azir, que por sua vez era também tradução de trabalho original italiano, de autoria de Scipiano Patrolli (FAZENDA, Tomo I, 1919: 415). É importante observar que as sepulturas dentro dos templos haviam sido proibidas na colônia desde 14/1/1801, ordem que não foi cumprida nem mesmo quando para ali se transferiu a sede do governo português. Essa prática só seria totalmente abolida em meados do século, e em decorrência da eclosão de violenta epidemia de febre amarela.

privilegiou o conhecimento do território (elaboração de cartas geográficas detalhadas da cidade e da Baía de Guanabara; abertura de estradas), que deu destaque à construção de infraestruturas, especialmente o abastecimento d'água (ABREU, 1992), e que valorizou as soluções que pudessem ser obtidas a curto prazo. Não é de se estranhar, portanto, que tenha sido a recém-criada Intendência Geral de Polícia (e não a Câmara Municipal) o órgão escolhido pelo governo português para, em conjunto com os engenheiros militares, "pensar a cidade", uma atribuição que deu lugar a intervenções variadas sobre o espaço e a economia urbanos, e a uma vigilância constante sobre o modo de vida da população, notadamente sobre os escravos.

Ainda que pouco influente no início, o pensamento higienista foi aos poucos adquirindo força no Brasil, e para isso teve importância fundamental a instituição do ensino médico no país, autorizado a funcionar no Rio de Janeiro em 1809 e na Bahia em 1815. Igual importância teve a Sociedade de Medicina do Rio de Janeiro, criada em 1829 segundo o modelo de sua congênere parisiense, e que assumiu o papel de órgão assessor do Governo em questões de saúde pública a partir de 1835, transformando-se então em Academia Imperial de Medicina.

É a partir dessas instituições que o pensamento higienista vai se difundir pelo Brasil do século XIX. Será entretanto no Rio de Janeiro, maior cidade e capital do país, que ele vai mostrar toda a sua força. Devastada a partir de 1850 por epidemias quase que anuais de febre amarela, e visitada também periodicamente pela cólera depois de 1855, a cidade, com suas altas taxas de mortalidade e seu meio ambiente decididamente "miasmático", segundo as teorias vigentes, tornar-se-á um laboratório privilegiado de aplicação do saber médico de então.

Uma análise, que não se pretende exaustiva, das teses defendidas na Faculdade de Medicina do Rio de Janeiro de 1840 a 1890, indica claramente isso. Como era atribuição do corpo docente dessa instituição, composto de médicos que integravam também os quadros da Academia Imperial de Medicina, indicar os temas que deveriam ser tratados pelos formandos em suas teses, a distribuição temporal dos títulos desses trabalhos indica bem a evolução das preocupações higienistas no Rio de Janeiro do século XIX.[9] Até o início da década de 1850, por exemplo, as teses ditas "higienistas" tratam preferencialmente de temas que poderíamos classificar de "teóricos", tais como a definição do que seriam febres intermitentes (NOGUEIRA, 1834; QUEIRÓS, 1835; MAYER, 1839; *apud* SIGAUD, 1844), ou discussões sobre a "atmosfera" (FLORES, 1840; *apud* SIGAUD, 1844), as qualidades higiênicas dos banhos de mar (DURÃO, 1845; SÁ, 1850; PAIVA, 1851; MOTTA, 1852), a prostituição (CUNHA, 1845; SÁ, 1845), a questão da mendicidade (VALLE, 1846), a qualidade da alimentação das "classes pobres" (SOUZA, 1851; PADILHA, 1853), a higiene das manufaturas (MENDONÇA, 1850; SILVA, 1852; LAGE, 1853), ou o problema dos enterros intramuros (PASSOS, 1846). A partir dos anos cinquenta, entretanto, e já sob o efeito da "era das epidemias", surgem os primeiros trabalhos dedicados à análise da salubridade de diversas partes da cidade

[9] É importante observar que essas teses eram, em sua maioria, trabalhos que recompilavam o conhecimento até então existente, apontando divergências de opinião entre os "grandes mestres". Seu conteúdo empírico era, em geral, fraco, limitando-se as teses à discussão de observações realizadas *in locu* e à análise de dados obtidos sem muito rigor metodológico. Sendo trabalhos realizados antes que a microbiologia pasteuriana revolucionasse o mundo da pesquisa médica, não diferiam muito, entretanto, de estudos semelhantes feitos em outras partes do mundo.

(AZEVEDO, 1850; FORJAZ, 1852; GUERRA, 1852; LAGOA, 1853; VIANNA, 1854). Com o agravamento progressivo do quadro sanitário da cidade, a discussão passa a ser mais agressiva, tratando explicitamente dos tipos de "febres" que afligiam o Rio e a melhor maneira de combatê-las (ARAÚJO, 1867; XAVIER JÚNIOR, 1868; RAMOS, 1874; RIBEIRO, 1877; FONSECA, 1878; ARAÚJO, 1879; STOCKLER, 1881, CORDEIRO, 1883), e dos "melhoramentos materiais" que poderiam ser executados para tornar a cidade mais higiênica (BACKER, 1864; FAZENDA, 1871; BUENO, 1875; FARINHA FILHO, 1875; SANTOS, 1882; PIMENTEL, 1884).

A criação, em 1850, da Junta Central de Higiene, instituição fundada para coordenar os esforços governamentais no combate às epidemias, irá realçar ainda mais a posição de destaque do saber médico. A partir dessa data todas as iniciativas do Governo Imperial no campo do urbano terão que passar pelo *nihil obstat* da Junta, que começará a intervir também, ainda que sem o mesmo sucesso, nos governos municipais, exigindo a adoção e cumprimento de normas rígidas de higiene pública. A vida privada dos cidadãos também não será poupada pela Junta, que combaterá ativamente os costumes, hábitos e "vícios" considerados anti-higiênicos.

Alçado a uma posição de destaque no Rio de Janeiro por causa das epidemias, também será aí que o saber higienista vai mostrar as suas maiores fraquezas e incongruências. Apesar de todo o intervencionismo urbano feito em seu nome, que se materializou sobretudo no aterro de pântanos, na construção do sistema de esgotos sanitários,[10] na melhoria considerável do abastecimento d'água, na condenação das habitações coleti-

[10] O Rio de Janeiro foi a quinta cidade do mundo a contar com esse serviço.

vas, e no apoio a um urbanismo que promovia a construção de ruas largas e de "casas higiênicas", o saber médico não conseguirá dar resposta às constantes epidemias que assolavam o Rio de Janeiro. Pior que isso, não conseguirá impedir que o quadro sanitário da cidade se deteriore cada vez mais, o que passou a comprometer não apenas a credibilidade da teoria dos miasmas, mas também todo o projeto de modernização da economia então em andamento. A insalubridade da capital do país não podia ser vista então como um problema localizado. Ela solapava a política de atração de mão de obra europeia (que se tornara uma alternativa viável à escravidão), obstaculizava os esforços de industrialização e corroía a imagem do país no exterior.

Os anos finais do século XIX no Rio de Janeiro são analiticamente ricos, pois revelam claramente a diversidade e a complexidade das forças sociais que o processo de modernização da economia colocou em marcha. Não é o caso de discutir aqui a rica produção que veio à luz nesse período, bastando apontar para o ponto de confluência de todas as análises realizadas, qual seja, a existência, no final do século XIX, de uma tensão crescente entre a proposta de sociedade burguesa que se impunha rapidamente e os interesses dos grupos e classes sociais que se sentiam ameaçados pelo projeto modernizador, e que portanto lhe ofereciam resistência.[11] A modernização sairá vitoriosa desse embate, e para tanto contará com o apoio não apenas dos interesses políticos e econômicos que a sustentavam, como

[11] A produção recente é bastante grande e diversificada, compreendendo livros, teses, artigos, comunicações em congressos etc. A título de ilustração, veja-se, por exemplo, ABREU, 1986 e 1987; BENCHIMOL, 1990; CARVALHO, 1986; CARVALHO, 1987; LAMARÃO, 1991; PECHMAN e FRITSCH, 1984-1985; RIBEIRO, 1985; ROCHA, 1986; VAZ, 1985.

também da ciência e da técnica, e é a partir desse contexto que pode-se compreender melhor a crise do saber higienista e a ascensão rápida dos engenheiros ao posto de grandes pensadores urbanos do país.

A Valorização da Técnica e a Ascensão da Engenharia

Embora fossem criadas "Aulas de Fortificação e de Artilharia" no Rio de Janeiro e na Bahia, no começo do século XVIII, o ensino regular de engenharia só teve início em 1792, com a instituição da Real Academia de Artilharia, Fortificação e Desenho no Rio de Janeiro, transformada em 1810 em Academia Real Militar do Rio de Janeiro. Foi só a partir da década de 1850, entretanto, que esse saber começou a se destacar no Brasil, no rastro da introdução das estradas de ferro no país (TELLES, 1984).

De início dependentes dos serviços de profissionais estrangeiros, as ferrovias, logo consideradas como símbolos do progresso, transformadas em "fetiches da modernidade" (HARDMAN, 1988), tiveram um papel fundamental no desenvolvimento da engenharia nacional. Por um lado, o advento da era das ferrovias exigiu mudanças imediatas no ensino, resultando daí a separação inicial (1858) das formações civil e militar, passo importante para a autonomização total da engenharia civil em 1874, quando foi criada a Escola Politécnica do Rio de Janeiro. Por outro, foi a partir da chegada das estradas de ferro que as profissões técnicas começaram a ser valorizadas no país, passo importante para o combate à mentalidade então predominante de que "*as pessoas mais bem-dotadas e mais capazes deveriam ser advogados, eclesiásticos, militares, ou quando muito médicos*" (TELLES, 1984: 467).

Importantes como vetores iniciais de modernização, as ferrovias inscreveram-se num processo muito mais amplo de transformação da sociedade brasileira, um processo que visava remover os últimos obstáculos à consolidação do modo de produção capitalista no país, e é a partir do conjunto de forças então desencadeadas que pode-se entender melhor a valorização da engenharia no Brasil do final do século XIX. Com efeito, a integração cada vez maior do país na divisão internacional do trabalho impôs a necessidade da diminuição constante do tempo e custo da circulação de mercadorias, objetivo que foi facilitado pela abundância de capitais estrangeiros que procuravam fontes adicionais de reprodução, e que financiaram não apenas a construção de ferrovias por todo o país, como também a execução de melhoramentos portuários diversos. Nem todos os capitais que chegaram ao Brasil direcionaram-se, entretanto, para o setor de exportação. Muitos dirigiram-se para o então lucrativo setor dos serviços urbanos (iluminação pública, transportes coletivos, esgotamento sanitário), o que resultou na transformação acelerada da paisagem de muitas cidades brasileiras. Finalmente, o surgimento da indústria veio também dar a sua contribuição, abrindo novas perspectivas para o setor de produção e acelerando a transição do regime de trabalho servil para o assalariado.

É nessa conjuntura de transformação estrutural, em que a ciência, a técnica e a organização do trabalho passam a ser vistas como bases fundamentais do progresso, que a engenharia veio ampliar a sua influência no Brasil (TURAZZI, 1989). Sendo o profissional que dominava esses saberes novos, saberes que o avanço tecnológico impunha e o crescimento econômico do país exigia, o engenheiro foi então chamado a participar cada vez mais da discussão das "grandes questões nacionais", para o que contribuíram também a fundação do "Clube de Engenharia", órgão de defesa dos interesses da classe, em 1880, e a criação do Instituto Politécnico Brasileiro, precursor da atual Academia Brasileira de Ciências, em 1884, ambos no Rio de Janeiro. Mais do que tudo, entretanto, foi através das soluções que ofereceu aos problemas que afetavam a economia, ou que perturbavam a vida quotidiana das cidades, que a engenharia consolidou rapidamente o seu prestígio e influência no final do século XIX.

Segundo Telles, as estradas de ferro absorviam, em 1880, 75% dos engenheiros do país (TELLES, 1984: 471). Embora sem apresentar cifras comparativas, o mesmo autor afirma que, na virada do século, o mercado de trabalho dos engenheiros já se encontrava muito mais ampliado, para o que teria contribuído a "formação enciclopédica" obtida na Academia àquela época, que "*permitia que os engenheiros abordassem e resolvessem com eficiência problemas de vários campos da engenharia: ferrovias, portos, obras públicas, indústrias etc.*" (TELLES, 1984: 475). Seguindo uma matriz de pensamento diferente, Hardman sugere que a rapidez com que a engenharia se projetou no cenário nacional deveu-se ao fato de que "*a cabeça dos engenheiros brasileiros da segunda metade do século XIX .... combinava exemplarmente elementos do positivismo e do liberalismo, disciplina do trabalho e visão transformadora da paisagem, parcimônia de gastos e modernidade urbano-industrial*" (HARDMAN, 1988: 93). Turazzi, por sua vez, que estudou a relação entre o surgimento da indústria e a difusão da engenharia no Rio de Janeiro, confirma que "*a figura do engenheiro .... [tornou-se] cada vez mais frequen-*

te a partir de fins do século passado, na direção e administração de empresas industriais e de serviços" (TURAZZI, 1989: 88). Trata-se, em suma, de um saber que se afirmou e que se difundiu rapidamente no Brasil do final do século XIX, e que acabaria por se impor também sobre o saber médico no trato das grandes questões urbanas, alçando então os engenheiros à qualidade de grandes e incontestados pensadores da cidade brasileira.

Ainda que tenham dado contribuições anteriores,[12] foi só a partir da década de 1870 que os engenheiros começaram a pensar a cidade de forma mais holística, ou seja, segundo uma visão que transcendia os limites do simples equacionamento de um problema técnico. Passo importante nessa direção foi a decisão tomada pelo Governo Imperial de intervir diretamente na forma urbana do Rio de Janeiro, tentando com isso enfrentar a marcha das epidemias. Foi nomeada então uma "Comissão de Melhoramentos do Rio de Janeiro", cuja atribuição principal era a de elaborar um plano de remodelação da cidade, e que não contou, surpreendentemente, com a participação de médicos, sendo integrada apenas por engenheiros. Embora essa comissão tenha apresentado suas conclusões em dois relatórios (BRASIL, 1875 e 1876), o alto custo das obras sugeridas acabou inviabilizando, àquela época, a sua materialização. Isso não impediu, entretanto, que a questão da "remodelação da cidade" passasse a ser amplamente debatida por outros profissionais da área (SOUTO, 1875 e 1876), iniciando-se aí uma prática que iria ganhar *momentum* rapidamente (e não apenas no Rio), e que fez

---

[12] Note-se, por exemplo, que Teresina e Aracaju, novas capitais das províncias do Piauí e de Sergipe, haviam sido planejadas e construídas por engenheiros em 1851 e 1855, respectivamente.

com que, já na década de 1880, e particularmente na de 1890, os engenheiros se engajassem cada vez mais em debates urbanísticos, muitas vezes a chamado de suas entidades de classe (FREITAS, 1884 e 1886; SIMÕES JÚNIOR, 1993).

Os médicos não deixaram de pensar a cidade nessa época de ascensão da engenharia (ALMEIDA, 1886; PIMENTEL, 1890), ainda que tenha se tornado cada vez mais frequente que participassem agora de equipes interdisciplinares (PEREIRA et al., 1896). Os engenheiros, ao contrário, começaram a ter uma produção bastante autônoma, resultando daí a elaboração de projetos variados de saneamento e de embelezamento, projetos esses que incorporavam os preceitos do higienismo, mas que iam muito além da simples exposição de problemas ou das sugestões pouco fundamentadas pela ciência. Com efeito, e em contraposição aos médicos, os engenheiros passaram a oferecer soluções técnicas de eficácia já comprovada, e que podiam ser adotadas de imediato se para isso existissem recursos e vontade política. Passaram inclusive a pôr em prática, ainda que em outras partes do país, muitas das ideias que eram discutidas apenas a nível teórico no Rio.[13]

A remodelação urbana do Rio de Janeiro, finalmente materializada nos anos 1903-1906 e sob o comando de um dos integrantes da antiga "Comissão de Melhoramentos", veio coroar esse período de ascensão da engenharia. Seu efeito-demonstração foi enorme. Num curto espaço de tempo, outras cidades brasileiras deram também início às suas "reformas urbanas", o que contribuiu para projetar ainda mais o saber técnico oferecido

---

[13] Foi o que aconteceu com a construção de Belo Horizonte, nova capital do Estado de Minas Gerais.

pela engenharia, e realçou o papel exercido pelos engenheiros sanitaristas, que se transformaram então nos grandes pensadores urbanos do país (ver ANDRADE, 1993; FERNANDES e GOMES, 1993). Essa posição privilegiada foi mantida pelos engenheiros até meados do século XX.

A Revolução de 1930, ao dar impulso à industrialização, deu novos estímulos à projeção da engenharia no país. A urbanização acelerada que lhe foi concomitante produziu, entretanto, transformações econômicas e sociais de vulto em todo o território nacional, alçando as cidades a um patamar de importância jamais atingido anteriormente. O impacto se fez sentir não só sobre a rede urbana, como atingiu também a relação cidade-campo. Foi, entretanto, na organização interna das cidades, e especialmente das grandes cidades, que as mudanças foram mais rápidas e mais gritantes.

Tamanhas transformações exigiam necessariamente novas reflexões, seja de caráter normativo ou explicativo, e isso não tardou a aparecer. A complexificação da cidade enquanto objeto de estudo projetou-a, entretanto, para muito além dos estreitos limites da engenharia. Logo ela atraiu também a atenção de outros profissionais, e muito especialmente daqueles que integravam os cursos de ciências humanas e sociais recém-implantados nas universidades brasileiras. Passam a surgir então uma série de reflexões que transcendiam o puro equacionamento técnico das questões urbanas, e que enfatizavam sobretudo as dimensões territorial, econômica e sociocultural da urbanização. Trata-se de período fértil em idéias e em realizações, que ainda está em pleno desenvolvimento, e que alçou geógrafos, arquitetos, historiadores, economistas, antropólogos, sociólogos e cientistas políticos à posição de destaque que hoje mantêm na discussão dos grandes temas urbanos do país.[14]

Bibliografia

ABREU, Mauricio de Almeida (1986). Da habitação ao habitat: a questão da habitação popular no Rio de Janeiro e sua evolução. *Revista do Rio de Janeiro*. Rio de Janeiro, 2: 47-58.

_____ (1987). *Evolução Urbana do Rio de Janeiro*. Rio de Janeiro: IPLANRIO/Jorge Zahar Editor.

_____ (Org.) (1992a). *Natureza e Sociedade no Rio de Janeiro*. Rio de Janeiro: Secretaria Municipal de Cultura, Turismo e Esportes, 336 p.

_____ (1992b). A cidade, a montanha e a floresta. *In* Mauricio A. Abreu (Org.), *Op. cit.*, 54-103.

_____ (1994). O estudo geográfico da cidade no Brasil: evolução e avaliação (Contribuição à história do pensamento geográfico brasileiro). *In* Ana Fani A. Carlos, *Op. cit.*, 199-322.

_____ (1996). "Le Rio de Janeiro du début du-dixneuvième siècle et ses différentes temporalités". *Bulletin de l'Association de Géographes Français*, 73: 30-38.

AGCRJ (Arquivo Geral da Cidade do Rio de Janeiro). *Sesmarias*. Códice 3-4-27.

ALMEIDA, José Ricardo Pires de (1886). *Hygiene das habitações. Parecer sobre as posturas de construcções e reconstrucções no Município Neutro*. Rio de Janeiro: Imprensa a vapor de Lombaerts & C.

ANDRADE, Carlos Roberto Monteiro de (1993). À cidade como um corpo são e belo: o pensamento do Engenheiro Saturnino de Brito". *In* Ana Fernandes e Marco Aurélio A. de Filgueiras Gomes (Orgs.), *Op. cit.*, 77-81.

ARAÚJO, Ernesto Brazilio de (1879). *Do diagnóstico e tratamento das diversas formas de febres perniciosas que reinam no Rio de Janeiro*. Rio de Janeiro: Typographia Nacional.

ARAÚJO, José Ferreira de Souza (1867). *Do diagnóstico e tratamento das febres perniciosas mais frequentes no Rio de Janeiro*. Rio de Janeiro: Typ. Alliança.

---

[14] Uma boa parte da reflexão urbana produzida pelas ciências humanas e sociais a partir de meados do século XX pode ser encontrada em Valladares et al., 1991. Sobre a produção feita exclusivamente pelos geógrafos brasileiros, ver *Abreu*, 1994.

AZEVEDO, Aroldo de (1956). *Vilas e cidades do Brasil colonial; ensaio de geografia urbana retrospectiva*. Faculdade de Filosofia, Ciências e Letras, Universidade de São Paulo, Boletim nº 208.

AZEVEDO, Fortunato Corrêa de (1850). *Quais os lugares do Rio de Janeiro e seus arrebaldes são mais favoráveis à saúde? Quais os insalubres? Sua suscinta descripção topographica. Qual a causa da diferença de salubridade?* Rio de Janeiro.

AZEVEDO, Paulo Ormindo de (1990). Urbanismo de trazado regular en los dos primeros siglos de la colonización brasileña. In *Estudios sobre urbanismo iberoamericano*. Sevilha: Junta de Andalucia, Consejeria de Cultura, 306-322.

BACKER, Alfredo Augusto Guimarães (1864). *Que melhoramentos materiaes devem ser introduzidos na cidade do Rio de Janeiro, para tornal-a mais salubre?* Rio de Janeiro: Typ. Laemmert.

BENCHIMOL, Jaime Larry (1990). *Pereira Passos: um Haussmann tropical. A renovação urbana da cidade do Rio de Janeiro no início do século XX*. Rio de Janeiro: Secretaria Municipal de Cultura, Turismo e Esportes.

BERNARDES, Lysia M. Cavalcanti (1960). Função defensiva do Rio de Janeiro e seu sítio original. *Boletim Carioca de Geografia*. Rio de Janeiro, 13 (1-2): 92-97. Reproduzido em Lysia M. C. Bernardes e Maria Therezinha S. Soares, *Rio de Janeiro — Cidade e região*. Rio de Janeiro: Secretaria Municipal de Cultura, 1987, pp. 15-20.

BRASIL. Comissão de Melhoramentos da Cidade do Rio de Janeiro (1875). *Primeiro Relatório da Commissão de Melhoramentos da Cidade do Rio de Janeiro*. Rio de Janeiro: Typographia Nacional, 56 p.

_____ (1876). *Segundo Relatório da Commissão de Melhoramentos da Cidade do Rio de Janeiro*. Rio de Janeiro: Typographia Nacional, 40 p.

BRAUDEL, Fernand (1990). "A longa duração". In *História e Ciências Sociais*. 6ª edição. Lisboa: Editorial Presença, 7-39.

BUENO, Luiz de Oliveira (1875). *Da topographia e climatologia do Rio de Janeiro, e de sua influência sobre a salubridade pública. Qual a influencia que o arrazamento das montanhas do Castello e Santo Antonio exercem sobre as condições hygienicas da mesma cidade*. Rio de Janeiro: Typographia Cinco de Março.

CARDOSO, Ciro F. S. (1980). As concepções acerca do *Sistema Econômico Mundial* e do *Antigo Sistema Colonial*; a preocupação excessiva com a extração do excedente. In José R. do Amaral Lapa (Org.). *Op. cit.*, 109-132.

CARLOS, Ana Fani A. (Org.) (1994). *Os caminhos da reflexão sobre a cidade e o urbano.* São Paulo: Edusp.

CARVALHO, Lia Aquino de (1986). *Contribuição ao estudo das habitações populares: Rio de Janeiro, 1886-1906.* Rio de Janeiro: Secretaria Municipal de Cultura.

CARVALHO, José Murilo de (1987). *Os bestializados. O Rio de Janeiro e a República que não foi.* 2ª edição. São Paulo: Companhia das Letras.

COARACY, Vivaldo (1944). *O Rio de Janeiro no século 17.* Rio de Janeiro: J. Olympio.

CORDEIRO, Archias Eurico (1883). *Febres perniciosas no Rio de Janeiro.* Rio de Janeiro: Typ. e Lithographia de L. Winter.

CUNHA, Herculano A. Lassance (1845). *Dissertação sobre a prostituição em particular na cidade do Rio de Janeiro.* Rio de Janeiro: F. de P. Brito.

DAL BRENNA, Giovanna Rosso (1990). La citta coloniale portoghese. Rio de Janeiro tra il XVI e il XVIII secolo. In *Estudios sobre urbanismo iberoamericano.* Sevilha: Junta de Andalucia, Consejeria de Cultura, 448-462.

DAMASCENO, Ângela Nunes (1993). *Os miasmas, os médicos e a relação homem-natureza na cidade do Rio de Janeiro no século XIX.* Rio de Janeiro: Universidade Federal do Rio de Janeiro, Instituto de Geociências, Dissertação de Mestrado.

DELSON, Roberta Marx (1979). *New towns for colonial Brazil; spatial and social planning in the 18th century.* Ann Arbor e Syracuse: University Microfilms e Syracuse University Press.

DUARTE, Nestor (1966). *A ordem privada e a organização política nacional.* 2ª edição. São Paulo: Companhia Editora Nacional.

DURÃO, José Ferraz de Oliveira (1845). *Breves considerações acerca do emprego hygienico e therapeutico os banhos de mar.* Rio de Janeiro: Typ. de Teixeira & C.

FARINHA FILHO, João Pires (1875). *Do actual systema de esgotos da cidade do Rio de Janeiro e de sua influencia sobre a salubridade publica.* Rio de Janeiro: E. & H. Laemmert.

FAZENDA, José Vieira (1871). Do mephitismo dos esgotos em relação à cidade do Rio de Janeiro e de sua influência sobre a saúde pública. Rio de Janeiro.

_____ (1919). Antigualhas e memórias do Rio de Janeiro. Rio de Janeiro: IHGB, Tomo 1.

FERNANDES, Ana e GOMES, Marco Aurélio A. de Filgueiras (Orgs)

(1993). *Cidade & História — Modernização das cidades brasileiras nos séculos XIX e XX*. Salvador: Faculdade de Arquitetura da UFBA/ANPUR.

FLEXOR, Maria Helena O. (1988). Núcleos urbanos planejados do século XVIII. In *Rua (Revista de Urbanismo e Arquitetura)*. Salvador, 1: 89-114.

FLORES, D. L. Silva (1840). *De l'atmosfere*. Rio de Janeiro.

FONSECA, Eduardo Joaquim da (1878). *Diagnóstico e tratamento das diversas formas de febre perniciosa que reinam no Rio de Janeiro*. Rio de Janeiro: José D. de Oliveira.

FORJAZ, Garcia Neves de Macedo (1852). *Que acções exercem sobre a saude publica da capital suas condicções de localidade?* Rio de Janeiro: Typ. Brasiliense.

FOUCAULT, Michel (1980). *O nascimento da clínica*. Rio de Janeiro: Forense Universitária.

_____ et al. (1979). *Les machines à guérir*. Paris.

FRAGOSO, João Luís Ribeiro (1992). *Homens de grossa aventura: acumulação e hierarquia na praça mercantil do Rio de Janeiro (1790-1830)*. Rio de Janeiro: Arquivo Nacional.

_____ e FLORENTINO, Manolo (1993). *O arcaísmo como projeto: mercado atlântico, sociedade agrária e elite mercantil no Rio de Janeiro, c. 1790 - c. 1840*. Rio de Janeiro: Diadorim.

FREITAS, Antonio de Paula (1884). *O saneamento da cidade do Rio de Janeiro*. Rio de Janeiro: Typographia Nacional.

_____ (1886). *O saneamento da cidade do Rio de Janeiro. Discurso proferido no Instituto Polytechnico Brazileiro*. Rio de Janeiro: Impr. Nacional.

FURTADO, Celso (1970). *Formação econômica do Brasil*. 10ª edição. São Paulo: Companhia Editora Nacional.

GODINHO, Vitorino Magalhães (1977). *Estrutura da antiga sociedade portuguesa*. 3ª edição. Lisboa: Arcádia.

GORENDER, Jacob (1978). *O escravismo colonial*. São Paulo: Ática.

GUERRA, Domingues Martins (1852). *Os morros do Castello e Santo Antonio são úteis ou nocivos à saúde pública? Durante o desmoronamento destes morros ocorreria à cidade algum perigo?* Rio de Janeiro.

HARDMAN, Francisco Foot (1988). *Trem fantasma: A modernidade na selva*. São Paulo: Companhia das Letras.

HOLANDA, Sérgio Buarque de (1984). *Raízes do Brasil*. 17ª edição. Rio de Janeiro: José Olympio.

LAGE, Francisco de Assis Barboza (1853). *Das fábricas de velas de sebo, e das de sabões do Rio de Janeiro: que influencia tem exercido na saúde de seus empregados e vizinhos? Que regras de hygiene se devem nellas seguir?* Rio de Janeiro: Typographia de F. A. de Almeida.

LAGOA, Francisco de Paula Pereira (1853). *Dos pantanos existentes no Rio de Janeiro e seus arrabaldes. Qual a influencia que exercem sobre os habitantes de suas immediações, segundo provão factos de observação local?* Rio de Janeiro: Typ. Universal de Laemmert.

LAMARÃO, Sérgio Tadeu de Niemeyer (1991). *Dos trapiches ao porto.* Rio de Janeiro: Secretaria Municipal de Cultura, Turismo e Esportes.

LAPA, José R. do Amaral (Org.). *Modos de produção e realidade brasileira.* Petrópolis: Vozes.

LOBO, Eulália Maria Lahmeyer (1962). *Processo administrativo ibero-americano.* Rio de Janeiro: Biblioteca do Exército.

MACHADO, Lia Osório (1989). *Mitos e realidades da Amazônia brasileira no contexto geopolítico internacional.* Barcelona: Universitat de Barcelona, Tese de Doutorado.

MARX, Murillo (1991). *Cidade no Brasil, terra de quem?* São Paulo: Edusp/Nobel.

MAXWELL, Kenneth (1973). *Conflicts and conspiracies: Brazil and Portugal 1750-1808.* Cambridge: Cambridge University Press.

MAYER, C. C. (1839). *Febres intermitentes.* Rio de Janeiro.

MENDONÇA, José do Nascimento Garcia de (1850). *Das fábricas de charutos e rapé da Capital e seus arrabaldes.* Rio de Janeiro: Typographia Universal de Laemmert.

MORSE, Richard (1975). Brazil's urban development: colony and empire. In A. J. R. Russel-Wood (Org.). *From colony to nation — Essays on the independence of Brazil.* Baltimore e Londres: The Johns Hopkins University Press, 155-181.

MOTTA, Manoel Pinto da (1852). *Que influencia tem tido, sobre a saude publica da Capital, os banhos de que usa sua população? Convem por ventura conservar a respeito delles o uso estabelecido, ou modifical-o?* Rio de Janeiro: Typographia Litteraria.

NOGUEIRA, M. E. (1834). *Febres intermittentes.* Rio de Janeiro.

NOVAIS, Fernando A. (1989). *Portugal e Brasil na crise do antigo sistema colonial (1777-1808).* 5ª edição. São Paulo: Hucitec.

OLIVEIRA, Francisco de (1982). O Estado e o urbano no Brasil. *Espaço & Debates.* São Paulo, 6, 36-54.

PADILHA, Francisco Fernandes (1853). *Qual o regimen alimentar das classes pobres do Rio de Janeiro?* Rio de Janeiro: Typographia Universal de Laemmert.

PAIVA, Carlos Cardoso de (1851). *Estudo dos banhos em relação aos habitantes desta Cidade. Quaes os habitos e costumes da população a seu respeito? Qual a sua influencia sobre a saude publica? Que direcção se lhes deve dar?* Rio de Janeiro: Typographia Universal de Laemmert.

PASSOS, José Ferreira (1846). *Influencia perniciosa das inhumações practicadas intra-muros.* Rio de Janeiro: Typ. de Teixeira & C.

PATRIOTA [O]. Rio de Janeiro, 1, Janeiro de 1813; 2, Fevereiro de 1813: 3, Março de 1813.

PECHMAN, Sérgio e FRITSCH, Lilian (1984-1985). A reforma urbana e o seu avesso. Algumas considerações a propósito da modernização do Distrito Federal na virada do século. *Revista Brasileira de História.* São Paulo, 5 (8-9): 139-195.

PEREIRA, Manoel Victorino et al. (1896). *Commissão de Saneamento do Rio de Janeiro. Relatorios apresentados ao Ex. Sr. Dr. Prefeito Municipal, 1896.* Rio de Janeiro: Imprensa Nacional.

PETIÇÃO de Fernão Baldes. In "Livro de tombo do Colégio de Jesus do Rio de Janeiro". *Anais da Biblioteca Nacional.* Rio de Janeiro, 82: 249-252, 1962.

PICANÇO, J. C. (1812). *Ensaio sobre os perigos das sepulturas dentro das cidades, e nos seus contornos.* Rio de Janeiro: Na Impressão Régia.

PIMENTEL, Antonio Martins de Azevedo (1884). *Quaes os melhoramentos hygienicos que devem ser introduzidos no Rio de Janeiro para tornar esta cidade mais saudavel.* Rio de Janeiro: Typ. e Lith. de Moreira Maximino & C.

_____ (1890). *Subsidios para o estudo de hygiene do Rio de Janeiro.* Rio de Janeiro: Typ. e Lith. de Carlos Gaspar da Silva.

PORTO, José da Costa (1965). *Estudo sobre o sistema sesmarial.* Recife: [Universidade Federal de Pernambuco], Imprensa Universitária.

PRADO JUNIOR, Caio (1942). *Formação do Brasil contemporâneo.* São Paulo: Editora Brasiliense.

QUEIRÓS, L. P. (1835). *Febres intermittentes.* Rio de Janeiro.

RAMOS, Joaquim Gonçalves (1874). *Do valor das investigações thermometricas no diagnostico, prognostico e tratamento das pyrexias que reinam no Rio de Janeiro.* Rio de Janeiro: Typ. Academica.

REIS FILHO, Nestor Goulart (1968). *Contribuição ao estudo da evolu-*

ção urbana do Brasil (1500-1720). São Paulo: Livraria Pioneira Editora e Editora da Universidade de São Paulo.

RIBEIRO, Cândido Barata (1877). *Quaes as medidas sanitarias que devem ser aconselhadas para impedir o desenvolvimento e propagação da febre amarella no Rio de Janeiro?* Rio de Janeiro: Typ. do "Direito".

RIBEIRO, Luiz César de Queiroz (1985). Formação do capital imobiliário e a produção do espaço construído no Rio de Janeiro, 1870-1930. *Espaço & Debates*. São Paulo, 5 (15): 5-32.

ROCHA, Oswaldo Porto (1986). *A era das demolições. Cidade do Rio de Janeiro: 1870-1920*. Rio de Janeiro: Secretaria Municipal de Cultura.

SÁ, José Marques de (1850). *Hygiene de pelle no Rio de Janeiro: vestuario e banhos. Estudo especial dos banhos em relação a esta cidade; quaes os habitos e costumes da população? Qual a sua influencia sobre a saude publica? Que direcção se lhes deve dar?* Rio de Janeiro: Typographia Universal de Laemmert.

SÁ, Miguel Antonio Heredia de (1845). *Algumas reflexões sobre a cópula, onanismo e prostituição do Rio de Janeiro*. Rio de Janeiro: Typ. Univ de Laemmert.

SALCEDO, Jaime (1990). El modelo urbano aplicado a la América Española: su génesis y desarrollo teórico práctico. In *Estudios sobre urbanismo iberoamericano*. Sevilha: Junta de Andalucia, Consejeria de Cultura, 9-85.

SANTA ANNA, José Joaquim de (1815). *Memória sobre o enxugo geral desta cidade do Rio de Janeiro, feita e apresentada a sua alteza real o principe regente em 4 de março de 1811: addicionada e novamente apresentada ao mesmo augusto senhor em 15 de maio de 1815*. Rio de Janeiro: Na Impressão Régia, 22 p.

SANTOS, Afonso C. Marques dos (1992). *No rascunho da nação: Inconfidência no Rio de Janeiro*. Rio de Janeiro: Secretaria Municipal de Cultura, Turismo e Esportes.

SANTOS, Paulo F. (1968). *Formação de cidades no Brasil colonial*. Coimbra: Gráfica de Coimbra.

SANTOS, Thomaz Delfino dos (1882). *Que melhoramentos materiaes devem ser introduzidos na cidade do Rio de Janeiro para tornal-a mais salubre?* Rio de Janeiro: Typ. de A. Guimarães & Comp.

SCHWARTZ, Stuart B. (1988). *Segredos internos, engenhos e escravos na sociedade colonial, 1550-1835*. São Paulo: Companhia das Letras.

SIGAUD, Joseph François Xavier (1844). *Du climat et des maladies du Brèsil, ou statistique médicale de cet empire*. Paris: Fortin, Masson & Cie.

SILVA, Antonio do Nascimento (1852). *Que molestias predominão sobre os que se empregão nas fabricas de tabaco e charutos na cidade do Rio de Janeiro?* Rio de Janeiro: Typ. de Nicolao L. V. Junior.

SILVA, Manoel Vieira da (1808). *Reflexões sobre alguns dos meios propostos por mais conducentes para melhorar o clima da cidade do Rio de Janeiro.* Rio de Janeiro: Impressão Régia.

SIMÕES JUNIOR, José Geraldo (1993). O setor de obras públicas e as origens do urbanismo na cidade de São Paulo. In Ana Fernandes e Marco Aurélio A. de Filgueiras Gomes, (Orgs.). *Op. cit.*, 125-130.

SINGER, Paul et alii (1988). *Prevenir e curar: O controle social através dos serviços de saúde.* Rio de Janeiro: Ed. Forense Universitária.

SMITH, Robert C. (1954). *As artes na Bahia. I Parte — Arquitetura colonial.* Salvador: Prefeitura Municipal de Salvador.

SOUTO, Luiz Raphael Vieira (1875). *O melhoramento da cidade do Rio de Janeiro. Crítica dos trabalhos da respectiva commissão.* Rio de Janeiro: Lino C. Teixeira & C., 174 p.

_____ (1876). *O melhoramento da cidade do Rio de Janeiro. Refutação da resposta à crítica dos trabalhos da respectiva commissão.* Rio de Janeiro: Lino C. Teixeira & C, 174 p.

SOUZA, Antonio José de (1851). *Do regimen das classes pobres, e dos escravos na cidade do Rio de Janeiro em seus alimentos, e bebidas. Qual a influencia desse regimen sobre a saude?* Rio de Janeiro: Typographia Universal de Laemmert.

STASZAK, Jean-François (1995). *La géographie d'avant la géographie: Le climat chez Aristote et Hippocrate.* Paris: L'Harmattan.

STOCKLER, Eustachio Garção (1881). *Quaes as causas que favorecem o desenvolvimento da febre amarella no Rio de Janeiro.* Rio de Janeiro: Typ. Central.

TELLES, Pedro Carlos da Silva (1984). *História da engennária no Brasil (Séculos XVI a XIX).* Rio de Janeiro: Livros Técnicos e Científicos Editora S.A.

TOURINHO, Eduardo (Org.) (1929-1931). *Autos de correições de ouvidores do Rio de Janeiro — 1624-1699, 1700-1747, 1748-1820.* Rio de Janeiro: Officinas Graphicas do "Jornal do Brasil", 3 volumes.

TRESLADO de carta de sesmaria do chão de Domingos Fernandes (1567). In *Archivo do Districto Federal.* Rio de Janeiro, 1: 33-35, 1894. Publicado também no "Livro de tombo do Colégio de Jesus do Rio de Janeiro". In *Anais da Biblioteca Nacional.* Rio de Janeiro, 82: 45, 1962.

TURAZZI, Maria Inez (1989). *A euforia do progresso e a imposição da ordem: a engenharia, a indústria e a organização do trabalho na virada do século XIX ao XX*. Rio de Janeiro e São Paulo: COPPE e Marco Zero.

UNDERWOOD, David Kendrick (1988). *The Pombaline style and international neoclassicism in Lisbon and Rio de Janeiro*. Filadélfia: University of Pennsylvania, Tese de Doutorado.

URTEAGA, Luís (1980). Miseria, miasmas y microbios. Las topografias médicas y el estudio del medio ambiente en el siglo XIX. *Geo-Crítica*. Barcelona, 29.

VALLADARES, Lícia do Prado et al. (1991). *1001 teses sobre o Brasil urbano: catálogo bibliográfico (1940-1989)*. Rio de Janeiro e São Paulo: IUPERJ e ANPUR.

VALLE, Manoel Maria de Moraes e (1846). *Algumas considerações sobre a mendicidade no Rio de Janeiro*. Rio de Janeiro: Typ. de J. J. Moreira.

VAZ, Lilian Fessler (1985). *Contribuição ao estudo da produção e transformação do espaço da habitação popular: as habitações coletivas no Rio antigo*. Rio de Janeiro: Universidade Federal do Rio de Janeiro, COPPE/PUR, Dissertação de Mestrado.

VERGER, Pierre (1987). *Fluxo e refluxo do tráfico de escravos entre o Golfo de Benin e a Bahia de Todos os Santos entre os séculos XVII e XVIII*. São Paulo: Corrupio.

VIANNA, Ernesto Augusto de Araujo (1854). *Esboço de estatística-médica do arrabalde Engenho Velho no anno de 1853*. Rio de Janeiro: Typ. de L. A. Navarro de Andrade.

XAVIER JUNIOR, Francisco José (1868). *Do diagnostico e tractamento das febres perniciosas mais frequentes no Rio de Janeiro*. Rio de Janeiro: Thevenet & Cia.

ZANCHETTI, Silvio Mendes (1986). A cidade e o Estado no Brasil colonial: colocações para um debate. *Espaço & Debates*. São Paulo, 19, 5-29.

Crise e Dinâmica das Estruturas Produtivas Regionais no Brasil*

Claudio A. G. Egler**

Introdução

O conceito de estrutura produtiva regional procura responder às indagações acerca da permanência da questão regional em economias que completaram o processo de integração produtiva em escala nacional (EGLER, 1993, 1995a e 1995b). Existe uma tradição nas ciências sociais de transformar o conceito de região em uma entidade real, que pode ser definida tanto por seus atributos naturais, como também históricos e culturais. No entanto, esta reificação do conceito de região contribuiu para envolvê-lo em uma camisa de força e atirar os analistas da dimensão territorial do capitalismo no

* Texto apresentado no Simpósio "O Novo Mapa da Economia Brasileira" promovido pelo IPEA.

** Geógrafo. Doutor em Economia (UNICAMP). Professor de Geografia Econômica do Departamento de Geografia da UFRJ e Pesquisador do CNPq no Laboratório de Gestão do Território (LAGET-UFRJ).

debate estéril sobre a existência e/ou permanência da região em nações que consolidaram um mercado doméstico integrado.

Neste trabalho, a região está definida como uma escala geográfica de análise (EGLER, 1991), isto é, um nível de abstração do raciocínio espacial em ciências sociais. Possui o mesmo estatuto lógico dos níveis global, nacional e local, que são sincronicamente articulados através da dinâmica do desenvolvimento desigual e combinado do capitalismo. Seu poder explicativo foi originalmente explorado em economia por Prebisch (1949), através das relações centro-periferia, nas análises sobre as transformações da economia mundial no pós-guerra e seus efeitos sobre a América Latina.

A dimensão regional na análise espacial da dinâmica capitalista, independente que seja definida na escala intra ou supranacional, pressupõe que se parta da concorrência e dos instrumentos políticos disponíveis para a sua regulação. A região é a resultante de um duplo movimento: de um lado a regionalização, entendida como a divisão de um determinado espaço em territórios econômicos com finalidades diversas, desde distritos fiscais até áreas de mercado. De outro, o regionalismo, onde os agentes sociais localizados em um determinado território, aí incluídas as firmas nele estabelecidas, procuram exercer pressão sobre o Estado para dispor de tratamento político diferenciado do restante do espaço econômico em que se inserem.

A lógica da integração/diferenciação territorial é inerente ao desenvolvimento desigual e combinado do capitalismo. Em sua evolução modificam-se os pesos relativos de cada uma das partes dessa equação, que são condicionadas pelo padrão de concorrência e pelos mecanismos à disposição do Estado para atuar na sua regulação. Em estruturas de mercado em oligopólio, onde as barreiras à entrada e a velocidade de introdução do progresso técnico são fatores econômicos determinantes de regionalização do espaço econômico (MARKUSEN, 1985), a dimensão política do regionalismo vai se manifestar na capacidade de criar estruturas produtivas regionais diferenciadas, aptas a atrair investimentos em ritmo e intensidade superiores às demais.

Nessa direção, é importante partir das análises que tratam dos 'sistemas produtivos regionais', que avaliam "a lógica regional de articulação das fases produtivas que levam à elaboração de um produto" (BERTRAND, Y. e HAY, F. 1987:101), que decompõem as cadeias produtivas em sistemas territoriais integrados. Elas são capazes de dar conta do processo de regionalização do espaço econômico em suas diversas escalas; entretanto — ao privilegiarem a dimensão técnica do processo produtivo —, não conseguem abranger os demais componentes da concorrência intercapitalista, aí incluindo as suas determinantes políticas expressas no regionalismo.

Ao nosso juízo, o conceito de estrutura produtiva, além de precisar "a lógica regional das fases produtivas", expressa o sentido básico da análise geográfica das escalas, que rompe com a visão positivista de considerar as regiões como entes em si, e procura exprimir a *materialidade dinâmica* da economia capitalista no território, fundada na concorrência entre massas de capital e mediada e regulada pela ação do Estado.

A questão reside em que — apesar de toda a tentativa de tornar o global independente do lugar — a crise e a reestruturação das parcelas nacionais da economia mundial têm mostrado que a região é a escala de operação produtiva no capitalismo, seja para consolidar e proteger seus próprios mercados domésticos, seja para ampliar os limites dos seus territórios econômicos. Neste sentido, as regiões constituem espaço privilegiado da produção capitalista e, como tal, a instância correta para analisar as transformações que estão se processando no sistema produtivo.

É nesta perspectiva que deve ser feita a aproximação com as estruturas produtivas regionais da economia brasileira. Elas são frutos de um determinado padrão de concorrência vigente no mercado mundial no pós-guerra, definidas por um processo tardio e periférico de industrialização nacional caracterizado pela forte presença do Estado e da grande corporação multinacional e plasmado em uma estrutura territorial diferenciada e heterogênea, porém integrada dinamicamente em um mercado doméstico nacional e, através desse, ao mercado mundial.

Integração e Crise da Base Técnica da Economia Nacional

A consolidação e integração do mercado doméstico foram metas explícitas de políticas públicas que incidiram diretamente sobre o setor industrial, que constitui o segmento mais dinâmico do sistema produtivo nacional. Uma ideia aproximada das dimensões desse mercado pode ser obtida através da matriz de insumo-produto de 1980, que mostra a importância do consumo intermediário, isto é, aquele realizado pelo próprio sistema produtivo, *vis-à-vis* o consumo final das famílias e das administrações públicas.

A importância do sistema produtivo para a avaliação das dimensões e características do mercado doméstico não reside apenas em seu aspecto estático, mas principalmente no que se refere a sua dinâmica, isto é, ao ritmo de sua acumulação endógena. Neste aspecto, os mercados domésticos desenvolvidos em capitalismos tardios e periféricos, como é o caso do brasileiro, possuem traços constitutivos próprios, que se refletem tanto ao nível da articulação interna entre os setores econômicos, como também entre as estruturas produtivas regionais, o que se manifesta claramente na conformação de sua base técnica.

A base técnica da economia nacional possui características próprias ligadas a fatores geográficos e históricos. É importante observar que o Brasil consolidou, no pós-guerra, uma complexa indústria pesada fundada no padrão tecnológico norte-americano, com sérias limitações no que diz respeito à oferta de hidrocarbonetos fósseis: carvão mineral e petróleo. Isto em si não constitui um óbice, já que nações como a França ou o Japão seguiram o mesmo caminho. Entretanto, as dimensões territoriais e a eficiência dos sistemas de circulação destes países são completamente distintas da realidade brasileira, onde a matriz de transportes da Primeira Revolução Industrial praticamente inexiste.

No caso brasileiro, a base técnica desenvolvida durante a industrialização centrada em bens de consumo duráveis, com o vetor principal na automobilística, foi capaz de contornar esse obstáculo graças à disponibilidade de recursos naturais e energia hidrelétrica no Sudeste, onde está concentrada a maior parcela desse segmento industrial. Isto considerando também a oferta abundante de hidrocarbonetos fósseis no mercado internacional, que perdurou até o início da década de 70.

Entretanto, o Sudeste do Brasil está muito longe do Nordeste dos EUA, não apenas por uma diferente dotação de recursos minerais, mas também porque não possui uma rede de canais e lagos que interliga — a custos desprezíveis, as minas de carvão às jazidas de minério de ferro. Isto facilitou, não apenas a integração precoce do complexo metal-mecânico nesta parcela do território norte-americano, como também a rápida consolidação de uma rede ferroviária que a interligou às demais estruturas produtivas regionais, muitas delas ainda em formação.

As reais dimensões do problema logístico da economia nacional começam a se manifestar a partir do maciço bloco de investimentos induzido pelo Estado para completar, de uma só vez, o sistema produtivo dos complexos metal-mecânico e químico no Brasil. Iniciado na década de setenta, com o I e o II PND, e prolongado nos anos oitenta, com o Projeto Grande Carajás na Amazônia Oriental, esse processo forçou a realocação da indústria de bens intermediários — cuja autonomia locacional é restrita em função da distribuição "imperfeita" dos recursos naturais — rompendo com os limites espaciais impostos pela industrialização substitutiva de importações.

O deslocamento espacial da indústria pesada para fora do Sudeste vai mostrar que a base técnica que havia dado suporte à industrialização pretérita revela sinais de esgotamento e uma das principais manifestações deste fato é a elevada participação do comércio e transportes como insumo para a construção civil (17,2%), a indústria de madeira (17,0%), a extração mineral (16,6%), de minerais não metálicos (14,3%), papel e papelão (11,2%), química (9,9%) e metalurgia (8,6%).[1]

As longas distâncias percorridas entre as minas, florestas e áreas produtoras de insumos e os centros de

---

[1] Dados calculados com base na Tabela de Fluxos de 1980 compatibilizada por MENEZES, Antonio C. e ORTEGA, José A. (1991).

consumo ou terminais de exportação revelam a fragilidade da matriz de transportes fundada no padrão rodoviário e colocam em cheque as possibilidades futuras de expansão dos fluxos interindustriais e inter-regionais, caso não seja enfrentado esse gargalo básico do sistema produtivo nacional.[2]

O esgotamento do "modelo" rodoviário é uma consequência da integração do mercado doméstico e sua expressão mais acabada está na incapacidade do governo federal em manter a expansão da rede rodoviária federal, que é aquela que "abre" novas terras e "puxa" as redes estadual e municipal. É interessante observar que este esgotamento se deu na segunda metade da década de 70, após os megaprojetos rodoviários da Transamazônica e da Perimetral Norte, isto é, ainda durante a vigência do "Brasil Potência" (Figura 1).

Hoje, os efeitos desse processo podem ser estendidos à agropecuária, cujos dispêndios com comercialização e transportes elevavam-se a 12,7% do total dos insumos em 1980. Esta situação assume contornos críticos quando se assume que o deslocamento da área produtora de grãos em direção aos cerrados centrais, intensificado durante a década de 80, coloca problemas cruciais de transportes e armazenagem para o escoamento das safras. Mais do que isto, dado o avanço da tecnificação dos tratos culturais, a demanda de energia e insumos tende a crescer exponencialmente, juntamente com o consumo de derivados de petróleo do sistema de transportes necessário para distribuí-los nas regiões produtoras.

Eis aqui um legado da modernização conservadora que dificilmente será superado, sen uma ruptura pro-

---

[2] Estas limitações da base técnica, no que diz respeito à matriz de transportes, já foram apontadas com detalhes por DINIZ, Clélio C. (1987).

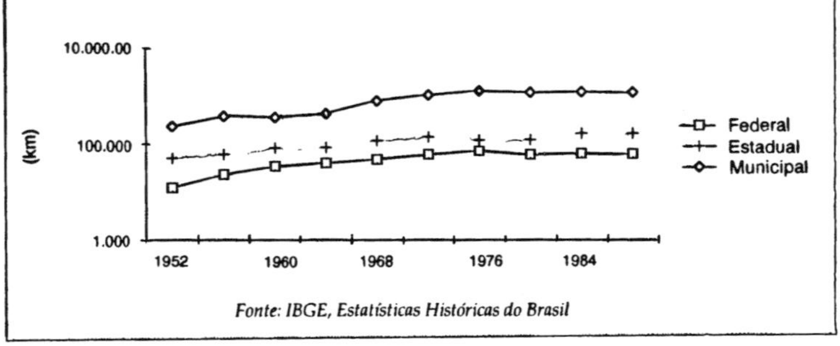

Figura 1 — *Extensão da rede rodoviária nacional (escala logarítmica)*

funda no padrão vigente de expansão territorial do sistema produtivo, no sentido de garantir e ampliar a integração territorial das estruturas produtivas regionais.

Anatomia das Regiões Brasileiras

A anatomia das regiões brasileiras tem como referencial inicial a classificação em cinco macrorregiões definida pelo Instituto Brasileiro de Geografia e Estatística (IBGE). Fundada em grupamentos de unidades da Federação, segundo características geoeconômicas básicas, ela é útil para uma primeira aproximação com a dimensão espacial da industrialização recente no Brasil, revelando suas manifestações mais gerais no que diz respeito à distribuição territorial da base técnica e as disparidades regionais na apropriação social da renda.

A industrialização foi responsável pela maior concentração de população e renda no Sudeste, cuja integração com o Sul já era relevante desde primórdios da implantação industrial, graças ao fornecimento de alimentos e matérias-primas agrícolas. O Nordeste, a segunda região mais populosa do país, ainda é a área mais pobre com sua participação na renda nacional inferior à metade de seu peso demográfico (Tabela 1).

A integração regional do Nordeste ao centro dinâmico é um processo que se completa na década de setenta através da intervenção planejada do Estado. O Centro-Oeste, que fisiograficamente corresponde ao Planalto Central dominado pelos cerrados, iniciou efetivamente seu processo de integração com a fundação de Brasília em 1961, cuja rede de infraestrutura viária facilitaria a expansão da soja, enquanto cultura agrícola que 'abriu' os cerrados e integrou definitivamente essa região ao mercado doméstico na década de oitenta.

Tabela 1 — Dados Básicos sobre as Macrorregiões Brasileiras

Região	Área		População 1991 (1)		Renda 1985 (2)	
	Mil km^2	%	Milhões de hab.	%	Milhões de US$	%
Norte	3.864	45,4	10.146	6,9	8.828	4,3
Nordeste	1.546	18,2	42.387	29,0	27.511	13,5
Sudeste	925	10,9	62.121	42,6	118.139	58,3
Sul	578	6,8	22.080	15,1	35.914	17,7
Centro-Oeste	1.593	18,7	9.420	6,4	12.667	6,2
Brasil	8.506	100,0	146.154	100,0	203.059	100,0

(1) Dados preliminares do Censo Demográfico de 1991 (FIBGE, 1992).

(2) Dados básicos das Contas Nacionais — Renda Interna por Unidade da Federação (FIBGE, 1991).

O Norte, que corresponde à grande planície amazônica, é ainda uma imensa superfície florestada e um vazio demográfico de dimensões planetárias. Os esforços de ocupação realizados a partir da década de sessenta, com a abertura de rodovias que partiam de Brasília, permitiram o adensamento populacional em manchas na franja meridional da grande massa florestal. Entretanto, a atividade econômica ainda é em grande parte pontual ou, no máximo, axial em cidades dispersas e ao longo dos rios e rodovias. Os grandes projetos agropecuários e mineradores implantados a partir da década de setenta seguem basicamente este padrão, mesmo em Carajás, a grande província metalífera da região, onde a Companhia do Vale do Rio Doce (CVRD) é o elemento de integração do território sob seu controle com o mercado mundial.

a) A consolidação da constelação metropolitana

Considerando os resultados preliminares do Censo de 1991, do ponto de vista da dinâmica demográfica, alguns aspectos devem ser ressaltados. Primeiro, a relativa estabilização do crescimento das megacidades de São Paulo e do Rio de Janeiro, que apresentam taxas de incremento inferiores à média nacional e mesmo aquelas da população dos Estados de que fazem parte, demonstrando indícios de desconcentração territorial do efetivo humano. Esta situação é compartilhada por Recife, embora a população do Estado de Pernambuco cresça mais lentamente, indicando que ainda perdura o processo de concentração metropolitana nesta porção do território nacional (Tabela 2).

Segundo, e reverso do primeiro, o rápido crescimento de Fortaleza e Salvador, no Nordeste, revela que o processo de metropolização acompanha a industrialização periférica e que o grande movimento nacional de convergência para as metrópoles do Sudeste, a partir da

Tabela 2 — População Residente em 1980 e em 1991, e Taxa de Crescimento Anual, Segundo as Regiões Metropolitanas e Distrito Federal

Regiões Metropolitanas E Distrito Federal	População residente 1980	1991 (1)	Taxa de Crescimento Anual (2)
Brasil	119.002.706	146.154.502	1,89
Belém	999.165	1.334.460	2,67
Fotaleza	1.580.066	2.294.524	3,45
Recife	2.347.146	2.859.469	1,81
Salvador	1.766.582	2.472.131	3,10
Belo Horizonte	2.609.520	3.461.905	2,60
Rio de Janeiro	8.772.265	9.600.528	0,82
São Paulo	12.588.725	15.199.423	1,73
Curitiba	1.440.626	1.975.624	2,91
Porto Alegre	2.285.167	3.015.960	2,55
Distrito Federal	1.176.935	1.596.274	2,81
SUBTOTAL	35.566.197	43.810.298	1,91
% SUBTOTAL/BRASIL	29,89	29,98	

Fonte: FIBGE. Censo Demográfico de 1991 — Resultados Preliminares.
(1) Resultados preliminares
(2) Taxa média geométrica de incremento anual

década de cinquenta, se reproduz em escala regional nos anos oitenta. Fortaleza assume situação quase paradigmática deste caso, pois em 1991 a região metropolitana já concentra cerca de 36% da população do Estado do Ceará, com uma taxa de crescimento equivalente a aproximadamente o dobro da média nacional.

Terceiro, a formação de um cinturão metropolitano em torno do núcleo industrial original através do crescimento acelerado de Belo Horizonte, Curitiba, Porto Alegre e Brasília (DF). Todos estes grandes aglomerados urbanos apresentam taxas de crescimento superiores a São Paulo e Rio de Janeiro, destacando-se, dentre eles, por já terem ultrapassado a barreira de 3 milhões de habitantes, Belo Horizonte, na porção setentrional, e Porto Alegre, no extremo meridional do cinturão agroindustrial que está se consolidando em torno do núcleo original da industrialização brasileira.

A constelação formada pelas nove regiões metropolitanas e o Distrito Federal era responsável, em 1985, por cerca da metade do valor bruto do valor da produção industrial e da receita de vendas de mercadorias e praticamente dois terços das receitas do setor de serviços do Brasil. Tomando, por exemplo, a metrópole paulistana, sozinha era responsável por um quarto do valor bruto da produção industrial, um quinto das receitas do comércio de mercadorias e um quarto das receitas do setor de serviços. Neste sentido, a crise é antes de tudo uma crise metropolitana, cujos efeitos se propagam de modo desigual pelas grandes cidades brasileiras, dadas as peculiaridades regionais de seu desenvolvimento.

Os dados relativos ao sistema urbano das regiões brasileiras revelam alguns aspectos importantes (Tabela 3). O Sudeste, que corresponde a núcleo original da industrialização, revela a formidável concentração da indústria (52,4%), do comércio (58,9%) e dos serviços (75,4%) nas regiões metropolitanas de São Paulo, Rio de Janeiro e Belo Horizonte, sendo particularmente acentuado o fato de que três quartos das receitas de serviços estejam concentrados nas metrópoles, o que é um indicador indireto da elevada centralidade urbana da região.

O Sul, dadas as características históricas e geográficas de seu desenvolvimento, apresenta uma estrutura mais dispersa, com maior concentração metropolitana na oferta de serviços. Por outro lado, é flagrante os efeitos territoriais da "nova indústria" nordestina, cuja produção está fortemente concentrada nas áreas metropolitanas de Salvador, Recife e Fortaleza (58,9%), concentração superior à receita dos serviços (50,1%), o que constitui um efeito peculiar das políticas regionais centradas na indústria como motor dinâmico do desenvolvimento, cujo melhor exemplo está na região metropolitana de Salvador, que concentrava cerca de 80% do total do valor da transformação industrial do Estado da Bahia e aproximadamente 35% do valor total da região Nordeste.

O Norte e o Centro-Oeste revelam estruturas semelhantes no que diz respeito ao peso metropolitano da indústria e do comércio, em grande parte devido ao papel de cidades médias, como é o caso de Goiânia e Manaus, que dividem as funções urbanas com os aglomerados metropolitanos de Brasília e Belém, respectivamente. Deve ser ressaltada a ponderável presença de Belém no comércio regional, atividade tradicional nesta cidade da foz do Amazonas, como também o papel de destaque de Brasília na receita dos serviços da região Centro-Oeste, reforçando, em grande parte devido à função de capital federal, sua centralidade na rede urbana regional.

Uma das questões centrais neste contexto é o abastecimento destas aglomerações metropolitanas, que exige redes de circulação eficientes para manter a oferta de bens agrícolas a este grande contingente populacional, garantindo, através do aumento da oferta de alimentos, ganhos relativos nos salários reais. Este é um dos nós centrais de uma política territorial de distribuição de renda com profundas implicações sociais, na medida em que observou-se, nos anos 80, a convivência de grandes safras com elevações constantes nos preços da cesta básica nos mercados metropolitanos.

Tabela 3 — Brasil e Regiões — 1985
Participação das Regiões Metropolitanas e do Distrito Federal no Valor Bruto da Produção Industrial (VBPI), Receita da Venda de Mercadorias (RVM) e Receita Total dos Serviços (RTS).

Brasil e Regiões	VBPI	RVM	RTS
Brasil	47,0	46,5	65,4
Norte	11,0	25,6	22,3
Nordeste	58,9	40,4	50,1
Sudeste	52,4	58,9	75,4
Sul	34,1	27,7	43,3
Centro-Oeste (1)	10,8	21,5	55,4

(1) Dados relativos ao Distrito Federal
Fonte: IBGE, Censos Econômicos de 1985, Municípios: Indústria, Comércio e Serviços.

b) A distribuição territorial da renda e do emprego

A inexistência de contas regionais consolidadas para o final da década de 80 limita as análises desagregadas até 1985; apesar disto a Figura 2 é ilustrativa acerca das tendências das regiões brasileiras a longo prazo e permite algumas inferências iniciais sobre os efeitos da crise na distribuição territorial da renda. As teses da economia regional neoclássica acerca da convergência dos níveis de renda por região em torno da média nacional parecem encontrar certas resistências na realidade brasileira, pois embora, a nível geral, a tendência possa ser observada, principalmente entre o Sudeste, o Sul e o Centro-Oeste, que constitui a parcela do território nacional mais solidamente integrada, ainda é grande a clivagem entre esta porção e o Norte e, principalmente, o Nordeste.

É importante frisar que não se trata de resgatar as velhas teses dualistas acerca dos "dois brasis" ou do arcaico contra o moderno, que marcaram a interpretação da dinâmica da sociedade brasileira nos anos 50; pelo contrário, este reconhecimento parte da constatação inequívoca de que, apesar da integração nacional resultante da industrialização e estimulada pelo Estado, o mercado doméstico ainda é segmentado por profundas desigualdades na distribuição territorial da renda.

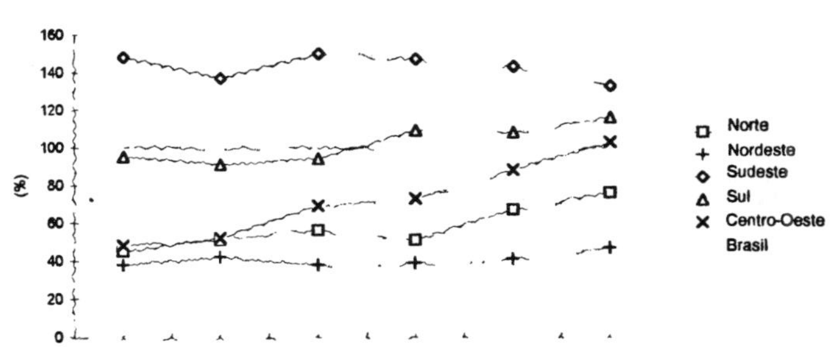

Fonte: IBGE, Contas Nacionais Consolidadas

Figura 2 — *Renda per capita regional*
(em percentagem da média nacional)

Do ponto de vista dinâmico, é importante avaliar o desempenho no período 1980-85, marcado por forte contração da atividade econômica, para elaborar algumas suposições acerca do comportamento das economias regionais. Em primeiro lugar é notória a inflexão para baixo na participação percentual da renda *per capita* do Sudeste em relação à média nacional. Isto pode ser visto como resultante de um lento processo de redistribuição territorial iniciado na década de setenta, já que o indicador tende para a média nacional. Por outro lado, existe uma componente conjuntural inequívoca, qual seja, a contração do ritmo da acumulação incidiu fortemente sobre o núcleo dinâmico da economia nacional.

O Sul foi a região brasileira que apresentou indicadores de renda mais próximos à média nacional durante todo o período considerado. Já em 1949 estavam próximos a este valor e após um ligeiro descenso durante as primeiras fases da industrialização, a região apresentou desempenho francamente favorável quando acentuam-se a modernização agrícola e a integração territorial do mercado doméstico no início da década de setenta, que atingiu diretamente a estrutura produtiva regional.

A partir de então outro componente fundamental passa a atuar no comportamento dinâmico desta região: sua transformação em área de forte emigração devido às alterações introduzidas nas relações de trabalho na agropecuária. Esse processo transformou, em três décadas, o Paraná, que era o principal foco de atração de migrantes, no Estado da Federação que apresentou a menor taxa de incremento populacional (0,9 % a.a.) na década de 80.

O Centro-Oeste foi a região brasileira de maior dinamismo no que diz respeito aos ganhos relativos em termos de renda *per capita* no cenário nacional. Desde o início da década de sessenta, marcado pela transferência da capital federal para Brasília, o indicador é francamente favorável acelerando o seu ritmo de crescimento a partir de 1975, quando começou o avanço da agricultura tecnificada sobre os cerrados. Entretanto, não foram apenas as transformações no campo que justificam este desempenho; o papel das cidades ampliou-se e diversificou-se, seja como suporte logístico e financeiro à agricultura, seja como centros de processamento industrial, comercialização e gestão do complexo agroindustrial.

É importante que fique claro que o padrão de expansão agrícola do Centro-Oeste é radicalmente distinto daquele que prevaleceu no Nordeste ou no Sul. A pequena propriedade praticamente inexiste enquanto unidade produtiva nos cerrados por uma razão elementar: os custos dos insumos e dos equipamentos para vencer a barreira ecológica dos solos lateríticos e atingir economias de escala que compensem os investimentos realizados transformaram esta área no território econômico da agroindústria oligopólica.

O desempenho do Nordeste é a antítese do Centro-Oeste. A região de mais antigo povoamento e de estrutura socioeconômica solidamente enraizada no passado agrário-exportador permaneceu sendo aquela de pior desempenho quanto ao indicador de PIB *per capita*, com cerca de 50% da média nacional. A despeito de sua integração territorial ao mercado doméstico, da diversificação de sua base produtiva com a industrialização regional, o Nordeste ainda é a síntese da questão regional no Brasil e desafio para a erradicação da miséria e o resgate da cidadania.

Por final, a região Norte que, dadas as características naturais, demográficas e econômicas já apontadas, deve ser observada com cuidado. A frente de expansão agropastoril e mineradora intensificada a partir da segunda metade da década de setenta, aliada ao desempenho favorável da Zona Franca de Manaus, cujos incentivos fiscais e tarifários funcionaram como verdadeira bomba de sucção para a indústria eletroeletrônica estabelecida no mercado doméstico, podem ajudar a explicar inflexão para cima da participação relativa do PIB *per capita* regional na média nacional naquele período. Entretanto, a simples comparação com o desempenho do Centro-Oeste no primeiro quinquênio da década seguinte permite perceber que este padrão de ocupação da Amazônia dificilmente será sustentável por um longo período, como ocorreu com a área dos cerrados centrais.

Em uma economia de dimensões continentais e marcada por uma desigual distribuição territorial de renda, o comportamento do mercado de força de trabalho é um sensível indicador das condições de reprodução do trabalhador e de sua família. Os ajustes recessivos efetuados no início dos anos oitenta elevaram a taxa de desemprego aberto nas seis maiores regiões metropolitanas do país, onde é realizada a Pesquisa Mensal de Emprego (PME) do IBGE[3]. Seus efeitos se prolongaram até 1984, quando atingiram o ponto mais elevado da década.

O curto ciclo de recuperação entre 1985 e 1986 interrompeu este ritmo, porém o final da década de oitenta mostra o rápido crescimento das taxas de desemprego aberto, com um agravante particular, a acentuada inflexão positiva do desemprego na Região Metropolitana de

[3] Os índices de desemprego aberto da PME só são comparáveis entre si a partir de maio de 1982, quando o IBGE reformulou a metodologia de seu levantamento.

São Paulo, o "core" industrial do país (SEDLACEK, Guilherme et alli, 1989), que apresentava a terceira maior taxa de desemprego, abaixo das metrópoles nordestinas de Recife e Salvador.

A incidência diferenciada do desemprego é uma expressão transformada da tendência à ampliação da segmentação do mercado de trabalho no Brasil, o que é um processo já detectado nas economias avançadas como parte da estratégia de quebrar a resistência sindical e forçar reduções nos ganhos de produtividade.

A partir de distintas oportunidades educacionais e de acesso aos serviços coletivos, de diferenças intersetoriais e inter-regionais nos níveis de emprego e salários e na ruptura das cadeias internas no ambiente de trabalho, a reestruturação econômica tem procurado romper com a unidade forjada na fábrica e no setor produtivo, o que em uma economia com as características da brasileira assume uma dimensão perversa e fortemente excludente.

As Estruturas Produtivas Regionais e sua Dinâmica

Uma primeira aproximação com as estruturas produtivas regionais da economia brasileira pode ser obtida a partir da observação da distribuição territorial do valor da produção e das receitas e do pessoal ocupado nos setores considerados produtivos pelo Censo Econômico de 1985.

É flagrante a concentração da atividade e do emprego no Sudeste industrial; entretanto, a simplicidade das relações entre centro e periferia não é capaz de abranger a diversidade de situações presentes na distribuição territorial do sistema produtivo no Brasil dos anos oitenta.

Em primeiro lugar, o grau de concentração territorial é diferenciado, tanto em valor, como no emprego, de acordo com os setores e subsetores da economia. A agropecuária é, como seria esperado, a atividade menos concentrada no Sudeste, onde, empregando um quinto da força de trabalho no campo, é gerado mais de um terço da produção agrária nacional. Situação oposta ao Nordeste, onde quase a metade da população empregada na agropecuária brasileira retira do solo menos de um quinto da produção nacional; nessa região, a simples observação dos indicadores é reveladora das condições de produção vigentes.

O Nordeste e o Norte são as regiões onde a participação do emprego rural supera aquela do valor da produção no total nacional, mostrando estruturas agrárias mais resistentes às transformações econômicas e sociais. No outro extremo, o Centro-Oeste, embora ainda tenha pequena participação relativa no conjunto do agro, responde com cerca de 10% do valor total empregando 5% da força de trabalho que atua na agropecuária brasileira.

A indústria, inclusive a da construção civil, é fortemente concentrada no Sudeste, que responde por 70% do valor da produção e por 64 % do emprego nacional na indústria de transformação e de extração mineral. Entretanto, quando se desagregam os dados segundo os subsetores manufatureiros, a distribuição territorial revela alguns aspectos importantes quanto ao grau de concentração. Em primeiro lugar, os indicadores mais elevados, tanto em valor, como em emprego, estão na indústria de bens de consumo duráveis e de capital, isto é, o "core" da estrutura produtiva nacional, responsável pela sua capacidade de acumulação endógena.

Esse subsetor é normalmente o que apresenta os maiores índices de concentração, mesmo em economias avançadas, justamente porque depende de economias de escala e de aglomeração típicas do padrão vigente no mercado mundial desde a 2ª Revolução Industrial. É evidente que em capitalismos tardios e periféricos a concentração seja maior, seja porque necessita de um mercado doméstico de dimensões nacionais para sua implantação, seja porque seu desenvolvimento e diversificação depende também de sua capacidade de 'criar' mercados inter e intrassetoriais na própria estrutura industrial.

No entanto, apesar da elevada concentração do subsetor, um aspecto relevante deve ser observado na Tabela 4: o Sul, que ocupa a segunda posição, tem maior peso relativo quanto ao emprego industrial do que quanto ao valor da produção. Situação totalmente inversa do Norte, que devido ao deslocamento da indústria eletroeletrônica de consumo para Manaus, é responsável por 5,3% do valor da produção, com apenas cerca de 3% da força de trabalho empregada no subsetor.

Isto pode ser atribuído a vários motivos, desde à idade da implantação industrial até aos favores tarifários e fiscais concedidos para a indústria incentivada na Zona Franca de Manaus. No entanto, a despeito de qualquer consideração mais profunda ou avaliação de mérito, não deixa de ser curioso observar que existe um foco da indústria de bens de consumo duráveis no meio da floresta amazônica.

O subsetor industrial que apresenta índices menos expressivos de concentração, embora ainda sejam bastante elevados, dadas as suas características locacionais, é a indústria de bens de consumo não duráveis. Entretanto, sem procurar incorrer em uma tautologia, não deixa de ser curioso como esse setor final da cadeia industrial acompanha, *grosso modo*, a distribuição territorial da renda, e não da população, no Brasil.

Comparando as duas distribuições temos cerca de 58% da renda e do valor da produção da indústria de bens de consumo não duráveis no Sudeste e, respectivamente e em ordem decrescente, 17,7% e 26,0% no Sul e 13,5% e 11,1% no Nordeste. O Norte e o Centro-Oeste fogem a essa regra elementar devido às condições de povoamento, à consolidação relativamente recente e às menores dimensões relativas dos mercados regionais.

Na verdade, se existe alguma especialização espacial nesse subsetor ela deve ser procurada no Sul e não no Sudeste, já que os estados meridionais detêm uma participação bem maior na produção de bens de consumo não duráveis do que na renda nacional, o que pode ser atribuído à sua história e geografia peculiares, fundadas na colonização europeia e na pequena propriedade familiar.

A indústria de bens intermediários é aquela que melhor responde aos modelos weberianos de localização, na medida em que depende tanto da distância às fontes de matérias-primas, como ao mercado consumidor, isto é, de outras indústrias à jusante na cadeia produtiva. Boa parte da base de recursos naturais, principalmente ferro e metais não ferrosos, conhecida até recentemente no Brasil, estava em Minas Gerais. Da mesma maneira, as principais bacias fluviais com potencial hidrelétrico aproveitável, dadas as condições técnicas atuais, têm sua origem e boa parte do curso com quedas nos Planaltos Central e Meridional.

Mais do que isto, agregue-se toda a infraestrutura de transportes e comunicações herdada do apogeu cafeeiro, que estava disponível para ligar os centros produtores aos portos, de onde provinha a maior parcela do carvão mineral, e às indústrias nascentes nos núcleos urbanos em expansão. Diante deste quadro, sem determinismos geográficos, seria difícil pensar em outra localização para a siderurgia e metalurgia pesada, e de toda a cadeia industrial a elas associada, senão o Sudeste.

Quanto aos bens intermediários, deve-se destacar a química de base, em especial a petroquímica, que compõe um dos estruturantes fundamentais do sistema produtivo que emergiu da Segunda Revolução Industrial. No Brasil, no entanto, a petroquímica é um fato recente que pode ser datada da segunda metade da década de sessenta, quando iniciou-se a construção do Polo Petroquímico de Capuava, em São Paulo. Naquele momento, a produção nacional de petróleo era desprezível e a oferta de nafta abundante, devido à capacidade instalada de refino no Brasil.

No entanto, esse cenário mudou a partir da década de setenta. Primeiro com a implantação do Polo Petroquímico de Camaçari na Bahia, que representou — no que diz respeito ao investimento —, um Programa de Metas em escala regional, alterando significativamente as posições relativas entre a Bahia e Pernambuco, as duas principais economias do Nordeste. Segundo porque, após o primeiro choque do petróleo, e intensificado com o segundo, elevou-se substancialmente a produção nacional de óleo e gás natural "*offshore*" em praticamente todo o litoral brasileiro, com maior ênfase na Bacia de Campos. Multiplicaram-se também as destilarias de álcool etílico no Sudeste e no Nordeste, com os subsídios do PRÓ-ÁLCOOL, e iniciou-se a construção do III Pólo Petroquímico, em Triunfo, no Rio Grande do Sul.

Neste quadro, a indústria química consolida-se durante a fase de integração produtiva do mercado doméstico e, portanto, manifesta uma distribuição territorial bem menos concentrada, o que explica a expressiva participação do Sul e do Nordeste no valor da produção e no emprego do segmento de bens intermediários.

A indústria extrativa mineral sinaliza alguns aspectos interessantes, que podem ajudar na elaboração de perspectivas de localização futura da indústria de bens intermediários. A região Norte já é a segunda área produtora de minérios do Brasil, no que diz respeito à participação relativa no valor total da produção mineral. Mais do que isso, essa posição é completamente distinta no que diz respeito ao emprego, onde ocupa o penúltimo lugar, imediatamente acima do Centro-Oeste.

A descoberta recente de grandes reservas minerais na Amazônia, como é o caso da Serra de Carajás e da Foz do Trombetas, bem como as distâncias a serem vencidas para transformar os minérios em mercadorias, fazem da extração na Amazônia um negócio para grandes empresas oligopólicas, do porte da CVRD ou da ALCOA, com lavras totalmente mecanizadas.

No extremo oposto, está a região Sul, onde predomina a extração carbonífera, com sérias limitações naturais quanto à qualidade do produto. A defasagem entre a participação no valor nacional da produção mineral e na percentagem do emprego de força de trabalho nas minas é muito grande para garantir um futuro tranquilo a esta atividade regional.

Na construção civil, chama a atenção o segundo lugar ocupado pelo Nordeste no cenário nacional. Do ponto de vista de todos os setores considerados, esta é a melhor posição da região na estrutura produtiva brasileira, superando o Sul tanto na participação relativa, tanto quanto ao valor, como ao emprego, e, o que é mais importante, na relação entre eles.

A posição ocupada pelo Nordeste no quadro nacional do setor de construção civil provavelmente tem muito pouco a ver com a produção manufatureira de habitações — embora seja relevante dado ao tamanho de suas metrópoles regionais —, mas sim está relacionado a presença na região de grandes empresas de construção civil, como a ODEBRECHT ou a OAS, cujo peso na economia regional e nacional ainda está para ser avaliado.

Os transportes possuem uma curiosa característica. É o único setor onde a participação relativa no emprego é superior à do valor na região Sudeste. Isto tende a reforçar o que já foi discutido no item anterior quanto à adequação da matriz de transportes. Essa singular característica só é compartilhada pelo Nordeste, já que todas as demais regiões estão em situação inversa.

Especial destaque deve ser dado à região Sul, que concentra cerca de um quarto do valor das receitas de transportes no Brasil. Isto pode ser explicado pela presença, na região, da sede da maior companhia aérea brasileira, a VARIG, bem como a maior atualidade de seus portos, já que foram modernizados e ampliados a partir da década de setenta, como é o exemplo do "superporto" de Rio Grande (RS), bem como do Paranaguá (PR), que são terminais de corredores de exportações agropecuárias, cujas hinterlândias extrapolam os limites do território nacional.

O comércio, assim como a indústria de bens de consumo não duráveis, tem uma distribuição semelhante àquela observada na renda nacional e, de certa maneira, mais ajustada a ela, já que o Norte e o Centro-

Oeste estão bem representados, demonstrando que há uma brecha a ser ocupada no futuro pela indústria regional. Deve ser observada também a elevada participação do Nordeste no total nacional do emprego no setor. Em termos relativos à região, é o segundo setor em importância após a agropecuária, o que ajuda a compreender o papel do segmento mercantil, não apenas como fonte de lucros mercantis para comerciantes, mas também como uma das alternativas de sobrevivência para a população trabalhadora.

Quanto aos serviços, sua expressiva concentração no Sudeste pode ser explicada pela presença das duas grandes metrópoles nacionais na região, onde se localizam as sedes dos principais bancos brasileiros e todas as atividades a eles associadas. De certa maneira, a distribuição das populações metropolitanas é um fator importante para explicar a relativa semelhança entre o Sul e o Nordeste quanto à participação relativa no valor das receitas e no pessoal ocupado no setor.

Para aprofundar um pouco mais a análise das estruturas produtivas regionais, calculou-se a relação entre o valor da produção/receitas e o pessoal ocupado nos setores econômicos por região. Grosseiramente, tem-se um indicador geral de produtividade e rentabilidade que permite algumas comparações limitadas sobre o comportamento setorial das regiões brasileiras referenciado à média nacional (Tabela 4).

Novamente a agropecuária apresenta-se como um setor específico, caracterizado pelos baixos indicadores de produtividade/rentabilidade. Entretanto, pode-se constatar que as duas únicas regiões que estão abaixo da média nacional são o Norte e o Nordeste, que possuem valores muito baixos e próximos entre si, o que

Tabela 4 — Relação entre o Valor da Produção e Receitas e o Pessoal Ocupado — 1985 (Em Milhões de Cruzeiros de 1985)

Setores econômicos	Norte	Nordeste	Sudeste	Sul	Centro-Oeste	BRASIL
Agropecuária	3,1	3,2	16,0	13,2	15,4	8,4
Indústria	176,3	161,9	216,3	163,5	129,6	196,9
- Extração mineral	294,2	87,4	345,5	82,7	122,2	229,4
- Bens Intermediários	111,8	268,7	311,6	191,8	109,1	272,0
- Bens de Consumo Duráveis e de Capital	311,4	107,2	174,7	137,0	62,3	170,2
- Bens de Consumo Não duráveis	109,0	113,4	159,7	163,6	157,9	152,7
Construção Civil	71,3	91,4	88,7	85,5	85,2	88,2
Transportes	122,4	59,3	80,8	120,5	94,3	87,3
Comércio	164,3	145,0	214,2	207,0	204,5	198,3
Serviços	38,7	31,9	45,5	35,0	41,2	41,4

Fonte: FIBGE, Censos Econômicos de 1985.

certamente não é um indicador de eficiência da agropecuária nestas regiões.

Na situação oposta, deve ser destacado que o Centro-Oeste apresenta indicador imediatamente abaixo do Sudeste e superior ao do Sul, demonstrando o caráter avançado, em termos nacionais, da agropecuária regional.

No comportamento da indústria em geral, o Sudeste é a única região brasileira que está acima da média nacional. Entretanto, o que chama a atenção não é isto, e sim que o Norte, o Nordeste e o Sul apresentam indicadores muito semelhantes, o que é uma conseqüência da integração territorial do mercado doméstico. No entanto, quando se desagrega a atividade industrial por subsetores, diferenças marcantes emergem da comparação entre as estruturas produtivas regionais.

Iniciando pela extração mineral, somente duas regiões estão acima da média nacional: o Sudeste e o Norte. Chama atenção que os indicadores destas duas regiões são, pelo menos, equivalentes ao dobro do maior valor apresentado pelas demais estruturas produtivas regionais, o que significa que a produção mineral é altamente diferenciada no território nacional e que a região Norte, conforme já foi dito anteriormente, está se consolidando como uma dinâmica área mineradora.

Na indústria de bens intermediários, o Nordeste apresenta o segundo indicador nacional, superando o Sul no que diz respeito à relação entre o valor da produção e o pessoal ocupado e aproximando-se da média nacional. Isso comprova a importância do Polo Petroquímico de Camaçari, não apenas no quadro regional, mas também no cenário brasileiro.

Quanto à indústria de bens de consumo duráveis e de capital, é notório o elevado indicador apresentado pelo Norte, bem acima da média nacional e do Sudeste, revelando que a indústria eletroeletrônica que se implantou na Zona Franca de Manaus opera com elevada relação capital/trabalho, que a distancia das demais regiões. Esse indicador deve ser relativizado pela possibilidade de que haja maquiagem de produtos importados, o que garantiria uma competitividade 'espúria' à região, usando a denominação de FAJNZYLBER (1992).

Os indicadores da indústria de bens de consumo não duráveis mostram a importância do complexo agroindustrial e suas ligações com a agropecuária regional, pois as três regiões de melhor desempenho — Sudeste, Sul e Centro-Oeste — são justamente aquelas que apresentam índices acima da média nacional no que diz respeito à produção de alimentos e matérias-primas agrícolas.

No que diz respeito à indústria da construção civil,

os indicadores de produtividade/rentabilidade reafirmam a situação peculiar desse setor no Nordeste, acima da média nacional e do Sudeste, o que tende a confirmar que a grande empresa é a principal responsável pela destacada posição do Nordeste na construção civil nacional.

O setor de transportes chama atenção porque é o único em que o indicador relativo ao Sudeste está abaixo da média nacional, e não apenas isso, abaixo também do Norte, Sul e Centro-Oeste, que são regiões onde a estrutura de transporte de carga foi resultante direta da integração territorial do mercado doméstico. Nesse sentido, existem fortes indicadores de que existe um gargalo setorial no Sudeste e que boa parte da renda dos transportes de mercadorias aí produzidas é capturada pelo capital mercantil de outras regiões.

No comércio, a distribuição repete aquela observada na agropecuária com o Nordeste e o Norte, destacando-se por apresentar indicadores abaixo da média nacional. Isto tende a confirmar a importância dos domínios agrário-mercantis que se consolidaram nestas regiões, que conseguem sobreviver pelos mais diversos expedientes e graças à rigidez das estruturas produtivas regionais.

Por final, quanto aos serviços destacam-se os desempenhos do Sudeste e do Centro-Oeste, este último ligeiramente abaixo da média nacional. O motivo dessa distribuição regional do indicador aparentemente está ligado ao papel urbano das grandes metrópoles do Sudeste e de Brasília, enquanto centros nacionais de gestão financeira.

É importante frisar que a integração territorial do mercado doméstico não borrou completamente as peculiaridades das estruturas produtivas regionais, homogeneizando integralmente o espaço econômico nacional. Mais do que isso, a observação das tabelas acima tende a mostrar que este processo criou e recriou territórios econômicos dotados de características peculiares, cujos desdobramentos futuros passam a ser importantes para compreender a totalidade dinâmica da economia nacional e o papel das regiões diante da crise e de sua reestruturação produtiva.

É possível ter uma primeira aproximação ao potencial relativo de cada estrutura produtiva regional a partir da participação que nelas assumem os dois principais complexos industriais da economia brasileira (Tabela 5). É evidente que não se pode perder de vista a dimensão nacional e as fortes ligações de complementaridade entre as frações regionais destes complexos com o núcleo dinâmico implantado no Sudeste, o que determina o próprio ritmo de acumulação endógena no mercado doméstico.

No entanto, o reverso da moeda deve também ser avaliado, pois ao estender seus braços produtivos para outras regiões, as empresas são obrigadas a criar vínculos locais que vão desde a demanda por força de trabalho até serviços financeiros, que alteram as condições de produção e reprodução das estruturas regionais. É evidente que, no nível de agregação de dados da Tabela 5, é impossível uma correta avaliação destas ligações, porém pode abrir caminho para futuras pesquisas neste sentido.

É importante observar que a extensão territorial dos complexos metal-mecânico e químico afetou diferencialmente as estruturas produtivas regionais. Isto por motivos diversos. No Sul, dadas as condições pretéritas de industrialização e integração territorial ao

Sudeste, os impactos foram importantes, porém não determinantes. No Centro-Oeste, dada a relevância do complexo agroindustrial e sua orientação preferencial para a produção de grãos, ainda predominam as indústrias ligadas ao processamento de matérias-primas originárias da agropecuária.

Tabela 5 — Estrutura Regional da Produção Industrial (Em Percentagem do Valor da Transformação Industrial)

Segmentos/ Gêneros	Norte-	Nor- deste	Sudeste	Sul	Centro- Oeste	BRASIL
1 - Metal-mecânica e Eletrônica	42,1	15,8	40,6	23,4	14,6	35,4
- Metalúrgica	4,5	7,7	14,6	6,5	7,2	12,2
- Mecânica	7,2	3,7	10,1	9,4	2,4	9,2
Material de Transporte	7,3	0,9	8,0	3,2	1,1	6,4
- Material Elétrico e de Comunicações	23,1	3,5	7,9	4,3	3,9	7,6
2 - Química	3,5	31,3	19,5	13,6	12,1	19,0
- Química	3,4	30,9	17,3	13,3	11,2	17,3
- Produtos Farmacêuticos e Veterinários	0,1	0,4	2,2	0,3	0,9	1,7
Subtotal (1+2)	45,6	47,1	60,1	37,0	26,7	54,4
Outras Indústrias	54,4	52,9	39,9	63,0	73,3	45,6
Total Geral	100,0	100,0	100,0	100,0	100,0	100,0

Fonte: IBGE, Censo Industrial de 1985

No que diz respeito ao Norte e ao Nordeste, as medidas recentes de política econômica com forte rebatimento territorial, como a implantação da Zona Franca de Manaus e do Polo Petroquímico de Camaçari, que atuaram sobre estruturas produtivas regionais pouco integradas, tiveram efeitos ponderáveis em sua orientação.

Quanto à região Norte, a extensão do complexo metal-mecânico — principalmente nos segmentos da eletroeletrônica de consumo e de montagem de veículos de duas rodas — fez com que o peso relativo deste complexo na estrutura industrial regional fosse superior à média nacional e, mesmo, ao indicador apresentado pelo Sudeste. É evidente que este é um valor relativo e pouco expressivo nas dimensões absolutas do mercado nacional.

No entanto, não se deve esperar que posições conquistadas nesse mercado sejam cedidas facilmente, mesmo considerando as medidas "artificiais" de política econômica que facilitaram a conquista. Na verdade, na lógica do capitalismo tardio e periférico é bastante difícil definir quais são os limites da "artificialidade", a não ser que se caia no discurso vazio em torno da "perfeição" das forças do mercado como fator alocativo.

As mesmas observações podem ser estendidas ao Nordeste, quanto ao complexo químico. Seu peso relati vo de quase um terço do valor da transformação industrial na estrutura regional é único no Brasil e não pode ser desprezado. Significa simplesmente que qualquer alternativa de reestruturação econômica regional deve considerar a importância que assume a química de base, seja a petroquímica, seja a cloroquímica, em sua estrutura produtiva.

O reverso da moeda também é verdadeiro e deve ser considerado quando se discute a política industrial nacional. O peso relativo do complexo químico no Nordeste ou do segmento eletroeletrônico no Norte permitiu a consolidação de grupos econômicos de origem regional que, hoje, possuem dimensões nacionais em seus respectivos complexos industriais, participando decisivamente na definição de seus rumos futuros.

Considerações Finais

O reconhecimento da existência de estruturas produtivas regionais com dinâmicas diferenciadas é fundamental para a definição de metas e instrumentos de políticas públicas para a retomada do crescimento da economia nacional. O processo de integração territorial não foi capaz de vencer as grandes disparidades na distribuição regional da renda, como também a industrialização e a integração produtiva e financeira do mercado doméstico não erradicaram a pobreza da maioria da população brasileira. No entanto, o Brasil é hoje bastante diferente do que era na segunda metade da década de 40, tanto do ponto de vista dos indicadores econômicos, como dos sociais.

A crise do padrão de desenvolvimento, expressa principalmente no esgotamento fiscal e financeiro do Estado, reduziu drasticamente sua capacidade de regionalizar o gasto público e de influir através dos instrumentos convencionais, basicamente incentivos fiscais e creditícios, na alocação do investimento privado no território nacional (BECKER e EGLER, 1993). Nesta conjuntura desfavorável, aquilo que havia sido o elemento de coesão em torno do projeto de integração do mercado doméstico fratura-se em regionalismos de todos os matizes, que vão desde a manutenção de privilégios históricos junto às agências governamentais até a garantia de mercados preferenciais diante do acirramento da concorrência intercapitalista.

É importante destacar que o regionalismo que emerge após a integração do mercado doméstico é radicalmente distinto daquele que a precede historicamente. Primeiro, porque não se tratam de estruturas econômico-sociais articuladas entre si através do comércio de mercadorias, mas sim de parcelas diferenciadas de um mesmo mercado doméstico financeiramente integrado e internacionalizado, onde estão presentes distintas composições entre grupos econômicos, sejam regionais, nacionais ou multinacionais. Segundo, porque posições conquistadas no mercado doméstico, e mesmo mundial, não são neutras às vantagens competitivas obtidas através de localizações determinadas no espaço econômico.

É aqui que reside a principal contribuição deste trabalho. A análise das estruturas produtivas regionais mostra que elas não são 'atrasadas' do ponto de vista de sua composição interna, embora possam ter dimensões absolutas ainda modestas quando consideradas no conjunto do mercado nacional. A questão está em que o potencial de crescimento não reside em dimensões absolutas, mas sim nas relações estruturais entre suas partes componentes, tanto do ponto de vista intra, como inter-regional.

Não resta muita dúvida de que o elevado peso do complexo químico na estrutura produtiva do Nordeste tem implicações sobre sua evolução futura. Assim como também a forte presença do complexo metal-mecânico, principalmente no segmento eletroeletrônico, no Norte, influirá sobre os seus destinos. O que é importante perceber também é que afetarão também o comportamento futuro do mercado doméstico nacional. Não se trata apenas de tentar descrever esta distribuição espacial a partir de uma 'nova' divisão territorial do trabalho, mas por fatores um pouco mais complexos que devem incluir a concorrência oligopólica nas estruturas de mercado, que constituem o "espaço de integração" preferencial destes grandes segmentos produtivos da economia nacional.

O que o discurso conservador procura ocultar é que a dimensão da concorrência já está presente *ex ante* na formulação das políticas macroeconômicas e setoriais, principalmente aquelas que afetam diretamente as regras do jogo no interior dos complexos industriais. Do ponto de vista mais geral, a primeira, e também mais evidente, manifestação disto está na relação entre a política monetária, fiscal e cambial, expressão mais nítida da atuação regulatória do Estado, que deu — e ainda dá — consistência e garante a parcela doméstica do mercado mundial, enquanto território econômico nacional para as firmas que nele operam.

O segundo aspecto, mais relevante no escopo desse trabalho, está na ligação entre as políticas setoriais e a dinâmica das estruturas produtivas regionais. Ela está presente na proposta de criação de Zonas de Processamento de Exportações, no debate acerca da manutenção e ampliação das Zonas Francas e, por final, na definição do MERCOSUL, enquanto instrumento de integração econômica dos países do Cone Sul. Todas estas formulações têm em comum uma característica fundamental: possuem uma nítida dimensão territorial cujos efeitos não são, nem poderiam ser, homogeneamente distribuídos nas diversas parcelas regionais que compõem o mercado doméstico nacional.

Bibliografia

BECKER, B. K. e EGLER, C. A. G. (1993) *Brasil: uma potência regional na economia-mundo.* Rio de Janeiro: Bertrand Brasil.

BERTRAND, Y. e HAY, F. (1987) Système Productif Regional et Reseaux de Relations. *In* FOURCADE, C. (org.) *Industries et Régions.* Paris: Economica.

DINIZ, Clélio C. (1987) Capitalismo, Recursos Naturais e Espaço. Tese de Doutoramento, IE/UNICAMP, *mimeo.*

EGLER, C. A. G. (1991) As Escalas da Economia. Uma Introdução à Dimensão Territorial da Crise. *Revista Brasileira de Geografia,* 53 (3): 229-248 pp.

____(1993) Crise e Questão Regional no Brasil. Tese de Doutoramento apresentada no Instituto de Economia da UNICAMP, *mimeo.*

____(1995a) A Questão Regional no Brasil. *In* BECKER, B. et alli. *Geografia e Meio Ambiente no Brasil.* São Paulo: HUCITEC, 218-234 pp.

____(1995b) Questão Regional e Gestão do Território no Brasil. *In* CASTRO, I.; GOMES, P. C. C. e CORRÊA, R. L. *Geografia: Conceitos e Temas.* Rio de Janeiro: Bertrand Brasil, 207-238 pp.

FAJNZYLBER, Fernando. (1992) Progresso técnico, competitividade e mudança institucional. *In* REIS VELOSO, J. P. (Coord.) *A Nova Ordem Internacional e a Terceira Revolução Industrial.* Rio de Janeiro: José Olympio Ed.: 27-82 pp.

MARKUSEN, Ann R. (1985) *Profit Cycles, Oligopoly and Regional Development.* Cambridge, Mass.: The MIT Press.

MENEZES, Antonio C. e ORTEGA, José A. (1991) *Matrizes Insumo-Produto Brasileiras: 1970, 1975 e 1980. Compatibilização de Atividades e Produtos. Metodologia e Resultados.* Rio de Janeiro: IEI/UFRJ, Série Documentos 15, dezembro

PREBISCH, Raul. (1949) O desenvolvimento econômico da América Latina e seus principais problemas. *Revista Brasileira de Economia* 3 (3), 47-111 pp.

SEDLACEK, Guilherme et alli. (1989) Segmentação e Mobilidade no Mercado de Trabalho Brasileiro: Análise da Região Metropolitana de São Paulo. In IPEA/INPES. *Perspectivas da Economia Brasileira — 1989.* Brasília: IPEA, 393-402 pp.

Parte III

Escala Regional

Redefinindo a Amazônia: o Vetor Tecnoecológico

Bertha K. Becker

No momento em que as tendências de transformação do sistema econômico e político mundial se redefinem, e que se tenta retomar a ação sobre o território em novas bases no Brasil, a questão amazônica assume novos contornos.

A Amazônia brasileira é um dos últimos grandes e ricos espaços pouco povoados do planeta e a grande reserva territorial da sociedade brasileira, mas a biodiversidade e o delicado equilíbrio ecológico regionais tornam o seu desenvolvimento uma incógnita e um desafio às ciências mundial e nacional.

Um primeiro passo para avançar no conhecimento sobre a região é dissipar os mitos e as representações simplificadoras que a envolvem. A Amazônia é parte do Brasil, e seus problemas decorrem das contradições intrínsecas ao modo de inserção do país no sistema capitalista mundial e à acelerada reorganização da sociedade brasileira, embora com feições particulares devido às especificidades regionais. Em coerência com o que ocorreu no país, a Amazônia não é mais a mesma dos anos sessenta — ela se constituiu numa selva urbanizada e industrializada, e a sociedade civil se organizou como nunca antes verificado.

Hoje, a grande fronteira assume novo significado e nova escala, expressando o conflituoso processo de transição para um novo padrão de inserção do Brasil no sistema mundial. Processo que decorre, por um lado, das rápidas e intensas transformações do sistema capitalista no final do milênio e, por outro lado, do esgotamento do modelo nacional-desenvolvimentista dirigido pelo Estado, e da democratização do país. Processo que se materializa em vetores de transformação regional.

O conhecimento da dinâmica desses vetores é imprescindível para qualquer tomada de decisão política, fato que assume crucial importância, tendo em vista que as transformações são intensas, mas o sentido da mudança ainda não está definido, colocando para a sociedade brasileira o desafio da escolha.

O objetivo deste texto é, justamente, através da articulação de informações dispersas com verificações *in loco*, identificar um desses vetores de transformação regional, o vetor tecnoecológico (VTE).

A Transição da Economia de Fronteira para o Desenvolvimento Sustentável

Em termos da relação sociedade-natureza, o paradigma do sistema capitalista, que se generalizou com o industrialismo, é a economia de fronteira (BOULDING, 1966). Nesse paradigma, o progresso é entendido como crescimento econômico e prosperidade infinitos baseados na exploração de recursos naturais percebidos como igualmente infinitos.

Enquanto mais antigas periferias do sistema capitalista, o Brasil e a América Latina foram forjados numa economia de fronteira marcada pelo crescimento econômico através da incorporação contínua de terras, recursos naturais e trabalho servil. E a Amazônia não fugiu à regra.

O regime militar, com seu projeto de rápida modernização da sociedade e do território, levou ao auge a economia de fronteira. Para tanto, o Estado desenvolveu uma tecnologia espacial impondo sobre o território uma malha de duplo controle, técnico e político — a "malha programada", constituída do conjunto de programas e planos governamentais — e abriu múltiplas fronteiras. Mas a estratégia de integração nacional e de modernização conservadora alcançou seu máximo na fronteira da Amazônia, considerada prioridade para estabelecer o equilíbrio geopolítico interno e externo (BECKER, 1982).

O governo federal assumiu diretamente o processo de modernização, implantando rapidamente a malha planejada, cujos componentes são: a) grandes redes de integração espacial; b) superposição de territórios federais aos territórios estaduais; c) subsídios ao fluxo de capital para apropriação privada da terra; d) incentivos à imigração para ocupar o território e formar mão de obra.

Núcleos de modernização típicos são a Zona Franca de Manaus e os grandes projetos minerais. Mas a implantação violenta da malha programada e os privilégios atribuídos aos grupos econômicos resultaram em conflitos generalizados, sociais e ambientais. De início, a luta pela terra e, a seguir, a luta por territórios, acompanhando a escala crescente dos projetos na região. Os conflitos se intensificaram com a crise financeira e política do Estado, revelando que este estendeu suas funções empresariais e regulatórias para além de sua capacidade. Em suma, a fronteira foi um instrumento de consolidação e crescimento do Estado, mas também uma fonte e uma expressão de sua vulnerabilidade (BECKER e EGLER, 1993).

Simultaneamente, os conflitos se acirram devido às transformações da ordem econômica e política mundial, cujos elementos constitutivos são a revolução científico-tecnológica, a crise ambiental e os movimentos sociais. A ação conjunta desses elementos resulta na mudança do paradigma de desenvolvimento baseado na economia de fronteira para um padrão de desenvolvimento sustentável baseado na eficiência máxima e desperdício mínimo no uso dos recursos naturais na valorização da diversidade e na descentralização. O desenvolvimento sustentável é, assim, expressão e instrumento de um novo modo de produzir e um novo modo de regulação (BECKER, 1993).

A revolução na microeletrônica e na comunicação gera o novo modo de produzir baseado no conhecimento e na informação que configura uma nova divisão territorial do trabalho e uma nova geopolítica. Num quadro de economia mundial unificada, os investimentos tornam-se seletivos, verificando-se uma tendência a um verdadeiro zoneamento em escala global, em que se distinguem centros de inovação tecnológica, áreas desindustrializadas, áreas por onde se difundem a indústria e a agroindústria menos sofisticadas, e também áreas a serem preservadas, como a Amazônia, na medida em que o novo modo de produzir valoriza a natureza como *capital de realização atual e/ou futura.*

Simultaneamente, a lógica cultural dos movimentos sociais e ambientalistas, embora por interesses opostos, paradoxalmente, converge para o processo da valorização das diferenças, gerando as mais esdrúxulas alianças organizadas em redes sociais de âmbito igualmente planetário.

Todos esses elementos estão presentes no Brasil e, com maior clareza na Amazônia, que se tornou a síntese contraditória dos modelos industrialista e ecodesenvolvimentista dominantes no final do milênio. Modelos que se concretizam em dois vetores de transformação regional — o tecnoecológico e o tecnoindustrial — resultantes da coalescência de projetos de múltiplos atores, cuja viabilidade repousa, em grande parte, na tecnologia das redes de comunicação. Rompe-se o tripé e novas parcerias entram em cena, indicando a estrutura transicional do Estado e do Território nacionais.

A transição entre um padrão de desenvolvimento que se esgota — a economia de fronteira — para outro que emerge (o desenvolvimento sustentável) envolve todo o território brasileiro. Mas os vetores que dinamizam essa passagem incidem diferencialmente sobre o território em função não só das exigências dos modos de produzir, mas sim, também, das particularidades regionais historicamente construídas.

Compreende-se, assim, porque o vetor tecnoecológico é mais atuante e mais claro na Amazônia, cujo desenvolvimento futuro se tornou questão complexa e híbrida envolvendo um conflito de valores justamente quanto à natureza. Para o novo modo de produzir, a natureza se valoriza como capital de realização futura; para as populações nativas e movimentos ambientalistas ela tem valor como fonte e meio de vida, enquanto é ainda base essencial de recursos para segmentos produtores e para a sociedade brasileira em geral.

Se tais conflitos de valores se materializaram em

fortes disputas, hoje eles configuram diferentes projetos para o desenvolvimento regional. A década de 1980 foi perdida em termos econômicos, mas não o foi em termos de avanço na organização da sociedade civil.

A Sociedade Civil em Organização

O vetor tecnoecológico envolve projetos preservacionistas e projetos conservadoristas. Os primeiros são fruto de interesses distintos: a legítima consciência ecológica que visa preservar a natureza como estoque da vida, e a geopolítica ecológica que visa preservá-la como reserva de valor. Seus principais atores são os governos do Grupo dos 7 e do Brasil, o Banco Mundial, Igrejas e ONGs. Suas metas, contudo, coincidem com as metas de projetos conservadoristas, alternativas comunitárias de "baixo para cima" que, para sua sobrevivência, se aliam a redes sociais transnacionais.

Os projetos conservacionistas referentes a diversas formas de organização de produtores baseados em trabalho familiar geram novas territorialidades — estratégias que buscam influenciar ações através do controle de territórios — resultantes da resistência à expropriação por partes de grupos locais dominados, manifestando-se em conflitos armados e/ou "lobbies" políticos para legitimar a luta pelo território.

A territorialidade de pequenos produtores rurais corresponde a uma estratégia de sobrevivência que se apóia em alianças internacionais com ONGs e diversas igrejas, e com o PT. Sua meta é ter acesso à terra e implementar a produção. A territorialidade das populações indígenas e seringueiras repousa, pelo contrário, no valor de uso da floresta como prerrequisito para sua vida material e cultural, embora os seringueiros, cada vez mais, tentem romper o círculo vicioso do extrativismo tradicional.

O novo patamar de articulação alcançado por estas novas parcerias é patente pelo menos em dois aspectos: a multiplicação de organizações não governamentais de vários tipos e a multiplicação de experiências alternativas para uso da floresta.

Uma das maiores expressões das ONGs é o Grupo de Trabalho Amazônico (GTA). Constituído a partir de iniciativas sobretudo de Brasília e São Paulo, congrega hoje 316 entidades, a maior parte delas constituídas por sindicatos, pela Coordenação das Nações Indígenas, COIAB e por organizações de pequenos produtores rurais.

A leitura da distribuição espacial dessas organizações revela uma outra face da Amazônia, a face da sociedade (Figura 1). Os padrões detectados estão associados à intensidade de conflitos resultante da combinação de vários elementos: estruturas produtivas, sociais e políticas; acessibilidade; origens geográfica e étnica; densidade da população; características dos quadros natural e cultural.

Excluídas as 44 organizações da COIAB, dispersas pelos grandes vales da região, e classificando as entidades em seis categorias — sindicatos e associações de trabalhadores sobretudo rurais, organizações voltadas para o apoio de pequenos produtores rurais, extrativismo, populações indígenas, proteção ambiental e direitos humanos — algumas lições podem ser extraídas sobre a dinâmica regional, tais como:

a) O Acre e a região do babaçu no Maranhão são os que apresentam maior número de organizações respectivamente 33 e 32, seguidos da região de Santarém e

Figura 1

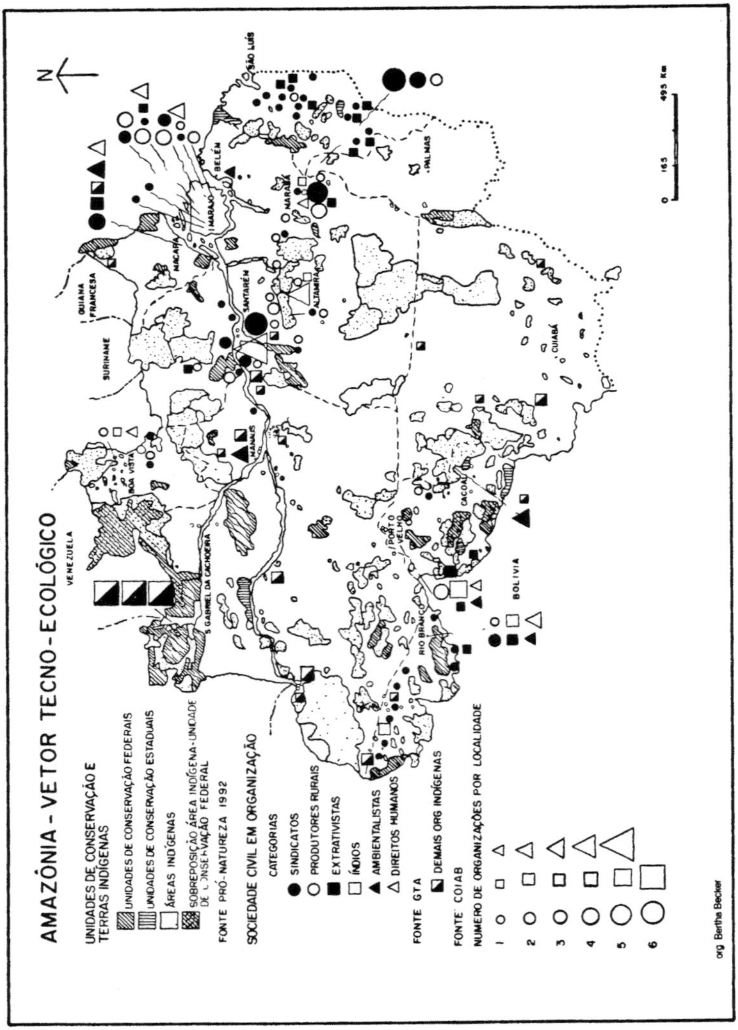
AMAZÔNIA - VETOR TECNO-ECOLÓGICO
UNIDADES DE CONSERVAÇÃO E TERRAS INDÍGENAS
UNIDADES DE CONSERVAÇÃO FEDERAIS
UNIDADES DE CONSERVAÇÃO ESTADUAIS
ÁREAS INDÍGENAS
SOBREPOSIÇÃO ÁREA INDÍGENA-UNIDADE DE CONSERVAÇÃO FEDERAL
FONTE PRÓ-NATUREZA 1992
SOCIEDADE CIVIL EM ORGANIZAÇÃO
CATEGORIAS
SINDICATOS
PRODUTORES RURAIS
EXTRATIVISTAS
ÍNDIOS
AMBIENTALISTAS
DIREITOS HUMANOS
FONTE GTA
DEMAIS ORG INDÍGENAS
FONTE COIAB
NUMERO DE ORGANIZAÇÕES POR LOCALIDADE
1
2
3
4
5
6
org Bertha Becker
VENEZUELA
SURINAME
GUIANA FRANCESA
BOA VISTA
MACAPÁ
MARAJÓ
BELÉM
SÃO LUÍS
SANTARÉM
ALTAMIRA
MARABÁ
PALMAS
MANAUS
S GABRIEL DA CACHOEIRA
PORTO VELHO
RIO BRANCO
CACOAL
CUIABÁ
BOLIVIA
0 165 495 Km

Carajás (25 e 24), bem revelando a intensidade dos conflitos. Em contrapartida, o Estado de Mato Grosso não registra nenhuma organização, e o Amazonas apenas quatro, sendo três ambientalistas. Tal vazio no norte de Mato Grosso parece decorrer do domínio dos grandes projetos pecuários e da colonização privada que deixam pouco espaço para movimentos sociais; no Amazonas é decorrência de ter permanecido à margem da ocupação recente e da circulação rodoviária — e da forte concentração demográfica em Manaus, fatos que o tornam o mais preservado estado da região e explicam, a um só tempo, a ausência de movimentos sociais e o peso relativo das organizações ambientalistas.

b) Um padrão característico corresponde às regiões conflitivas de Carajás, Bico do Papagaio e Santarém, seguidas de Altamira, caracterizado pela força de trabalhadores e pequenos produtores agrícolas expressa no peso de seus sindicatos e associações em luta contra as grandes fazendas pecuárias. Ressalta o Bico do Papagaio, onde 85% das entidades são sindicatos e/ou associações de trabalhadores rurais, enquanto, nas demais áreas, os pequenos produtores têm também significância. No extremo oposto, ainda no padrão agrícola, ressalta Roraima, onde 77% das organizações são de pequenos produtores, enquanto os sindicatos são menos numerosos.

c) Acre, Rondônia e Amapá têm um padrão similar, embora descontínuo, caracterizado pelo peso relativo das organizações de apoio às reservas extrativistas e às populações indígenas, embora a força do sindicalismo seja mais forte no Acre do que em Rondônia e Amapá, onde, em contrapartida, são expressivas as entidades ambientalistas.

d) Combinações diversas se verificam na região do babaçu, onde é forte a aliança entre sindicatos e cooperativas agroextrativistas, sobretudo de posseiros em luta contra os grandes proprietários pecuaristas.
e) Por sua vez, Marajó, em estreita conexão com Belém, apresenta um padrão próprio, diversificado, ao que tudo indica de caráter mais urbano, onde ressaltam as associações de moradores.

Experiências Alternativas Comunitárias: Biosociodiversidade

Associada às novas parcerias, outra importante transformação introduzida pelo vetor tecnoecológico diz respeito à busca de alternativas sustentáveis para o extrativismo tradicional baseado na coleta, por parte das comunidades.

Não há estudo sistemático sobre essas experiências, mas informações dispersas indicam a sua existência múltipla e diversificada, confirmada por pesquisa de campo. Tratam-se de experiências associadas à biosociodiversidade da Amazônia, bem expressando a heterogeneidade de vasta região. Dotadas de grande potencialidade, apresentam, contudo, níveis muito diversos de investimentos, tecnologia e, conseqüentemente, de sustentabilidade.

Cada uma dessas experiências se realiza num dado ecossistema, usado por populações diferenciadas com técnicas diversas, possuindo estrutura produtiva, social e política, bem como parcerias diferentes.

As experiências produtivas sustentáveis no extrativismo são pioneiras, associadas à luta pela criação de reservas extrativistas (Resex). Organizadas em cooperativas, até o momento, contudo, não alcançaram o nível de sustentabilidade almejado, não considerando devidamente as condições de produtividade do sistema florestal.

A mais famosa e consolidada delas é a Cooperativa Agroextrativista de Xapuri, localizada no município de mesmo nome, no Acre. Trata-se de uma Resex que ocupa a área de um antigo seringal, habitada por seringueiros e baseada na extração e beneficiamento da castanha. A organização social guarda feições do antigo seringal, agora sob o comando da administração da cooperativa, sem que se observem avanços significativos nas condições de vida da população. Conta com forte apoio do CNS e do GTA, e financiamentos externos, cujas fontes não são bem conhecidas, que permitiram a construção de um beneficiamento da castanha. No passado, teve suporte vital do Instituto de Estudos Amazônicos (IEA), ONG sediada em Curitiba, hoje extinta, e suas parceiras internacionais, entre as quais, até recentemente, a World Wild Foundation. Exportada para os mercados norte-americano e europeu, contudo, não alcança preço suficiente para superar os custos de produção. Recentemente, conseguiu abrir uma ligação com o mercado interno, a castanha entrando na produção de um confeito numa indústria paranaense.

Segundo o Centro Nacional de Desenvolvimento Sustentado das Populações Tradicionais do Ibama (CNPT), varias experiências extrativistas com populações tradicionais vêm sendo conduzidas por cooperativas, ainda não devidamente avaliadas, como a produção de couro vegetal em Boca do Acre, além de mais quatro incipientes:

— Associações das Resex do Rio Carajá (Amapá) e Ouro Preto (Rondônia), baseadas na produção e comercialização da borracha e castanha. Representam a continuidade do movimento iniciado em Xapuri, que contou com forte apoio do Instituto de Estudos Amazônicos (IEA);

— Curralinho, em Marajó, voltada para a produção e comercialização do açaí com a participação de ONGs não identificadas e apoio governamental da EMBRATER/CNPT/Secretaria Estadual de Indústria e Comércio, bem como da Sebrae;

— Caixa Agrícola do Araras (CAAR), localizada em São João do Araguaia-Marabá, que com a participação do Centro de Educação, Pesquisa e Assessoria Sindical Popular (CEPASP), visa a produção de cupuaçu, embora não haja registro sobre a origem dos pequenos produtores que aí atuam.

Experiência citada pelo CNPT e considerada consolidada é o Projeto Reflorestamento Econômico Consorciado Adensado (RECA), localizado em Nova Califórnia na fronteira entre os estados do Acre e Rondônia. A pesquisa *in loco* revela que ele representa uma inovação bem-sucedida quanto à sustentabilidade, caminhando para um efetivo Sistema Agroflorestal (SAF): representa uma forma de manejo dos recursos naturais que mantém a estruturação florestal e o equilíbrio ecológico com trabalho familiar, baseada no reflorestamento consorciado de castanha, cupuaçu e perpunha e no beneficiamento do cupuaçu, exportado em polpa para o mercado interno. A população do RECA é igualmente particular. Tratam-se de seringueiros e de migrantes, sobretudo do Sul do país, com experiência agrícola anterior inclusive como colonos do Incra em Rondônia. Apoio fundamental à nova iniciativa foi dado pelo Incra, na forma de um Assentamento Rural, e por uma Igreja francesa que provê recursos financeiros e assistência técnica. A organização social e política é totalmente diversa das Resexs; os produtores estão organizados em grupos de lotes, que têm representações na administração central, e regras rígidas definem as condições de entrada e de saída da cooperativa.

Outra experiência com pequenos produtores que merece registro, o CAT, com sede em Marabá, mediante auxílio da Universidade Federal do Pará e de consistentes recursos financeiros da Comunidade Europeia, cuja atuação se estendendo hoje por 1.000km ao longo da rodovia Transamazônica.

É patente a diversidade de parcerias nessas experiências, assim como é patente também o desconhecimento quanto às ONGs e os financiamentos que as envolvem. Ressalta também a diferenciada participação do governo. No caso do RECA há apoio de diversas organizações governamentais que, em outras, estão praticamente ausentes.

Ao que tudo indica, diante da crise do Estado e da autonomia crescente dessas iniciativas favorecidas por redes de articulação local-global, o governo tenta manter um controle mínimo através, por exemplo, do CNPT e do PMACI (Projeto de Proteção do Meio Ambiente e das Comunidades Indígenas), o primeiro visando experiências produtivas extrativistas localizadas em diversos pontos da Amazônia como visto acima, e o segundo voltado para comunidades indígenas da Amazônia Ocidental (Amazonas, Acre e Rondônia).

No âmbito do PMACI, o estado do Acre é o que tem maior número de organizações não governamentais conveniadas, num total de 25 apoiadas pelo programa; vale ressaltar a densidade de ONGs nesse estado em contraposição aos órgãos federais associados ao programa, apenas cinco, bem reveladora da estrutura transicional do Estado e do Território.

Um nível mais sofisticado de experiências alternativas, não registradas, é representado por extensas áreas que, por exaustão de recursos ou fracasso na agropecuária e fim dos subsídios, voltam-se para a pesquisa básica e/ou aplicada em C/T visando construir modelos de desenvolvimento sustentável, "paraísos experimentais". É o que vem acontecendo na Serra do Navio, Mamirauá, Caxiuaná e em outras áreas.

Os Recortes Territoriais do Vetor Tecnoecológico

O VTE se manifesta numa profunda mudança na política territorial a partir de meados da década de 1980, configurando a transição para o "desenvolvimento sustentável". A variável ambiental — entendida como recursos naturais, patrimônio natural e cultural, conhecimento e práticas sociais — foi definitivamente incluída no discurso e na definição de políticas (BECKER, 1993 e 1995).

Em resposta às pressões externas e internas, o Estado toma uma série de medidas que se sucedem rapidamente, culminando com a criação do Ibama (1989), do próprio Ministério do Meio Ambiente e da Amazônia Legal e de mais dois programas cruciais para a Amazônia: a) o Programa Nacional do Meio Ambiente (PNMA 1990/91), mediante empréstimos de US$ 117 milhões junto ao Banco Mundial para execução de ações que conduzissem à melhor gestão ambiental; b) o Programa Piloto para Proteção das Florestas Tropicais do Brasil (PPi 1990/91), por ação conjunta do Governo

Brasileiro, do G7, uma Comissão da Comunidade Europeia e ONGs, com investimentos previstos de US$ 280 milhões, parte através de um Fundo (mais ou menos 20%) e parte através de cofinanciamentos pelos países doadores.

O PNMA e o PPi constituem um instrumento de desregulação no Brasil, o que transparece no caso do PPi em dois elementos. Primeiro, a precisão de seus objetivos — preservar os recursos genéticos e conter os desmatamentos — e a inovação neles introduzida, qual seja, a ênfase na participação das organizações não governamentais (ONGs) como contraponto para controle da aplicação do programa. Segundo, a discrepância entre, de um lado, um poderoso discurso e grandes exigências para liberação de recursos e, de outro lado, os poucos e seletivos recursos prometidos que permanecem muito aquém do total acordado em Genebra quando concluída a negociação do Programa em 1991, e só começaram a ser liberados em dezembro de 1994.

Em suma, trata-se de uma nova parceria e de uma nova forma de planejamento fundadas na aliança entre organizações transnacionais doadoras com forte poder de decisão — grandes bancos, ONGs, governos do G7 — as ONGs nacionais, com forte poder de pressão e atuação, o Governo Federal que vem retomando sua capacidade de controle, e, como visto, os sindicatos e as comunidades, embora por motivos diversos. Só recentemente as empresas privadas nacionais se voltam para o setor.

Na Amazônia, o estímulo à desregulação se manifesta ao nível da política territorial, em dois fatos: 1) *Novos recortes territoriais*, correspondentes à multiplicação de vários tipos de áreas reservadas e projetos comunitários — objeto da preferência dos investimentos do

PPi e igualmente privilegiado no PNMA (Figura 1); 2) *Novos atores*, as ONGs, na definição e implementação da política territorial, que competem com e/ou complementam a burocracia estatal por recursos externos e funções internas.

As Unidades de Conservação (UC) são consideradas pelo IBAMA como o instrumento mais eficaz de proteção da natureza. Tratam-se de áreas geográficas delimitadas com a finalidade estrita de conservação e preservação para fins científicos, culturais e recreativos, definidas por dispositivos legais para guardar e proteger amostras significativas dos diferentes ecossistemas do país (IBAMA, 1991).

Distinguem-se dois tipos de UCs: as de *uso indireto de recursos* são Parques Nacionais (PN) destinados à proteção, educação ambiental e recreação, Reservas Biológicas (Rebios) definidas para proteção e fins estritamente científicos, e as Estações Ecológicas (Esec) cujos objetivos são proteção, pesquisa e educação ambiental; as de *uso direto de recursos* são Florestas Nacionais (Flonas) e Reservas Extrativistas (Resex) que admitem a exploração controlada de recursos.

Foram sendo criadas no país desde a década de 1930, mas é nos anos oitenta que se multiplicam, e particularmente na Amazônia, em face da interiorização do povoamento e da pressão ambientalista, bem revelando a nova fase vivida no país.

A categoria Esec é criada e a Amazônia assume maior significação: em 1989, embora com pequeno número de UCs federais (32), a região correspondia aos estados com maior proporção de áreas protegidas no país. Por sua vez, o Programa Nossa Natureza enfatizou a demarcação de áreas indígenas e a criação de áreas reservadas que se multiplicaram, e no governo Collor foram criadas na região 28 UCs federais, 29 Florestas Nacionais, nove UCs estaduais, quatro Reservas Extrativistas, delimitadas 51 áreas indígenas e homologadas 110.

Somadas às Terras Indígenas, o conjunto de áreas reservadas corresponde a grandes porções do território amazônico, 18% e 6%, respectivamente.

Os novos recortes estão associados aos novos atores acima apontados, ressaltando as ONGs que no Brasil se originaram como um fenônemo do poder autoritário e, hoje, embora ganhando peso político e social crescente, constituem um ator cuja identidade não está definida, correspondendo a formas diversificadas de ação social que variam em propósitos, articulações e tamanho.

A partir de estudos recentes de FERNANDO, R. C. e CARNEIRO, L. P. (1992) e LANDIM (1993), em amostra de respectivamente 102 e 135 ONGs no Brasil, é possível, contudo, assinalar, para o universo de entidades, algumas características básicas reveladoras de seu papel no vetor ecológico.

1 — O caráter recente e dinâmico, manifesto no enorme crescimento a partir da década de 1960 e, particularmente nos anos 80 (pelo menos 50% do total são posteriores a 1980), quando o crescimento revela não apenas a criação de novas como a resemantização de antigas como "ecológicas ou ambientalistas".

2 — A independência em relação ao Estado. Tem o papel de mediadoras, pequenas organizações microarticuladoras que circulam em espaços fortemente condicionados pela força de organizações maiores, sem fins lucrativos, mas que não se confundem com instituições filantrópicas. Ser pequeno é um valor em

termos de eficiência, agilidade e autenticidade afirmado à vantagem comparativa das micro-organizações frente às grandes estruturas. A maioria identifica como suas principais funções as de assessoria, seguida de pesquisa e formação/educação. Neste universo variado, o grupo que mais se aproxima de um conjunto estruturado é o de serviços de assessoria e apoio ao Movimento Popular (AMP).

3 — A organização em redes transnacionais. Sua existência está condicionada à cooperação internacional na medida em que são independentes do Estado, estão no contrapé do mercado e não são instituições filantrópicas. São parcerias voltadas para dilemas globais, tratando-se de uma rede de redes, de abrangência planetária. As articulações dominantes, estabelecidas segundo a importância dos financiamentos recebidos para 102 ONGs, são: Alemanha (57), Holanda (53), EUA (42), Inglaterra (31), Canadá (28), França (27), Suíça (20); entre 15 e 10, figuram Irlanda, Itália e Bélgica, e abaixo de 10 a Suécia, Áustria, Espanha, Dinamarca, Portugal, Finlândia e Luxemburgo.

4 — O predomínio de agências protestantes é inconteste. Tem grande importância orçamentária para quase a metade das ONGs — 45% da amostra de 102 ONGs —, enquanto as agências católicas têm importância apenas para 25% da amostra, revelando uma curiosa inversão quando se tem em mente o predomínio católico entre as ONGs financiadas.

Ao que tudo indica, trata-se de um novo ator versátil, capaz de agilizar — imprimir velocidade — à transformação, contornando a rigidez da máquina do Estado, com quem pode ou não realizar parceria.

A associação dos recortes territoriais com as ONGs, sindicatos e comunidades bem revela a estrutura transicional do Estado e do território. Em outras palavras, a desregulação estimulada pelo vetor ecológico pode significar um movimento para nova regulação associado a um desenvolvimento sustentável mais democrático e flexível ou, pelo contrário, um incentivo à fragmentação. Cumpre ressaltar, por um lado, fato inédito e positivo no Brasil, qual seja, a transferência de terras devolutas do Estado para uso dos seringueiros, caboclos e índios em formas alternativas de organização econômica, social e territorial; por outro lado, em que pese a importância dessas iniciativas localizadas e embrionárias, por enquanto, na prática, grande parte do território amazônico permanece à margem do circuito produtivo nacional e do controle do Estado.

Vale considerar, ademais, que unidades de conservação e terras indígenas podem significar a garantia do poder da União sobre a Amazônia, ainda que imobilizadas, ou seja, uma ação de geopolítica, em termos de soberania e de poder sobre os governos estaduais

Perspectivas

O vetor tecnoecológico tem atuado no sentido de transformar a Amazônia numa fronteira do novo padrão de desenvolvimento, sustentável. E a análise desse Vetor traz algumas indicações e novas questões sobre a transição contemporânea.

1 — A reestruturação contemporânea não decorre apenas das estratégias globais do capital, mas da ação de múltiplos atores, inclusive das sociedades territorialmente localizadas. No caso da Amazônia, é fora de

dúvida que as organizações da sociedade civil e as experiências alternativas, com seus parceiros, têm influído decisivamente na mudança de rumo da política governamental para a região. Fato que se expressa na Política Nacional Integrada para a Amazônia Legal, aprovada em julho de 1995, cujas diretrizes são a reorientação do crescimento econômico, a integração interna e externa e a valorização humana.

2 — Dada a complexidade das relações entre lugares, o desenvolvimento sustentável tem que ser perseguido em sistemas abertos, sendo inútil pensar em sustentabilidade através do isolamento. No caso da Amazônia, as redes de apoio externo têm sido condição de sua existência. Por sua vez, sabe-se que numerosos movimentos sociais animam as fronteiras dos demais países amazônicos, muitos deles conectados em rede com organizações brasileiras, cimentando uma nova escala de ação estratégica, a Amazônia Sul-americana.

3 — Diversidade de caminhos caracterizam o desenvolvimento sustentável, que não deve ser entendido como um produto final e homogêneo seu, e, sim, como um processo de mudança. Caminhos cuja diversidade decorre da remodelagem dos territórios por redes materiais e virtuais que asseguram a relação global-local, bem como da experiência histórica dos grupos locais, em termos de sua cultura, sua organização social e política e de sua capacitação técnica para a produção e gestão. Questões da escala geográfica adequada das diferentes iniciativas e da articulação entre diferentes escalas ainda não estão claras, mas devem também ser consideradas na viabilidade dessas experiências.

4 — O futuro do vetor tecnoecológico na Amazônia é, portanto, imprevisível. Constitui ainda uma incógnita, não só por seu caráter recente e experimental, mas também pelos problemas acima indicados, bem como pelas dificuldades de acesso a mercado. Tendo em vista a importância social desses experimentos e o fato de que são largamente dependentes de financiamentos externos, surge um amplo apoio da sociedade e do governo para alcançar sua consolidação e sustentabilidade econômica. A retração dos financiamentos externos pode acarretar o fim desses projetos, com repercussões perversas aos níveis social e político.

Pelo menos dois componentes da estratégia de sua viabilização parecem necessários: maior incorporação da ciência e tecnologia ao VTE, voltando a pesquisa às demandas das experiências em curso e à inovação, e uma logística de cunho social, capaz de articular as "ilhas" diferenciadas constítuidas pelos projetos alternativos.

Bibliografia

BECKER, B. K. (1982) Geopolítica da Amazônia. Rio de Janeiro: Zahar.

1993 — Globalização e (Des) Integração Territorial no Brasil. *In* O Novo Mapa da Economia Brasileira, mimeo, Rio de Janeiro: IPEA.

1995 — O Papel da Amazônia nos Cenários para o Planejamento Ambiental. *In* Atlas os Ecossistemas Brasileiros e os Principais Macrovetores de Desenvolvimento, Brasília: MMA.

BECKER, B. K. e EGLER, C. A. G. (1993) Brasil, Uma Nova Potência Regional na Economia Mundo. Bertrand — Brasil: RJ.

BOULDING, K. (1966) The Economics of the Coming Spaceship Earth. *In* H. E. Jarret, ed, Environment Quality in a Growing Economy. Baltimore: John Hopkins.

FERNANDES, R. C. e CARNEIRO, L. P. (1991) ONG's Anos 90. A Opinião dos Dirigentes Brasileiros. Núcleo de Pesquisas, Rio de Janeiro: ISER.

LANDIM, L. (1993) A Invenção das ONG's. Do Serviço Invisível à Profissão sem Nome. Tese de Doutoramento. Rio de Janeiro: PPAS.

A CVRD e a (Re)Estruturação do Espaço Geográfico na Área de Carajás (Pará)

Maria Célia Nunes Coelho[1]

Introdução

O Projeto Ferro da Companhia Vale do Rio Doce (CVRD) é um sistema integrado — mina, ferrovia e porto — voltado para a mineração e exportação de ferro da província mineral de Carajás (um dos maiores depósitos do mundo com 18 bilhões de toneladas de ferro de alta qualidade), no Sudeste paraense. Em 1980, o Projeto Ferro da CVRD deu origem ao Programa Grande Carajás (PGC), uma estratégia de desenvolvimento para a Amazônia Oriental.

A Estrada de Ferro Carajás (EFC), de 889,34 km de extensão, que conecta a mina de Carajás (PA) ao porto de Itaqui em São Luís (MA), foi inaugurada em 1985. A viabilização do Projeto Ferro, de sua ferrovia e dos projetos associados tem levado a transformações drásticas da estrutura socioespacial anteriormente vigente nas áreas geográficas de suas atuações.

---

[1] Professora Adjunta do Departamento de Geografia da UFRJ, do NUMA/NAEA da UFPA e Pesquisadora do CNPq.

A compreensão do espaço geográfico de Carajás como um sistema complexo não linear passa pelo entendimento de que as inter-relações, interações e as contradições sociais e espaciais contidas nesse projeto intensificaram-se e complexificaram-se na década de 1980. À medida que se complexificam as relações econômicas, sociais, políticas e culturais, a partir das quais a estrutura se modifica, os estudos clássicos baseados nas relações de causalidade são cada vez mais insuficientes.

Na década de 1970, as interpretações do desenvolvimento desigual das nações e das regiões foram enfatizadas pela correntes da economia política marxista e não-marxista. A corrente marxista achava-se apoiada inicialmente nas ideias de Mandel (*Late Capitalism*, 1975). Na América Latina, esta corrente, influenciada particularmente por André Gunder Frank, foi desenvolvida nos trabalhos dos "estruturalistas" sobre o desenvolvimento e o subdesenvolvimento (COELHO e COTA, 1996). Immanuel Wallerstein contribuiu com a visão de "sistema mundial" capitalista e sua análise das trocas desiguais e das transferência de valor. Christian Palloix e os fundadores da escola francesa de regulação, Aglietta e Lipietz, concentraram-se no exame da internacionalização e na espacialidade desigual do modo de produção capitalista.

Voltados para o exame da geografia global da reprodução ampliada do capitalismo, tais estudos, entretanto, não esclarecem satisfatoriamente as transformações dinâmicas simultâneas entre as estruturas sociais e espaciais que dão origem à construção de espaços deprimidos e às formas de gestão[2] de conflitos sociais, territoriais/espaciais.

---

[2] Por gestão entendemos um conjunto de práticas que "implica necessariamente a negociação (interação) entre as partes" (MACHADO, 1995).

Para a compreensão da estrutura socioespacial do Sudeste do Pará, partiu-se do arcabouço teórico utilizado nos trabalhos realizados por BUNKER (1985) e ALTVATER (1993 e 1995). Estes, baseados em GEORGESCU-ROEGEN (1971, 1976 e 1986), estudam as condições estruturais nos países exportadores de recursos, envolvendo trocas desiguais entre nações e regiões ou entre "economias extrativas" e as "economias de produção" (BUNKER, 1985).

O presente trabalho acha-se também apoiado nas ideias de Prigogine e seus colaboradores acerca dos sistemas em estado de equilíbrio dinâmico, capazes de gerarem novas estruturas e novas formas de organização. Ao estender tais ideias aos sistemas sociais, entendemos que a estrutura socioespacial pode ser abordada como uma estrutura dissipativa. Os processos de dissipação como uma condição da evolução podem implicar mudanças nas estruturas socioespaciais ordenadas e dispersões desordenadas.

A questão preponderante é saber como um processo baseado na transferência geográfica de valor levou à desestruturação/reestruturação socioespacial e à emergência de uma problemática social encontrada em todas as escalas geográficas, desde a diferenciação centro-periferia aos antagonismos entre lugares "desenvolvidos" e lugares deprimidos, entre cidade e campo, entre cidades e entre ambientes urbanos no interior das cidades. Não é possível também ignorar os reflexos de tal processo nos indivíduos, habitantes desses lugares.

Não obstante a ênfase dada em diferentes estudos (principalmente os voltados para os planejamentos urbano e regional) ao papel do Estado e governos locais na estruturação do espaço, o presente ensaio privilegia em sua análise o papel da CVRD (a mais importante empresa presente na região, porém não a única) no intuito de contribuir com a reestruturação/organização dos espaços então desestruturados e desorganizados e assim evitar o acirramento dos conflitos sociais e territoriais em que a empresa se acha envolvida direta ou indiretamente.

No contexto das trocas geograficamente desiguais e da transferência de valor e energia, o presente trabalho ocupa-se, portanto, (a) das mudanças contemporâneas nas estruturas tradicionais e da reestruturação socioespacial e também socioespacial e temporal, ou seja, da emergência de sistemas sociais e espaciais complexos e instáveis nas economias extrativas como a região de Carajás e seus efeitos sociais que se fazem presentes nas diferentes escalas geográficas e (b) da análise dos papéis proeminentes desempenhados pela exploração de recursos naturais e pela territorialização da CVRD na região Sudeste do Pará, a partir da década de 80.

As Condições Estruturais e a Espacialização do Desenvolvimento Desigual das Regiões e das Nações: da Exploração das "Ilhas de Sintropia" à Produção do Caos Social nas Áreas de Economias Extrativas

BUNKER (1985) estabeleceu uma distinção entre "economias de produção" e "economias extrativas" de recursos naturais. Estas últimas, típicas de sistemas econômicos como o amazônico, envolvem a exportação de produtos com baixa incorporação de trabalho e de capital fixo ao valor. As diferenças entre o dinamismo interno dos modos de extração e os modos de produção criam uma troca desigual não somente em termos de valor trabalho incorporado na produção, mas também através da apropriação direta principalmente de recursos não renováveis sujeitos ao rápido esgotamento. Neste contexto, o subdesenvolvimento é a materialização no tempo e no espaço de um avanço na degeneração de processos físicos e sociais.

Ainda que um rápido crescimento da renda regional ocorra nas economias extrativas, num prazo relativamente curto, o fluxo de energia e de matéria das economias extrativas para as economias de produção provoca uma redução na complexidade e potencialidade de poder das economias extrativas, no longo prazo.

A sociedade industrial desenvolveu e continua recorrendo às ilhas de sintropia[3] do mundo. A exportação de sintropia das economias extrativas para as produtoras corresponde ao aumento da desordem ou do caos nas primeiras, enquanto responde pelo crescimento em ordem nas segundas. Em outras palavras, "em consequência da globalidade do ecossistema terra pode-se elevar a sintropia em determinadas regiões, enquanto em outras a entropia é aumentada sobremaneira" (ALTVATER, 1993: 12).

A ordem das ilhas de sintropia diminui irreversivelmente com o esgotamento dos recursos naturais. Com base nas formulações da termodinâmica, cada processo de transformação de matéria e energia resulta em um aumento irreversível da entropia (ou uma diminuição da sintropia). Grande parte da energia é dissipada

---

[3] O conceito de sintropia, utilizado por E. ALTVATER, descreve "o estado de um sistema (fechado) de elevada ordem. Entropia é a quantidade que mede o grau de transformação ou evolução de um sistema físico". Sintropia "poderia também ser traduzida como um estado de baixa entropia. Contudo, neste caso o conceito é preferido, por que a entropia se refere essencialmente a fluxos energéticos, isto é, à conversão de energia livre em energia vinculada. A sintropia, entretanto, pode também designar estado de elevada ordem material" (ALTVATER, 1995: 45).

na atmosfera, na litosfera e na hidrosfera. Há, portanto, uma exportação de entropia para outras regiões onde se dará a elevação do caos social. Além do mais, os países ou regiões de produção importam "sintropia" sob a forma de recursos materiais e energia e "exportam" rejeitos e despejos líquidos e gasosos.

Mais do que isto, a exploração das ilhas de sintropia nas economias extrativas características tem levado à ocupação e posterior produção de periferias deprimidas e grandes misérias nas escalas regionais/locais. A região Sudeste do Pará contém ilhas de sintropia, cuja exportação (ou redução) tem conduzido a uma elevação da entropia com redução da ordem e, portanto, aumento do caos social. Nesta região, a instabilidade estrutural instalou-se com a exploração das ilhas de sintropia (como os casos de Serra Pelada e das periferias pobres das cidades de Parauapebas, Curionópolis, Eldorado de Carajás e Marabá, situadas nas proximidades de ilhas de sintropia). A materialização do caos social nessas áreas corresponde à espacialização da miséria refletida nos indicadores de renda, saúde e educação.

É importante ressaltar que as constatações aqui apresentadas não dizem respeito a uma posição determinística de que a redução da sintropia leva inexoravelmente ao caos social, porém significa que esta tem sido a experiência nos países e nas regiões de economia extrativista. Ao se constatar a irreversibilidade na diminuição da ordem, não se está, entretanto, negando a possibilidade e a positividade da auto-organização dos sistemas sociais (discutida por DUPPY, 1990), face às ações individuais ou coletivas de dar coerência ou ordem ao caos.

A Industrialização e o Desenvolvimento Econômico

Segundo a teoria da base de exportação de D. North (1964 e 1981), as exportações são o móvel do crescimento de uma região. São elas que deflagram um processo multiplicador que permite um desenvolvimento autossustentável. No entanto, riqueza de matérias-primas não é garantia de dinamismo econômico nem de formação de uma estrutura social e econômica que a suporte (ALTVATER, 1993:38).

O ferro de Carajás é exportado praticamente *in natura* ou inacabado, de maneira que a criação e a realização de valores adicionais ocorrem em benefício de outras economias. Existem baixos níveis de *linkages* com outras atividades econômicas na mesma região, i.e., poucos laços foram desenvolvidos com os demais segmentos industriais e/ou com os outros segmentos da economia local/regional, estimulados, direta e/ou indiretamente, pela exploração ferrífera.

No âmbito do PGC, os esforços de ampliar *linkages* foram concentrados na industrialização do ferro de Carajás, estimulando-se a transferência de guserias do Sudeste (especialmente de Minas Gerais) para municípios ao longo da ferrovia. As guserias, entretanto, detêm, contemporaneamente, uma pequena margem de lucro face ao preço extremamente baixo de ferro gusa no mercado. Elas, por sua vez, têm gerado poucos ou nulos efeitos multiplicadores no sentido de servir de motivação ao desenvolvimento de outras atividades, além de estimularem o desmatamento e a produção do carvão vegetal.

Estímulos foram também dados à industrialização da madeira, atividade já existente na área desde a década de 1970. A efemeridade das serrarias será fatal se continuar no nível tecnológico atual, produzindo tábuas e pranchas. O salto tecnológico só ocorrerá quando se partir para produtos de qualidade, apropriados e adequados pela engenharia da região: casas, barcos, móveis, laminados, compensados de alto valor agregado, para uso local e exportação.

Apesar da importância atribuída à industrialização pelo PGC, verifica-se uma ausência de um desenvolvimento industrial significativo na região. Marabá, selecionada para ser um dos polos de crescimento, não se converteu no centro de crescimento dinâmico como planejado. Ainda não houve a multiplicação esperada de indústrias de grande, médio e pequeno portes. Com o contínuo aumento populacional cresce o desemprego e o subemprego na cidade.

Em suma, na região de Carajás, a economia mantém-se essencialmente extrativista. É ainda de se esperar um alto grau de flutuações na capacidade de emprego e da mobilidade espacial da classe trabalhadora, dada a natureza não renovável dos recursos minerais e a busca crescente de alta produtividade do capital investido.

A Formação de Uma Nova Estrutura Socioespacial e Espaçotemporal na Área de Carajás

Para a análise do sentido da reestruturação e da geração de uma nova estrutura socioespacial, recorremos inicialmente às seguintes considerações sobre o conceito de reestruturação realizadas por E. Soja:

> "A reestruturação, em seu sentido mais amplo, transmite a noção de uma 'freada', senão de uma

> ruptura nas tendências seculares, e de uma mudança em direção a uma ordem e uma configuração significativamente diferentes da vida social, econômica e política (SOJA, 1993: 193)."
>
> "A reestruturação não é um processo mecânico ou automático, nem tampouco seus resultados e possibilidades potenciais são predeterminados. Em sua hierarquia de manifestações, a reestruturação deve ser considerada originária de e reativa a graves choques nas situações e práticas sociais preexistentes, e desencadeadora de uma intensificação de lutas competitivas pelo controle das forças que configuram a vida material (SOJA, 1993: 194)."

Os marxistas têm centrado muito de seus estudos na análise do entrelaçamento das estruturas sociais e espaciais, e mais ainda, no exame de uma dialética socioespacial que é, simultaneamente, parte de uma dialética espaçotemporal, uma interação tensa e repleta de contradições (SOJA, 1993). Acreditamos, porém, que o sentido da estrutura socioespacial e a análise da formação e transformação das "matrizes espaciais e temporais", como partes integrantes dos estudos da espacialidade da estruturação e da reestruturação da sociedade, podem ser ainda mais enriquecidas pelos avanços contemporâneos no exame dos sistemas complexos na física.

A noção de sistema dissipativo, produtor de entropia, implica a noção de um estado atrator. A estrutura é vista aqui como um atrator sobre a trajetória do sistema. A instabilidade dinâmica pode provocar a passagem da trajetória de um atrator a outro, de uma estrutura a uma outra estrutura. Segundo PRIGOGINE (1992: 73), "atualmente, a noção de atrator simboliza a diversidade qualitativa dos sistemas dissipativos". Até há pouco tempo atrás, a existência de um atrator fora sinônimo de estabilidade e de improdutividade.

As perturbações ou mudanças nos sistemas podem causar, portanto, consequências irreversíveis, representando a passagem de uma estrutura a outra estrutura de evolução dissipativa caracterizada por um estado atrator. Esta passagem de uma trajetória de um atrator a outro é um exemplo de "instabilidade estrutural". É importante considerar que situações aparentemente similares podem passar por evoluções divergentes. Isto reforça a ideia de imprevisibilidade.

Quando novos agentes exploradores de ilhas de sintropia são introduzidos num sistema onde até então um número determinado de elementos dominavam o seu comportamento, de modo a lhe garantir uma certa estabilidade estrutural, o sistema torna-se instável. Esta instabilidade pode se tornar uma fonte de desordem que originará um novo comportamento do sistema, que terá uma estabilidade temporal. Porém, este novo estado de ordem evoluirá por sua vez, obedecendo a um contínuo processo de vir-a-ser que caracteriza todos os sistemas abertos.

Até os anos de 1970, a região Sudeste do Pará caracterizava-se por uma estrutura societal relativamente estável. Neste espaço se inscreviam as ações dos membros das elites regionais/locais e das instituições por elas cooptadas. Esta estabilidade socioestrutural decorria do conjunto das relações sociais desenvolvidas a partir dos monopólios do poder regional/local exercidos pelos donos dos castanhais e comerciantes da castanha. A partir da década de 1960 e, particularmente, da década de 1970, entretanto, novos atores sociais (empresários de diferentes setores, fazendeiros individuais e migrantes) foram introduzidos neste sistema. À população tradicional composta de ex-trabalhadores nos castanhais, de ex-coletores independentes da castanha e pequenos posseiros desterritorializados somaram-se grandes levas de migrantes sem-terra e de colonos atraídos pelos projetos de colonização ao longo da Transamazônica. O processo de ocupação, desde o início, tem sido violentamente marcado por inúmeros conflitos sociais que se expressam também como conflitos espaciais/territoriais.

Desde 1980,[4] um outro influente ator, a CVRD, se implantou na região, delimitando como seus territórios particulares a Província Mineral de Carajás (uma área de cerca de 411.948 ha, sendo apenas 2,6% deste total ocupados com as minas e as instalações de beneficiamento e o Núcleo Urbano), áreas menores situadas ao longo da ferrovia e áreas vizinhas à Província Mineral de Carajás sob sua proteção.[5] Com a descoberta de Serra Pelada em 1979, garimpeiros foram atraídos para a região (uma população estimada em 60.000 em 1982). O surgimento e ressurgimento de vários movimentos sociais no campo e na cidade (envolvendo garimpeiros, ex-colonos, ex-posseiros e índios) — apoiados ou não pela Igreja e pelos partidos políticos — tensionaram o

[4] A CVRD, inicialmente em associação com a Meridional, está presente na região desde 1970. Entretanto, a partir de 1980 sua presença torna-se mais efetiva com o início das obras de construção da Estrada de Ferro Carajás e do terminal portuário em São Luís.

[5] Estas incluem três Unidades de Conservação (a Reserva Biológica de Tapirapé-Rebio, com 103.000 ha; a Floresta Nacional do Tapirapé-Aquiri – Flonata com 190.000 ha e a Área de Proteção Ambiental do Igarapé Gelado - APA, com 21.600 ha), criadas em 1989 pelo Instituto Brasileiro do Meio Ambiente e recursos Naturais Renováveis – IBAMA e uma reserva indígena (a Reserva do Cateté dos índios Xicrins, com 439.150 ha), através de convênio com a fundação Nacional do Índio (FUNAI). Tais áreas fazem parte também do rígido esquema de controle da CVRD sobre as populações e as atividades exercidas em Carajás.

processo de produção do espaço, na década de 1980. Os movimentos sociais, vistos como atores sociais, passaram a competir com os demais atores sociais pelo controle da reestruturação espacial.

A estabilidade socioestrutural rompida tornou-se fonte de um novo comportamento espaçotemporal do sistema. Nesta nova situação, as elites regionais não mais possuem o monopólio do comando da vida econômica e política. Além de tentar deter alguns postos de direção política, elas se articulam com novos elementos, dando origem a uma diversidade de arranjos de poder. Estes arranjos, todavia, são dinâmicos, alterando-se de acordo com as contingências.

Como resultado dos padrões perturbados, nas áreas de extração de recursos do sudeste do Pará, aumentam a complexidade dos problemas sociais, a densidade populacional, a mobilidade espacial e ocupacional dos trabalhadores, a urbanização e os sucessivos desmembramentos territoriais para geração de novos municípios. Esta última, como todas as demais consequências citadas, também ressalta as rupturas recentes no padrão da estrutura socioespacial tradicional.

A combinação de interesses diferenciados de velhos e novos atores sociais favorece, entre outras coisas, os rearranjos das relações sociais de poder, as fragmentações territoriais e, consequentemente, as mudanças, as sucessivas divisões de municípos, as competições entre municípios e a formação e transformação da rede de cidades[6] (ainda que este último aspecto não seja objeto de análise no presente trabalho). A reestruturação social

---

[6] No processo de reestruturação, a rede de cidades integrada às redes de circulação de pessoas, mercadorias, dinheiro e informações está sendo dinamicamente construída e reconstruída.

poderá levar à criação de novos recortes espaciais, como a criação de novos estados. As lutas pela criação de novos municípios e/ou novos estados não se restringem somente ao âmbito dos políticos, mas são também assumidas pelos movimentos sociais e pelo conjunto da população.[7] As lutas, no entanto, são expressões das rupturas dos velhos arranjos de poderes e a emergência dos novos, que aí tentam se impor. Neste processo, a distribuição de população e de atividades e a urbanização têm importantes papéis a desempenhar.

a) A espacialização da reestruturação social

Inicialmente, a abertura da Transamazônica e o asfaltamento da PA-150 contribuíram para ampliar a migração para a região, multiplicando os núcleos de povoamento urbano e rural na década de 1970. Com a construção da hidrelétrica de Tucuruí, com a instalação do Projeto Ferro Carajás e a proliferação dos garimpos, principalmente Serra Pelada, novos núcleos urbanos emergiram. Dentre estes núcleos destacam-se os núcleos criados pela CVRD, como o Núcleo Urbano da Serra dos Carajás, o núcleo urbano de Parauapebas no sopé da serra e o núcleo de ocupação espontânea, como o Rio Verde (hoje um bairro de Parauapebas), situado nas

---

[7] Segundo Lia Machado:

> "Se é fato, muito antigo no país, que a autonomia municipal é incentivada por políticos locais com o intuito de criar 'currais eleitorais', isso não deve ser confundido com o desejo real da população em obtê-la, basicamente, por entender que a autonomia municipal pode ser a via de acesso a serviços sociais básicos, construção de infraestrutura, oferta de emprego público, e escolha de representantes que defendam suas reivindicações de 'desenvolvimento econômico da região', frase presente em faixas e cartazes das campanhas por autonomia municipal pelo Brasil afora". (MACHADO, 1995: 17).

proximidades do núcleo inicial de Parauapebas. Outros emergiram como pontos de apoio do garimpo de Serra Pelada, como Curionópolis (antigo Quilômetro 30 ou apenas Trinta) e Eldorado de Carajás (antigo Quilômetro 3) ao longo da PA-275. Assim, muitos desses centros evoluíram, adquiriram população e respaldo político que lhes permitiram dar origem a novas cidades, a partir do final da década de 1980 (Figuras 1 e 2).

A partir da segunda metade da década de 1980, a aceleração do processo de urbanização associa-se à decadência local das atividades de garimpo. Assim, os antigos núcleos urbanos locais, hoje cidades, tenderam cada vez mais a abrigar populações rurais e/ou garimpeiras, populações mal assimiladas ou mal integradas localmente e, por isso mesmo, móveis.

A malha urbana regional vem sendo continuamente redesenhada (Figuras 1 e 2). O município de Marabá, com uma área de 37.373 km^2 em 1980, reduzida atualmente para 15.157,9 km^2, vem sofrendo desmembramentos recentes. Em 1988, do município-mãe (Marabá) foram emancipados os municípios de Parauapebas (tendo como sede a cidade que englobou o antigo núcleo de Parauapebas e o núcleo de Rio Verde) e Curionópolis. Em 1991, foi criado o município de Eldorado de Carajás. A partir daí tem início uma divisão sucessiva de municípios. Ainda em 1991, de Parauapebas e Xinguara foi desmembrado o município de Água Azul do Norte. Em 1994, o município de Canaã de Carajás, um novo desmembramento de Parauapebas, foi aprovado, tendo como sede o então Centro de Desenvolvimento Regional II (CEDERE II), o núcleo mais importante do projeto de colonização (Carajás I, II e III), criado pelo Grupo Executivo das Terras do Araguaia-Tocan-

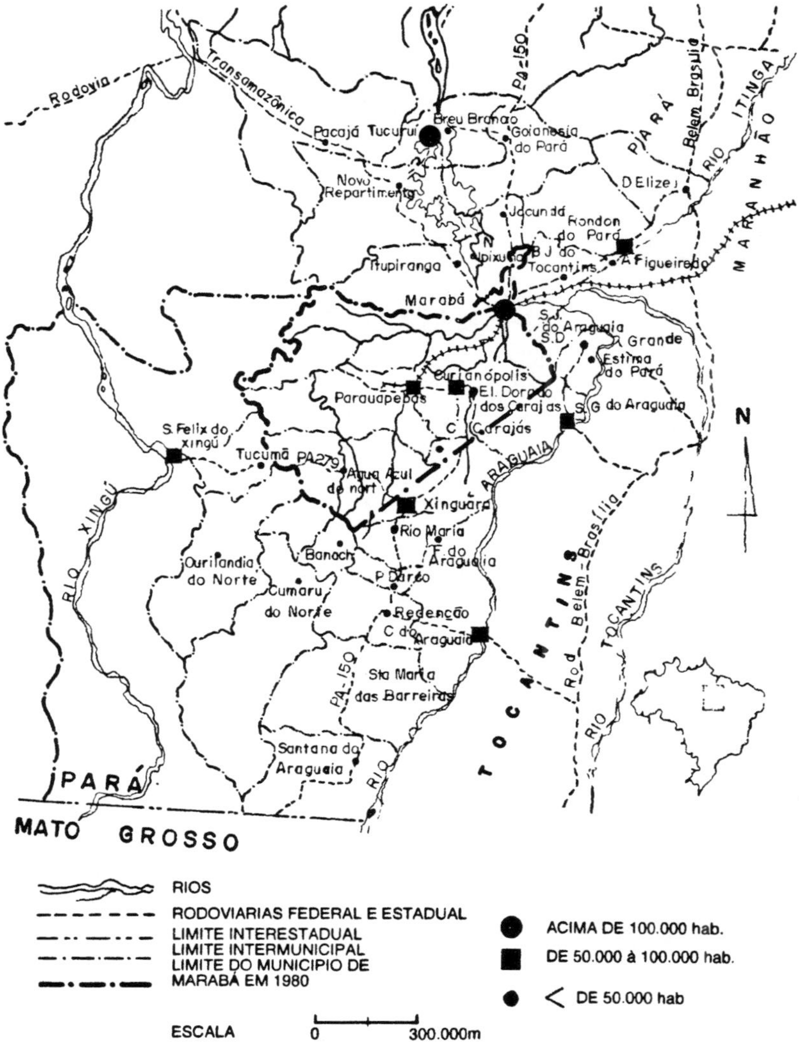

Figura 1 — *População por municípios em 1991*

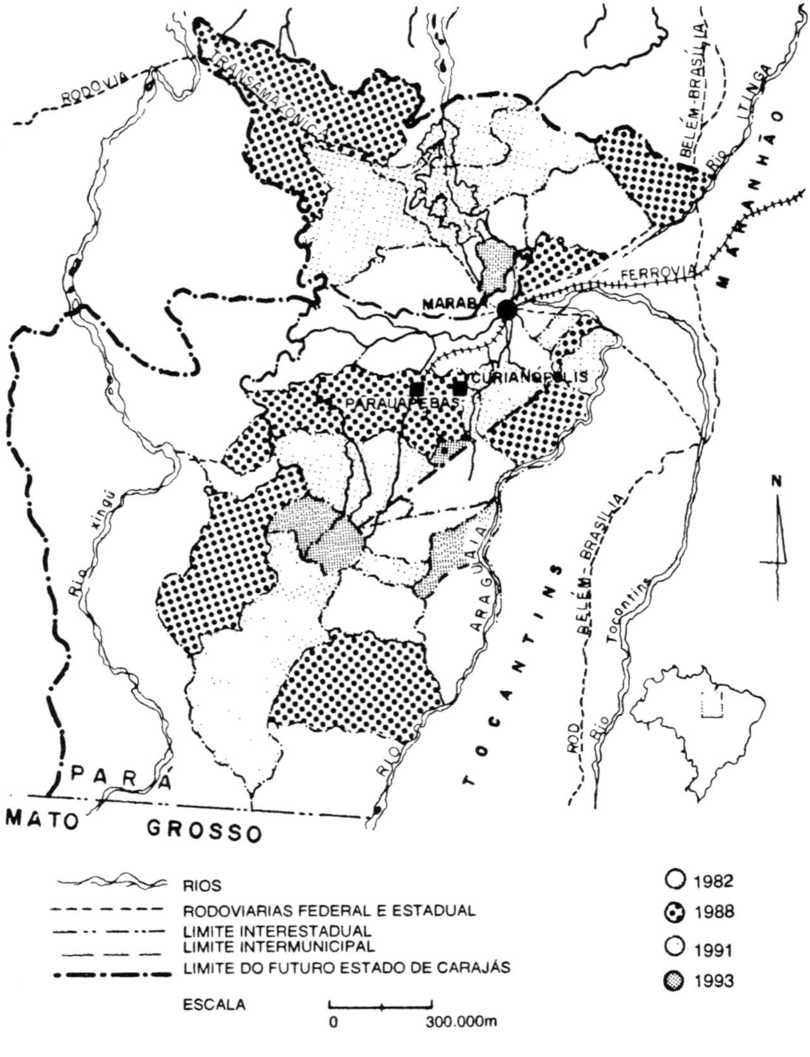

Figura 2 — *Municípios criados durante as décadas de 80 e 90*

tins (GETAT) em 1980, e desde 1987 sob jurisdição do Instituto Nacional de Colonização e Reforma Agrária (INCRA). Todos estes municípios contaram ou contam com a possibilidade de recebimento dos *royalties* da CVRD e os recursos fiscais de fora, como o Fundo de Participação dos Municípios, para se viabilizarem.

Há uma competição entre municípios velhos e recentes pela atração de maior número de pessoas e de atividades e/ou funções (capazes de gerar empregos e de ampliar as receitas locais) que os viabilizem. Este é o caso, por exemplo, da recente competição entre os municípios de Parauapebas e Marabá. Este último, que tinha perdido o minério de Carajás para Parauapebas e o ouro de Serra Pelada para Curionópolis, disputa com o primeiro, Parauapebas, a localização da indústria beneficiadora do cobre ligada ao Projeto Salobo da CVRD. A mina situa-se em território marabaense, porém próxima à cidade de Parauapebas, área mais facilmente controlada pela CVRD.

Por sua vez, nos espaços correspondentes aos novos municípios, novos pretendentes ou candidatos a município também lutam para sediar outros projetos da CVRD. Por exemplo, este é o caso de Canaã de Carajás que, contando com a concretização futura do projeto níquel do Vermelho, se desmembrou de Parauapebas, e poderá ser o caso de Serra Pelada, a ser tratado posteriormente neste capítulo.

A nível mais amplo, a luta por recursos e pelo poder evidencia-se nos esforços de criação do Estado de Carajás. Os movimentos de criação de municípios e do Estado de Carajás não podem ser apontados apenas como exemplo de luta por mais recursos financeiros e mais poder, mas, principalmente, como tentativas de materializações no espaço e no tempo das transformações nas relações sociais e espaciais em processo.

Tabela 1 — População do Município de Marabá e dos Municípios Dele Originados

Município/Anos	1989	1990	1991	1992	1993	1994
Marabá		132.186	145.845	140.915	143.137	140.133
Curionópolis		54.256	54.516	54.662	33.971	33.118
Parauapebas	22.067	46.420	59.668	58.638	55.593	56.281
Eldorado de Carajás					17.801	17.654
Canaã de Carajás*						7.564
Água Azul do Norte*						7.723
Total	22.067	232.862	260.029	254.215	250.502	262.473

Fontes: FNS, IBGE*

Atualmente, o crescimento populacional se verifica não mais em torno dos outrora pontos de apoio do garimpo — Curionópolis e Eldorado do Pará — mas em direção a Marabá e Parauapebas, onde as firmas se localizam, aumentando-lhes, entretanto, o contingente de população desempregada (Tabela 1). Ainda sem muito sucesso, para evitar a perda de população e a evasão do comércio, a prefeitura de Curionópolis vem tentando a renovação urbana, num esforço de mudanças de imagens (da imagem de uma imensa área de prostituição de Serra Pelada para a imagem de uma cidade estruturada) e de funções. Assim, Curionópolis está sendo preparada agora para abrigar cada vez mais fazendeiros e mão de obra disponível ao trabalho no campo e para o comércio voltado para o atendimento das atividades agropecuárias.

Em resumo, o crescimento populacional, a urbanização acelerada, os novos arranjos de poder que viabilizaram, em parte, a formacão de novos municípios e que poderão, no futuro, viabilizar a criação do Estado de Carajás estão associados à ruptura de equilíbrio e a mudanças significativas das estruturas econômicas e sociais tradicionais.

b) Exemplos de cenários urbanos contrastantes

Em Parauapebas veem-se duas cidades: uma ordenada, fechada, nos padrões de uma *company town* e outra desordenada, aberta ao fluxo imigratório onde um estado de caos social impera (Figuras 3, 4 e 5).

A CVRD construiu uma cidade com capacidade para 6.400 pessoas na Serra Norte para dar apoio às operações em Carajás. Neste núcleo urbano, a população conta com serviços como: hospital (1), escola (1), bancos (4), centro comercial, supermercados (2), estação rodoviária, linhas aéreas (2), aeroporto comercial, atividades de lazer inclusive clubes (2), estações de tratamento de água e esgoto e canais de TV brasileiros (CVRD, 1995: 9).

Lia Machado, ao analisar a hierarquia de cidades e ao mencionar a possibilidade da existência de funções urbanas características de um nível hierárquico elevado em centros de pequena dimensão, mostra ser este "o caso das *company towns*, como a da Cia Vale do Rio Doce em Carajás, onde a empresa pode produzir uma "sinergia vertical", a cidade sendo uma extensão de sua linha de produção"(MACHADO, 1995: 15).

O desenho quadricular da cidade revela seu traçado cuidadosamente planejado. O local das residências e os ambientes comunitários — escola, clubes, praças, comércio etc. — obedecem a rígidas disposições. Similar a todas as *company towns*, os padrões das casas refletem a hierarquia dos funcionários da empresa, a mesma hie-

Figura 3 — *Área da CVRD em Carajás*
Município de Parauapebas — PA

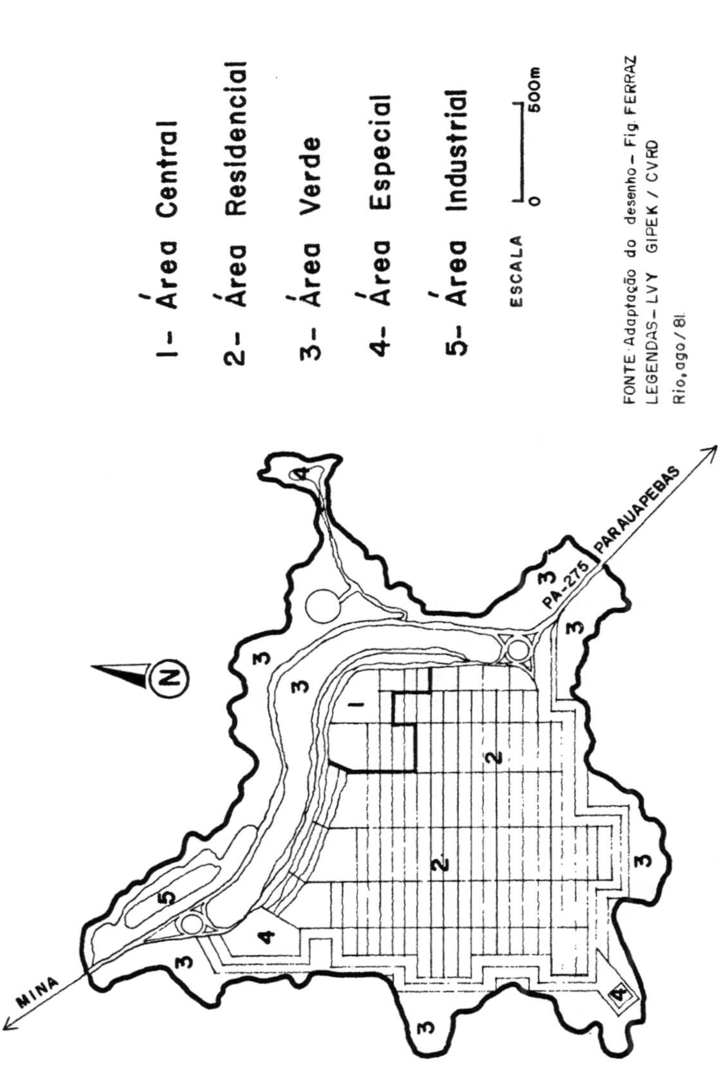

Figura 4 — *Núcleo urbano de Carajás*

rarquia do local de trabalho. Para cada nível hierárquico há uma monotonia de casas idênticas separadas uma das outras por pequenas cercas (cercas vivas de, no máximo, 1 metro de altura) (OLIVEIRA, 1992: 241). Uma cerca maior, de 4 metros de altura, isola o núcleo da mata, protegendo-o dos animais selvagens. Nas diversas esquinas e nas praças há placas com dizeres escritos com finalidades pedagógicas, voltadas para a educação ambiental dos residentes e dos visitantes.

O local de moradia é uma extensão do local de trabalho. As conversações entre vizinhos giram em torno de assuntos de trabalho e de fofocas pessoais. Funcionários e seus familiares passam a maior parte de seu tempo confinados em espaços destinados ao seus usos exclusivos, exercendo atividades supervisionadas. Ali, não há como escapar da ordem e do estresse do ambiente de trabalho.

Não há privacidade dos moradores. A vida privada dos moradores da serra é amplamente absorvida e controlada pelos vizinhos e pela empresa que lhes regula as ações. A companhia cobra-lhes inteira aceitação das regras de procedimento no núcleo.[8]

---

[8] Sobre este assunto escreveu Oliveira:

"A questão central, contudo, é que todos são funcionários da CVRD. Convivem 24 horas por dia, no trabalho e na moradia. Os conflitos apontados têm menos relação com o nível de renda, e mais com a falta de liberdade e ausência de identidade com o lugar. Os moradores têm necessariamente que com-viver. A ausência de identidade se deve às imposições presentes no projeto, e em seus princípios filosóficos" (OLIVEIRA, 1992: 240).

"Carajás é uma 'cidade fechada' na qualificação de seus moradores. O projeto a impôs. As imagens veiculadas e a situação física foram incorporadas por todos, desde os funcionários mais graduados da CVRD, até os operários semiqualificados que se referem a Carajás como 'cidade fechada'. Este caráter de isolamento foi dado, desde o início, pela própria localização do espaço urbano — situado a 650m de altura e cercado de densa floresta por todos os lados e, em um momento, pelo controle diretamente exercido pela empresa" (OLIVEIRA, 1992: 243).

No Núcleo impera ainda uma disciplina formadora de caráter que a família, a vizinhança, a escola absorvem da companhia. Ela remodela cada instituição segundo a sua própria imagem, justificada nos termos de segurança, eficiência e qualidade total e outros critérios por ela reconhecidos. Enfim, verifica-se ali uma eliminação do casual, de tudo que é promíscuo e imprevisível.

A 25 km do núcleo, no sopé da serra, fica o portão que separa o território da CVRD da cidade de Parauapebas (Figura 5). O portão é permanentemente vigiado por guardas de segurança, que fiscalizam os documentos dos funcionários residentes e seus familiares, dos demais funcionários da CVRD ou de suas firmas subcontratadas e dos visitantes cuja entrada pode ou não ser permitida (medida de discutível legalidade).

Enquanto o Núcleo da Vale é povoado por pessoas em número limitado, todas elas empregadas na CVRD, Parauapebas é povoada por proprietários de terra, comerciantes e funcionários da CVRD, empregados e ex-empregados de suas subcontratadas e um sempre crescente número de trabalhadores chegantes, sem emprego e sem terra. Parauapebas foi planejada como um núcleo secundário para abrigar os trabalhadores das firmas subcontratadas e os imigrantes à procura de emprego. Ao mencionar a "flexibilização" da força de trabalho que caracteriza o projeto da CVRD em Carajás, J. T. Roberts denominou Parauapebas como "Cidade de Subcontratados" (*City of Subcontractors*) (ROBERTS, 1991: 29).

A população de Parauapebas logo ultrapassou os 5.000 habitantes para os quais foi planejada. Nos primeiros anos surgiu Rio Verde, como um núcleo desordenado, a partir da invasão dos imigrantes atraídos pela presença das firmas. De 1983 a 1989, a população cresceu de 1.829 habitantes para cerca de 27.200 ou 1.387% (dados apresentados por ROBERTS, 1991: 226 e extraídos de diferentes fontes). Segundo dados da Fundação Nacional de Saúde — FNS, a população de Parauapebas evoluiu de 22.067 em 1989 para 56.281 habitantes em 1994, ou seja, em 5 anos a população cresceu 155% (Tabela 1). Parauapebas cresceu espacialmente através das invasões de terra. Para ROBERTS (1991: 219), "a inação da CVRD e dos governos federal e municipais forçaram os migrantes a participar de invasões, que foram responsáveis pela abertura de cinco sextos de Parauapebas—Rio Verde".

Se no Núcleo da CVRD, os índices de desemprego, de analfabetismo, de evasão escolar, de criminalidade e os déficits de moradia e de leitos hospitalares são nulos, o mesmo não se pode dizer de Parauapebas. O esforço de equipar Parauapebas de hospitais e escolas, por exemplo, é sempre desproporcional à velocidade de seu crescimento populacional.

No caso específico de moradias, este déficit atinge os segmentos mais pobres da população, responsáveis pelas contínuas invasões de terra. Trata-se de população sem emprego ou subempregada e sem terra. Mesmo a população empregada nas firmas subcontratadas têm um salário muito inferior ao dos funcionários da CVRD.[9] São salários que variam de 1 a 3 salários mínimos,[10] sem os salários indiretos oferecidos pela CVRD aos seus funcionários (como alimentação subsidiada no

---

[9] O salário médio dos funcionários da CVRD era de US$ 804 em dezembro de 1994 (CVRD, 1995: 3).

[10] O salário mínimo de R$ 100,00 correspondia a US$ 95,75 em outubro de 1995.

local de trabalho, subsídios à habitação — 1% do salário —, escola e outras facilidades), achando-se a maioria na ou abaixo da linha de sobrevivência (CASTRO, 1995: 107-8; ROBERTS, 1991: 119). Isto implica a importância local do "não mercado" e, às vezes, dos meios não legais de sobrevivência (ROBERTS, 1991: 119).

Em 1995 achavam-se em construção, à margem direita do rio Parauapebas na cidade de Parauapebas, os condomínios, recintos fechados, a serem habitados de forma hierárquica, por funcionários da CVRD, romanticamente denominados de Chácaras do Sol, da Lua e das Estrelas. Gradativamente, os habitantes do Núcleo da CVRD estão sendo motivados a se transferirem para estes empreendimentos habitacionais construídos com os recursos da Fundação Vale do Rio Doce. Tal iniciativa se deveu ao fato de que cada um dos 1.566 funcionários que moram no Núcleo custa à CVRD cerca de US$ 2,8 mil por ano (*Gazeta Mercantil*, 1995: A-9). Segundo informações da CVRD, em novembro de 1995, havia um total de 1.273 casas no Núcleo Urbano e 178 em Parauapebas.

Os condomínios foram a solução encontrada para contornar a forte objeção dos funcionários da CVRD a Parauapebas, com a vantagem de que a companhia não perderia o controle da vida cotidiana de seus funcionários. Como todos os condomínios fechados, sua população disporá de serviços próprios e privados. A segurança será mantida pelos condomínios. Ônibus privados conduzirão as crianças às escolas na serra. Seus moradores continuarão a ter acesso ao hospital do Núcleo da CVRD. As perdas de algumas vantagens com a transferência dos funcionários do Núcleo para os condomínios serão compensadas pela possibilidade de se tornarem proprietários de suas moradias. Paradoxalmente, são compensadas também pela possibilidade de sair com mais frequência do ambiente de trabalho e ir de encontro à surpresa ou ao imprevisível que anima a vida nos bares e nas esquinas de Parauapebas.

A independência da prefeitura de Parauapebas e do Estado do Pará deverá levar as populações, quer do Núcleo da CVRD na serra, quer dos condomínios em Parauapebas, a não se preocuparem com o resto da cidade e até mesmo com a região. Os laços de relações de seus habitantes se fazem com o Centro-Sul, de onde são originários em sua grande maioria. Tudo isto impede a formação de uma consciência dos problemas sociais que os cercam e reforça os preconceitos em relação ao local e ao regional. Aumenta, todavia, nestes segmentos populacionais o zelo na guarda dos privilégios sociais e não se desenvolve um compromisso com a abrangência democrática das reformas urbanas e com a luta por padrões comuns.

Está sendo implantado em Parauapebas um sistema de águas e esgotos no valor de 8 milhões de dólares, com financiamento do Banco Mundial (IBAM, 1994). O dinheiro foi conseguido através de projeto elaborado para a prefeitura a partir de contratos firmados pela Superintendência das Minas de Carajás-SUMIC/CVRD e negociado pela Rio Doce International (sede em Bruxelas). Como interveniente e avalista, a CVRD desconta em prestações 25% do que deveria pagar ao município em *royalties* e participa ativamente do gerenciamento da obra (informação da prefeitura em 1995). Todavia, este projeto não beneficiará toda a cidade, ficando dele excluídas as áreas mais pobres, como o bairro Maranhão (Figura 5).

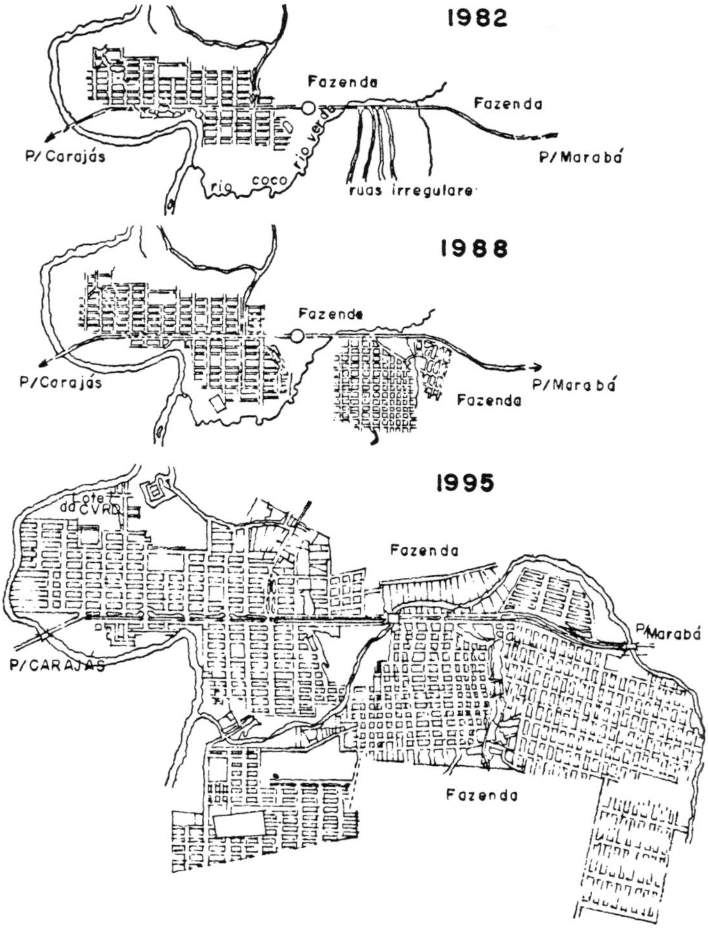

FONTE: PREFEITURA MUNICIPAL
ESCALA: NÃO ESPECIFICADA

Figura 5 — *Expansão urbana de Parauapebas*

Assim, a cidade de Parauapebas, dona de um orçamento de 23 milhões de reais, possui uma extensa periferia pobre, ampliada pelas contínuas invasões, sem água e saneamento, onde a pobreza e o desemprego se agravam. Ao contrário do Núcleo da CVRD na serra e dos condomínios fechados, nos bairros periféricos pobres, o casual, o promíscuo e o imprevisível se fazem presentes. Os contrastes visíveis entre o Núcleo da CVRD e Parauapebas se repetem em relação às demais cidades e localidades como Curionópolis, Eldorado de Carajás e a maior de todas, a cidade de Marabá. A realidade do Núcleo contrasta também com Serra Pelada que, em 1995, retratava o anômalo, o decadente, enfim, o caos social a que foi reduzida.

c) Caos social de Serra Pelada

Serra Pelada pode ser ilustrativa de um processo de exploração de uma ilha de sintropia no Sudeste do Pará e de suas consequências sociais (BRÜSEKE, 1993). Trata-se de um caso de ordem (por algum tempo) que se transformou em desordem (caos) num segundo momento.

O processo extrativo dominante em Serra Pelada não se caracterizou pela incorporação de uma taxa de trabalho e capital fixo ao valor. Embora o ouro possa inicialmente ter provocado um rápido crescimento na renda de indivíduos ou na renda local, este foi seguido por um colapso igualmente rápido quando da exaustão do ouro facilmente acessível através da lavra manual. Mesmo que ocorra, num futuro próximo ou não, a implantação da lavra mecânica, esta irá requerer inputs de trabalho e capital fixo sem a correspondente incorporação de mais valor ao produto ouro. Do outro lado, requererá também aumento de produtividade com expressivo aumento do volume de produção, o que diminuirá, consequentemente, o tempo de vida da mina.

Serra Pelada passou de um território fechado (ou de um sistema fechado), onde o estado de ordem interna era imposto pela Cooperativa (atualmente Cooperativa de Mineração dos Garimpeiros de Serra Pelada-COOMIGASP), Caixa Econômica Federal, Polícia Federal, e pela Receita Federal, no período de 1980 a 1984, enquanto o ouro existia, para uma crescente desordem com a decadência ou esgotamento do ouro de fácil extração. Contudo, nada impede que o estado de ordem volte a reinar, caso a CVRD ou outra companhia venha a explorar mecanicamente o ouro lá existente.

Embora perdendo forças, com a inviabilização do garimpo manual, os garimpeiros de Serra Pelada achamse organizados em cooperativa (a COOMIGASP) que, mesmo enfraquecida, permanece ainda como ator social importante. Os garimpeiros liderados pela COOMIGASP elaboram estratégias que lhes garantam um resultado favorável na luta pelos seus direitos de posse da mina e dela continuarem a usufruir. Entre suas estratégias, acham-se a de manter a população em Serra Pelada e a de manter o interesse pelo destino do garimpo nas populações que tendem a migrar para os municípios vizinhos de Parauapebas, Curionópolis, Eldorado do Carajás e Marabá no Pará e Imperatriz, Açailândia e Santa Inês no Maranhão. Entretanto, suas estratégias não encontram respaldo na prefeitura de Curionópolis, que teme a emancipação futura de Serra Pelada e a perda dos *royalties* da exploração do ouro, imprescindíveis à viabilização de Parauapebas. Neste sentido, a resistência da prefeitura de Curionópolis em criar facilidades urbanas em Serra Pelada é bastante significativa.

A necessidade de transformação de Serra Pelada em um novo município está associada à busca não só de meios de sobrevivência e de resistência, mas também de condições de superação de sua crise econômica e social. Diante da estratégia de manter a população, verifica-se uma necessidade dos dirigentes locais de convencer os moradores, que lá permaneceram, a não deixarem a área e de tentar atrair moradores potenciais (incluídos os que de lá saíram), com a justificativa de que ali ainda há ordem, desfazendo, assim, as imagens negativas sobre Serra Pelada veiculadas pela *mídia*. Apostam desta maneira no esforço de auto-organização pela ação dos próprios garimpeiros.

A natureza efêmera desta economia conduziu a uma série de consequências sociais ou caos social. Serra Pelada é hoje um reduto de desempregados (ou "blefados"[11]) e de miséria. Trata-se, sem dúvida, de um exemplo de degeneração física e social, bem como de uma degradação psicológica.

Em 1995, das entrevistas realizadas localmente, concluímos que o garimpeiro (de origem rural) é um desterritorializado, arraigado às suas fantasias e sonhos. O caos a nível individual pode ser entendido como manifestação da anomia interna. Há no indivíduo uma confusão de sentimentos, tais como o sentimento de frustração, de perplexidade, de impotência, de isolamento e de falta de sentido (o que ele ganha hoje com o trabalho fora do garimpo é sempre muito inferior ao que ganhou no garimpo ou ao que poderia ter ganhado

[11] Este termo é reservado a todos aqueles que empobreceram ou que perderam tudo o que investiram na atividade garimpeira.

se bamburrasse[12]). Tais sentimentos provocam no garimpeiro, principalmente no "ex-bamburrado", um senso do absurdo que pode conduzi-lo à loucura. Inspirada em CAPRA (1982), a loucura é aqui também interpretada como a resultante da passagem de um estado para outro estado, ou uma nova ordem psicossocial.

d) A CVRD e seu peso na reestruturação/organização do espaço

Um dos pontos cruciais deste trabalho, entretanto, é o entendimento do papel desempenhado pela CVRD como agente principal (hegemônico, mas não absoluto) responsável direta e indiretamente pela nova dinâmica imposta às áreas. Sua influência se estende além dos seus territórios (Província Mineralógica de Carajás e ferrovia), contribuindo na distribuição da população, dos equipamentos, das atividades e dos recursos captados externamente (vide exemplo da coparticipação da CVRD no projeto de saneamento de Parauapebas, anteriormente citado).

É ela, a CVRD, que detém uma visão do todo e que pode conectar diretamente o local com o internacional. Funcionando como um catalisador das necessidades e ambições dos diferentes agentes sociais envolvidos, a CVRD desempenha o papel de combinador de seus diversos interesses.

Em decorrência de sua ainda reduzida atuação regional, a CVRD vem sendo pressionada a ampliar sua participação no desenvolvimento local/regional. À

[12] O termo "bamburro" é aplicado à descoberta de grande quantidade de ouro. Neste contexto, bamburrar significa enriquecer ou fazer fortuna inesperadamente.

CVRD, por outro lado, interessa participar da elaboração de planos junto ao governo estadual que lhe possibilitem aumentar o sucesso de seus empreendimentos locais, expandindo a utilização de sua infraestrutura de transporte ferroviário e marítimo, seu *know-how* comercial, sua rede de interesses e de contatos internos e externos. Estas são as razões que levaram a CVRD a (a) interessar-se pelo projeto de Polo Agroindustrial de Conceição do Araguaia-Região Sul do Pará (acertos dos termos do contrato entre CVRD e a empresa Campo) e pelo projeto da hidrovia Araguaia—Tocantins (acertos da CVRD e dos governos federal e estaduais) e (b) aprovar a extensão de um programa de desenvolvimento que a companhia mantinha até então para as regiões sob sua influência em Minas Gerais e Espírito Santo ao Pará e demais estados onde ela se faz presente em outubro de 1994. Este programa prevê a destinação de até 8% do capital social à constituição da "Reserva para o Desenvolvimento das Regiões da CVRD-RDRI", para aplicações sob a forma de empréstimos e doações (CVRD, 1994: 34).

Sem sombra de dúvida, a CVRD (com suas associadas) e sua ferrovia quebraram regionalmente a simetria entre o antes e o depois de suas instalações. Elas vêm acarretando desestruturação e reestruturação do sistema espacial, mudando irreversivelmente a história e a geografia da região. As relações mantidas por ela ou suas intermediações junto às instituições financeiras e instituições políticas variam de natureza e qualidade em cada caso, de acordo com a conveniência da companhia. Tais relações são fontes ou elementos de mudanças e/ou reforço das estruturas socioespaciais dissipativas.

A CVRD, como toda grande empresa, tenta localmente imprimir ordem (regras) no espaço restrito a seu território. Os núcleos urbanos exemplares/ordenados da companhia contrastam com os núcleos caóticos vizinhos. Sem dúvida, elas, as grandes empresas, têm papel entrópico em relação às demais áreas. Este é o caso da CVRD que mantém a ordem nos seus territórios (que incluem seus núcleos urbanos). Entretanto, ainda que involuntariamente, a CVRD e suas subcontratadas têm papel entrópico em relação às áreas urbanas vizinhas. Paradoxalmente, no entanto, é ela, a grande empresa, que tem condições e pode realizar a *desentropia*[13] destes núcleos urbanos e áreas rurais vizinhas.

Considerações Finais

No contexto de uma transferência geográfica do fluxo de energia e de matéria das economias extrativas para as economias de produção, as explorações das ilhas de sintropias na região de Carajás (de economia dominantemente extrativa) vêm desencadeando processos que impelem todo o sistema de relações a passar por uma instabilidade rumo a uma nova estrutura/organização, ou a uma nova ordem.

Instala-se um estado de caos visível tanto na cidade tradicional (Marabá) quanto nas cidades emergentes (Parauapebas, Curionópolis e Eldorado de Carajás). Na evolução destes lugares, verifica-se, sem dúvida, uma conjugação da ordem/desordem social. As situações tanto de ordem e controle quanto de desordem têm também reflexos não desprezíveis no cotidiano e nas estruturas de vida mental dos indivíduos que compõem

---

[13] Por desentropia entendemos a reinstalaçao ou recriação do estado de ordem ou a passagem de um estado de alta entropia para um estado de reduzida entropia.

a sociedade local. Estes são exemplificados com os casos de loucura em Serra Pelada e de estresse no Núcleo Urbano da CVRD na serra dos Carajás.

Sem um novo modo de pensar o espaço a que vêm nos obrigando os sistemas dinâmicos e sem a compreensão do Projeto Ferro Carajás, da ferrovia e dos projetos a eles associados como um ponto de ruptura da estrutura até então vigente e do papel da CVRD como um dos atores sociais hegemônicos na reestruturação e gestão espacial, não entenderemos as mudanças que se verificam nas áreas de influência da EFC no Sudeste do Pará.

Ressaltamos, todavia, que a CVRD é o principal elemento motor das mudanças, extensas e profundas, mas não é o único. A emergência de novos atores sociais, entre eles os movimentos sociais, fazem com que o processo de transformação socioespacial descrito venha sendo violento desde o princípio, marcado por inúmeros conflitos sociais e conflitos espaciais/territoriais. O Estado e os governos locais absorvem e tentam administrar os conflitos e lutas. A CVRD, por sua vez, exerce (a) um controle direto em seus territórios, porém não sem a adesão das populações que os habitam e (b) uma influência menos visível, e ainda não na medida localmente desejada, na produção de sinergia na região e nas áreas urbanas onde se faz presente, participando da gestão do espaço e garantindo a proteção de seus próprios territórios e/ou proteção e valorização de seus empreendimentos.

As elites regionais/locais tradicionais vão perdendo, não sem muita luta, o monopólio do espaço (e/ou das decisões), permanecendo, todavia, na briga pelo comando da vida econômica e política local. As estratégias dos diferentes atores sociais em busca de hegemonia giram em torno da necessidade competitiva de conquistar, materializar e legitimar seus poderes através da produção e controle do espaço.

No contexto de um processo evolutivo dos sistemas sociais dinâmicos, o crescimento das cidades, o processo de urbanização acelerado, as fragmentações do território, as mudanças na rede regional de cidades, a luta pela criação de um novo Estado — o Estado de Carajás —, são manifestações concretas, porém temporais, das mudanças nas estruturas e nas relações sociais e espaciais. Neste processo, uma nova estrutura socioespacial e temporal acha-se em formação. No espaço considerado, tal estrutura poderá também vir a ser relativamente estável até que novos pontos de ruptura a desestabilizem, e um outro processo de reestruturação evoluirá no tempo.

Bibliografia

AGLIETTA, M. *A Theory of Capitalist Regulation*. London, New Left Books, 1976.

ALTVATER, E. *O Preço da Riqueza*. São Paulo, UNESP, p. 333, 1995.

———. Ilhas de Sintropia e Exportação de Entropia Custos Globais do Fordismo Fossilístico. *Cadernos do NAEA*, Belém, nº 11, NAEA/UFPA, pp. 3-54, 1993.

BECKER, B. K. Carajás: Gestão do território e territorialidade na Amazônia. Rio de Janeiro, *Espaço & Debate*, nº 25, pp. 77-89, 1988.

BRÜSEKE, F. J. Mineração, ouro e a caotização de uma região. *In* Mathis, A. & Rehaag, R. (Org.) *Consequências da garimpagem no âmbito social e ambiental da Amazônia*. Belém, FASE, Katalyse, pp. 21-26, 1993.

BUNKER, S. *Underdeveloping the Amazon: Extraction, unequal exchange, and the failure of the modern state*. Chicago and London, University of Chicago Press, p. 279, 1985.

CAPRA, F. *O Ponto de Mutação*. São Paulo, Cultrix, p. 447, 1982.

CASTRO, E. Industrialização, Transformações Sociais e Mercado de Trabalho. *In* CASTRO, E., MOURA, E. A. F. & MAIA, M. L. S. (Orgs.) *Industrialização e Grandes Projetos. Desorganização e Reorganização do Espaço*. Belém, Universidade Federal do Para, pp. 91-120, 1995.

COELHO, M. C. N. *Socioeconomic Impacts of the Carajás Railroad in Maranhão, Brazil*. (Tese de Doutorado) Syracuse, Syracuse University, 1991.

———. & COTA, R. G. Desenvolvimento e Meio Ambiente. Um Arcabouço Teórico para o Estudo da Amazônia. Belém, mimeo., 1996.

COMPANHIA VALE DO RIO DOCE, Carajás Atualizado — Dados Complementares. Carajás, Rev. 2, fevereiro, 1995.

———. *Relatório da CVRD 1994*. Rio de Janeiro, CVRD, p. 65, 1994.

DUPUY, J. P. Ordres et desordres. Enquête sur un nouveaux paradigme, Paris, Seuil, 1990.

EMMANUEL, A. *Unequal Exchange: A Study in the Imperialism of Trade*. New York, Monthly Review Press, 1972.

EMMI, M. F. & MARIN, R. E. A. Oligarquias no Pará: Crise e Rearticulação. Mimeo, 1996.

Gazeta Mercantil, p. A-9, 28/12/95.

GEORGESCU-ROEGEN, N. *The Entropy Law and the Economic Process*. Cambridge and London, Harvard University Press, 1971.

———. Energy and Economic Myths. Oxford, Peramon Press, 1976.

———. The Entropy Law and the Economic Journal, v. XII, nº 1, pp. 3-25, 1986.

LIPIETZ, A. *Mirages and Miracles: The Crises of Global Fordism*. London, Verso, 1987.

———. Towards Global Fordism? *In New Left Review*, 1982.

MACHADO, L. O. A geopolítica do governo local. *In Anais Simposio Nacional de Geografia Urbana*. Rio de Janeiro, pp. 83-88, 1993.

———. Sociedade Urbana, Inovação Tecnológica e a Nova Geopolítica. Rio de Janeiro, LAGET, nº 5, UFRJ, pp. 20-30, 1995.

———. Sistemas "Longe do Equilíbrio" e Reestruturação Espacial na Amazônia. *In* CASTRO, E., BRITO, R. & MAGALHÃES, S. (Orgs.) *A Questão Energética na Amazônia*. Belém, NUMA-NAEA/UFPA , UNAMAZ e MPEG, vol. II, 1996.

NORTH, D. Location Theory and Regional Economic Growth. *In* FRIEDMANN, J. & ALONSO, W. (Orgs.) *Regional Development and Planning: A Reader*. Cambridge, Massachusetts, MIT Press, 1964.

———. *Structure and Change in Economic History* . New Haven, W. W. Norton, 1981.

OLIVEIRA, I. E. *Desejo e Desenho na Amazônia Urbana*. (Dissertação de Mestrado), Departamento de Geografia da UFRJ, Rio de Janeiro, p. 315, 1992.

PALLOIX, C. *L'internalisation du capital*. Paris, Francois Maspero, 1975.

PERLOFF, H. & ALONSO, W. Natural Resources Endowment and Regional Economic Growth. *In* FRIEDMANN, J. & ALONSO, W. (Orgs.) *Regional Development and Planning: A Reader*. Cambridge, Massachusetts, MIT Press, 1964.

PRIGOGINE, I. & STENGERS, I. *A Nova Aliança*. Brasília, Ed. UnB, p. 247, 1984.

———. *Entre o Tempo e a Eternidade*. São Paulo, Companhia das Letras, 1992. 226p.

ROBERTS, J. T. Forcing Development, Fragmentating Labor: Subcontacting and Local Response in an Amazon Boomtown. (Dissertação de Doutoramento) Baltimore, The Johns Hopkins University, 1991.

———. Squatters and Urban Growth in Amazônia. *In Geographical Review*, 82 (4), pp. 441-457, 1992.

SANTOS, M. *Espaço & Método*. São Paulo, Nobel, p. 152, 1985.

SOJA, E. *Geografias Pós-Modernas*. Rio de Janeiro, Jorge Zahar Editor, p. 324, 1993.

WALLERSTEIN, I. *The Modern World-System in the Sixteeth Century*. New York, Academic Press, 1974.

Seca *versus* seca. Novos Interesses, Novos Territórios, Novos Discursos no Nordeste*

Iná Elias de Castro

Introdução

A Região Nordeste é a parte do território brasileiro cujas especificidades mais têm suscitado debates e referências. Algumas questões recorrentes na ampla literatura sobre esse território serão aqui tomadas como ponto de partida, ou mesmo como hipótese. A primeira refere-se à permanência da Região, não apenas como o espaço tristemente privilegiado da pobreza nacional, mas como aquele que possui as condições mais favoráveis à sua própria reprodução (PASTORE, 1983; ABRANCHES, 1985; ROCHA, 1995). A segunda refere-se ao papel das suas elites no panorama político nacional, especialmente aquelas vinculadas à atividade agrária, apoiada no histórico monopólio das grandes propriedades, responsável pela produção açucareira, algodoeira e pecuária (CAMARGO, 1981; REIS, 1980; MARTINS, 1994). A tercei-

---

* Pesquisa com apoio do CNPq.

ra refere-se às características do seu espaço geográfico, que contrasta a natureza úmida da Zona da Mata do litoral ocidental com amplos espaços semiáridos do Sertão, separados pelas características de transição do agreste. A percepção das diferenças econômicas, sociais e políticas entre estas naturezas tem sido historicamente referenciada: desde o Manifesto Regionalista de Gilberto Freyre na década de 30, e suas muitas apologias do Nordeste açucareiro como o mais legítimo berço da nacionalidade brasileira (FREYRE, 1976), até o discurso dramático sobre a seca da elite política regional, elaborado para obtenção de recursos e outros favores do Governo Federal (CASTRO, 1992).

Em outra perspectiva, não estritamente regional, devem também ser considerados os processos históricos de mudanças estruturais no país. Sem estabelecer aqui qualquer discussão ou posição sobre as matrizes intelectuais e ideológicas das mais importantes correntes das teorias do desenvolvimento, tomamos como ponto de partida analítico a importância da base material, do desiderato das elites econômicas e políticas e das possibilidades de ocupação de espaço político, por diferentes segmentos organizados da sociedade, como elementos dinâmicos do processo de desenvolvimento.

Os fundamentos para os pontos de partida acima encontram-se na produção acadêmica das ciências sociais no Brasil, pródiga na discussão sobre os problemas estruturais e sobre os agentes sociais responsáveis pela indução do processo de desenvolvimento, aqui compreendido como modernização das relações de produção, participação política, formação de mercado para consumo de bens materiais e de políticas sociais. Como contrapartida das análises dos fatores de mudança, desenvolvem-se, necessariamente, importantes discussões relativas àqueles mais refratários ao processo, ou seja, os elementos e as condições favoráveis à conservação. A polêmica dos clássicos da história política do país articula atores sociais, atividades econômicas e alianças políticas como eixos analíticos necessários para a compreensão da complexidade do processo de transformações no país, caracterizado por profundas disparidades regionais e sociais.

Como agente central de decisões, para o que seria considerado modernização estaria o empresariado urbano-industrial, vetor fundamental da revolução burguesa nacional, gestado na cafeicultura paulista (PRADO JÚNIOR, 1971; CARDOSO, 1977; FURTADO, 1972), enquanto o vetor do atraso estaria no patronato rural, apoiado na grande propriedade e em formas de trabalho coercitivas, como a parceria em suas múltiplas modalidades, remanescente principalmente na Região Nordeste (LEAL, 1978; FAORO, 1976; FURTADO, 1964; PANDOLFI, 1980; REIS, 1989). De forma bastante esquemática, a modernização seria decorrente de uma base econômica capaz de incorporar amplas camadas da sociedade como mercado e, em consequência, abrindo espaço para a participação política; e o atraso, ao contrário, se apoiaria em atividades tradicionais baseadas na exploração da terra e do trabalho, sendo a exclusão dos trabalhadores, tanto do mercado como da política, a condição primeira de sobrevivência deste modelo. A história política do país mostra que nenhum destes dois agentes teve força suficiente para impor sua hegemonia a toda a sociedade e a todo o território nacional, donde a complexidade e a ambiguidade dos pactos políticos que definem os formatos possíveis do processo de desenvolvimento ao longo da história nacional.

Na realidade, modernização e conservação não são mutuamente excludentes, embora haja uma dinâmica própria em cada um e um jogo mútuo de concessões, que torna a história, em muitos momentos, mais lenta do que deveria ser (MARTINS, 1994). Paralelamente, rigidez não significa imutabilidade, o que aponta a necessidade de buscar fissuras que podem significar pontos de ruptura, em algum prazo — curto, médio ou longo, nas estruturas sociais mais rígidas.

Do ponto de vista tanto de uma abordagem conceitual como da análise da realidade, a Região Nordeste é a parte do território nacional que mais desafios tem colocado à compreensão da inter-relação dinâmica dos fatores econômicos, políticos, sociais e territoriais do processo de desenvolvimento. Sendo esse o espaço de colonização, de importância econômica e de formação de uma elite política mais antiga do país, é também o território mais consolidado em termos de ocupação populacional e de maior durabilidade de sua estrutura produtiva. Todas as outras regiões brasileiras assistiram a incessantes mudanças em sua base produtiva, com deslocamentos de produtos tradicionais por ondas que invadiam territórios do Oeste, do Norte e do Sul do país, constituindo frentes pioneiras e expandindo fronteiras econômicas e populacionais, ou deslocando atividades e trabalhadores para o espaço urbano. Enquanto isso, a tradicional divisão entre a Zona da Mata açucareira e o Sertão algodoeiro-pecuário manteve-se como elemento-chave na estrutura produtiva nordestina, preservando sua importância mesmo com os avanços da industrialização e da urbanização, propiciados com os incentivos comandados pela SUDENE. Deve ser acrescentado que a redução, e quase eliminação, da cultura algodoeira foi decorrência mais de um problema biológico — a praga do bicudo — do que da sua substituição pelo avanço de novas culturas sobre suas áreas de ocorrência, apesar da sua decadência como atividade econômica.

Outra peculiaridade do Nordeste reside no *modus operandi* oligárquico das relações políticas nas escalas local, regional e nacional. Ressalve-se aqui que alguns dos seus vícios não são prerrogativa ou monopólio de seus próceres, mas que no espaço sociopolítico regional encontram as condições mais favoráveis de sobrevivência e adquirem maior visibilidade. São as peculiares e resistentes estruturas de poder regional, reflexo e ao mesmo tempo reforço da sua base produtiva, que constituem até hoje um considerável desafio acadêmico, para compreendê-las, e social, para transformá-las. (SOARES, 1973; SCHWARTZMAN, 1982; MARTINS, 1994; BARREIRA, 1992).

Paralelamente a este espaço econômico, social e político de resistência, nunca se falou tanto nas possibilidades que a região oferece para investimentos em setores de ponta da economia, nas vantagens comparativas do seu território frente a outras áreas do país, sua disponibilidade de recursos naturais, a proximidade de mercados externos; condições cada vez mais expostas em jornais e revistas que circulam no meio empresarial. Os indicadores econômicos de modernização convivem, pois, numa aparente sintonia com formas de produção tradicionais.

Há ainda um dado recente que deve ser explicitado no estudo sobre a Região. O processo de globalização com seus desdobramentos em competitividade, aceleração, avanço tecnológico e imposição das condições de um meio técnico-científico, cada vez mais exigente e excludente em relação aos territórios, impõe novos parâmetros a toda e qualquer análise geográfica. As respostas dos territórios a essas imposições têm demonstrado ser imprevisíveis. Os seus efeitos sobre os diferentes espaços políticos locais, regionais e nacionais são também de difícil previsibilidade, pela própria plasticidade do processo. Na Região Nordeste este pode ser um fator de desequilíbrio e ruptura, ou pelo menos de reacomodação das estruturas tradicionais. É este ponto que procuraremos desenvolver ao longo deste trabalho.

O Sentido dos Termos

A dualidade modernização/conservação na Região Nordeste, mais particularmente no seu espaço semiárido, é a questão central do presente trabalho. Tendo em vista, porém, as diversas dimensões de cada um dos dois termos, é necessário esclarecer o sentido daquelas que serão utilizadas ao longo da análise. Modernização é aqui compreendida como a criação de um fato moderno, ou seja, aquele que "possui uma ligação intrínseca com a contemporaneidade, (que) substitui alguma coisa do passado, defasada, ou, simplesmente, alguma coisa que não encontra mais justificativa no tempo presente" (GOMES, 1996, p. 48). Este sentido de modernização, embora mais antigo, insere-se na discussão intelectual sobre a modernidade, contextualizada histórica e geograficamente no Iluminismo da Europa Ocidental. Pelo seu conteúdo de mudança em todas as esferas da vida social, inclusive cultural, o moderno referencia-se necessariamente ao passado como seu oposto, estabelecendo "uma referência negativa ao que existia antes e que a partir de então se transforma no antigo e tradicional" (op. cit.).

O sentido de tradição, por sua vez, significa etimologicamente transmitir ou entregar valores, crenças, conhecimentos etc., através de gerações. A tensão entre modernização e tradição é, portanto, latente no processo dinâmico de transformação das sociedades. Apesar do possível paralelismo entre tradição e conservação, este tem sua especificidade própria que deve ser estabelecida. Conservar significa resguardar, manter, preservar e constitui a raiz de conservador, cujo significado remete "àquele que em política é favorável à conservação da situação vigente, opondo-se a reformas radicais" (CUNHA, 1994). Há, portanto, um forte conteúdo cultural na ideia contida no conceito de tradição, enquanto no conceito de conservação há um forte conteúdo político. Neste sentido, optamos pela análise da dualidade e tensão existentes entre modernização e conservação, tendo em vista a perspectiva da relação entre as transformações que afetam a organização espacial e os agentes sociais nelas envolvidos, cujas ações para acelerá-las ou para retardá-las são sempre revestidas de um caráter eminentemente político.

Ao se utilizar o conceito de modernização não é possível escapar do conteúdo dinâmico que lhe foi conferido pela modernidade ocidental. Neste sentido, trata-se de um processo de mudança econômica, social e política pelo qual são superadas estruturas tradicionais, criando novas formas de produção, mecanismos racionais de dominação e novos padrões de comportamento. Do ponto de vista econômico, a modernização envolve expansão e transformação do sistema produtivo mediante a incorporação de inovações técnicas. Os desdobramentos sociais, políticos e territoriais desta incorporação são muitos e têm sido amplamente discutidos na farta literatura sobre o processo de desenvolvimento. Cada inovação pode transformar profundamente a distribuição geográfica da produção, as relações de trabalho e as relações de poder dos agentes no sistema produtivo. Do ponto de vista político, modernização pode significar ampliação da cidadania através da ampliação dos canais de participação política, aprimoramento das práticas democráticas ou condições de atendimento a demandas para alcançar a justiça social.

Deve ser acrescentado que o problema valorativo das transformações é complexo e sempre dependerá da perspectiva teórico-conceitual que inspira a análise. Os economistas de filiação liberal, por exemplo, tendem a vê-las como positivas, enquanto antropólogos e sociólogos, liberais ou materialistas, na maioria das vezes as vêem como negativas (MOORE, 1976). Do ponto de vista dos agentes sociais, porém, a aprovação ou reprovação das mudanças depende da forma como cada um será afetado. Este problema remete à contrapartida do processo dinâmico de transformação constituída pela disputa da organização e do controle dos meios para conservação do estabelecido.

Tendo em vista a importância do conceito, será feita aqui uma breve discussão das características mais importantes do conservadorismo como ideologia específica, surgida ao mesmo tempo que o liberalismo e o socialismo no século XVIII, como reação aos ventos da modernidade. Não se trata de fazer uma revisão sobre o tema, que é amplo e complexo, mas de tentar compreender a sua força. Tomando como útil a classificação sugerida por VINCENT (1995) que diferencia, em alguns traços essenciais, cinco tipos de escolas do conservadorismo: tradicionalista, romântica, paternalista, liberal e da Nova Direita. Ressaltando que há uma contínua superposição entre elas, apresentamos uma breve discussão de cada uma.

No conservadorismo tradicional, definido a partir das ideias de EDMUND BURKE[1] (1982), há forte ênfase ao costume, à tradição e à convenção. O valor do tempo histórico na constituição das comunidades humanas é fundamental. Liderança, autoridade e hierarquia são produtos da longa prática social, representam o seu cimento, e quaisquer mudanças devem brotar naturalmente das tradições da comunidade. No conservadorismo romântico dos teóricos alemães, principalmente, há acentuada nostalgia de um passado idealizado, pastoral, rural e fortemente antiindustrial. O conservadorismo paternalista supõe a submissão às regras abrangentes do Estado como meio de promover uma vida satisfatória para todos os cidadãos — uma forma de *noblesse oblige* responsável e aristocrática. A perspectiva é dirigista e o governo é encarado como uma figura paternal, que estabelece metas e assegura a equidade e a igualdade de oportunidade. O conservadorismo liberal, por sua vez, tende a aceitar a maior parte dos dogmas formais do liberalismo clássico: individualismo, Estado mínimo, direitos pessoais. Finalmente, a Nova Direita é mais complexa, sua coerência ideológica está no neoliberalismo, nos critérios de mercado, incorporando elementos anarcocapitalistas com base na liberdade e nos direitos individuais — desregulamentação de drogas, pornogra-

[1] Suas "Reflexões sobre a Revolução em França" foram escritas e publicadas em 1790 e consideradas fundadoras para o pensamento conservador.

fia etc. Seu fundamento é o fracasso do Estado como regulador social e econômico e a redução da sua tirania.

Há algumas questões interessantes na ideologia conservadora, qualquer que seja a sua nuance, que indicam os seus traços essenciais. Primeiro, há aceitação tácita da hierarquia como fruto de um processo natural, alimentado pelo tempo da prática social. Este legitima e justifica a diferença hierárquica e sua permanência. Segundo, o elitismo, com forte elemento humanitário e de responsabilidade, constitui o esteio e a garantia de uma ordem social justa e estável. Terceiro, a liberdade individual é o resultado de anos de desenvolvimento social em uma tradição territorial (nacional, regional) específica. Linguagem, costumes e pensamento são adquiridos socialmente e territorialmente. Quarto, a desigualdade está enraizada nas circunstâncias, tanto naturais como políticas. Algumas pessoas são naturalmente superiores, intelectual e moralmente. A desigualdade não pode ser erradicada por meios sociais ou políticos. Quinto, a vida política é concebida organicamente, a liderança e o julgamento político são habilidades restritas a uns poucos. A maioria dos conservadores usa o organicismo de modo analógico. Cada indivíduo tem o seu lugar no todo orgânico. A mudança ou reforma deve ser consoante com o ritmo do organismo como um todo. A ordem política ou moral não pode ser forjada ou imposta; é, antes, interna às instituições políticas e morais.

O papel da política e do governo no pensamento conservador é essencial: como guardiães de normas e costumes processuais que mantenham a paz, a justiça e a liberdade. Além disso, a devoção à ordem estabelecida significa respeito e institucionalização da hierarquia natural e da desigualdade na sociedade. A ordem social sempre acarretará autoridade e liderança natural de um grupo ou elite, pois normas e direitos são resultado de anos de desenvolvimento social e político.

Com relação à economia, o Estado deve defender ou promover os interesses do mercado, preservando valores prioritários, como a comunidade. Também, para os conservadores tradicionalistas, a propriedade fundiária aristocrática é a forma mais segura de manter riqueza, hierarquia e *status*.

Outra característica fundamental do conservadorismo é, paralelamente à resistência a determinadas ideias, a enorme capacidade de louvar a sabedoria imemorial que as incorporou, a partir do momento em que elas sejam as vencedoras, o que lhe dá uma incrível capacidade de sobreviver politicamente. Na realidade, em sendo ideologia, as ideias conservadoras, explicitadas ou não, são assimiladas como verdade pela sociedade, daí a sua força e possibilidade de eco e reprodução de seus valores, o que sustenta sua permanência nas estruturas de poder. Mas, como seus fundamentos não são unívocos, nem eternos, é justamente no solapamento das formas elaboradas do seu discurso que podem ser encontrados trunfos importantes para a redução do seu espaço político e para a percepção do processo de mudança.

O estabelecimento dos fundamentos e das premissas conceituais acima tem por objetivo apontar a adequabilidade dos conceitos de modernização e conservação para as questões empíricas que serão discutidas na segunda parte do trabalho, definindo-se, a partir deles, os supostos mais significativos para a análise.

O Argumento Agrário

Como já foi dito no início, há, na realidade, uma tensão intrínseca entre modernização e conservadorismo que define o ritmo e a direção possíveis das mudanças em cada sociedade. É, pois, na perspectiva dos interesses dos atores sociais do semiárido nordestino, em uma ou outra, que foram definidas as suposições que orientaram a pesquisa: há uma coexistência, que pode ser tanto cooperativa como conflituosa, entre os atores responsáveis pelo atraso e pela inovação; o conflito não implica um jogo de soma zero, ou seja, mais modernização não significa menos conservação e vice-versa; alguns novos, e mesmo velhos, atores têm propiciado novos níveis de conflitos que podem, a longo prazo, criar rupturas importantes.

O fundamento destes pontos de partida encontra-se na perspectiva de que se trata de agentes responsáveis por fenômenos na escala local, mas que organizam territórios heterogêneos e que se articulam a partir de redes e de escalas diferentes. Esta abordagem permite a discussão da organização econômica e política do território, numa perspectiva que destaca o papel dos agentes nas escalas local e regional, incorporando suas ligações com as escalas nacional e internacional. A articulação entre as escalas do econômico e do político tem como ponto de partida a existência de um sistema de atores que, através do discurso, cria uma identidade solidária que equaliza o social em cada escala territorial de atuação, por exemplo: interesses do lugar, da região, da nação.

Na perspectiva conceitual adotada, o dualismo conservação/modernização permanece organizando um sistema de referências para a organização da sociedade e de suas formas de controle de poder econômico e político. Nesta abordagem, a Região Nordeste é um caso importante para investigação, seja pelo descompasso que ela apresenta quando comparada com outras regiões do país ou com a média nacional, seja pelo uso político da aparência das causas da diferenciação, aceitas pelo senso comum, seja pela ressonância que os políticos regionais obtêm no cenário nacional. A questão central, implícita nos problemas definidos para a análise, é a capacidade de organização e sobrevivência da estrutura de poder na Região, baseada nas relações econômicas do seu meio rural. Não se trata aqui de fazer incursões pela Geografia Agrária, mas de resgatar a questão recorrente na história política do país, do peso das classes agrárias tradicionais do Nordeste na organização socioespacial tanto regional como nacional. Há referências importantes, como a criação e mesmo a longa sobrevida do IAA (Instituto do Açúcar e do Álcool), do DNOCS (Departamento Nacional de Obras Contra as Secas), o peso político das pautas e dos representantes dos partidos de base agrária, como o antigo PSD (Partido Social Democrático) e o contemporâneo PFL (Partido da Frente Liberal). Na realidade, o problema não reside na sobrevivência destas estruturas de poder, uma vez que todo poder luta, e usa os meios de que dispõe, justamente para preservar-se, mas na capacidade de sobrevivência de um anacronismo, o que indica a dimensão de sua força.

Paralelamente à situação descrita acima, mas com importantes conexões, que serão analisadas no momento adequado, o peso social da estrutura agrária nordestina no conjunto do país pode ser avaliado a partir de alguns dados censitários. Em 1940, viviam na Região Nordeste 35% do total da população brasileira, enquanto a parcela da população rural nacional na Região era de 38,9%; em

1991 a participação da Região na população total do país caiu para 28,9%, enquanto a parcela da população rural brasileira na Região subiu para 46,4%. Do incremento absoluto da população rural brasileira, que foi de 7.685.500 habitantes entre 1940 e 1991, o Nordeste participou com 5.663.963, ou seja, 73,7%. Complementando esta realidade, a estrutura fundiária regional, comparada com os espaços mais consolidados do país — Regiões Sudeste e Sul — foi a que menos se alterou. O tamanho médio de suas grandes propriedades, que se reduziu entre 1940 e 1960, recuperou a média de 1920 nas décadas de 60 e 80, enquanto o processo de fragmentação das pequenas propriedades foi, no período, o mais intenso no país. No entanto, o peso econômico das atividades agrícolas regionais no conjunto do país está longe de acompanhar o peso da população residente em seu campo, ou mesmo o desempenho das outras regiões. Ao contrário do comportamento da população rural na Região, o valor da sua produção agrícola teve sua participação no conjunto da produção nacional reduzida (CASTRO, 1992). Não há novidade nestas informações, mas elas são aqui resgatadas pelo significado político que guardam: uma estrutura fundiária resistente, um processo de modernização agrícola que caminha a reboque do país, uma massa populacional de 16.716.870 habitantes na zona rural em 1991, que representam 11,4% do total da população brasileira, em sua maior parte empobrecidos, sem o direito de propriedade das terras onde trabalham, ou dispondo de propriedades minúsculas.

É, portanto, nesse quadro que se movem os sujeitos sociais e as circunstâncias escolhidos para a análise. É no meio agrário nordestino que se encontram as mais fortes raízes do conservadorismo de uma estrutura capaz de preservar-se há mais de quatro séculos. E é neste meio que devem ser buscados os elementos de desequilíbrio e as possibilidades de mudanças.

Semiárido — um Clima, Dois Discursos

As especificidades do ecossistema semiárido possibilitaram um modo de ocupação e um sistema de agentes que fizeram, em conjunto, um espaço muito particular. Este espaço tem sido apresentado historicamente pelo filtro de uma conscientização coletiva das dificuldades impostas por este meio, que depende dos azares climáticos. A natureza aí é um ente quase metafísico, é fortemente idealizada e trabalhada nos discursos, da e sobre a região, como um obstáculo intransponível a qualquer progresso ou justiça espacial. Neste sentido, o imaginário da seca nordestina, como tragédia social e econômica, apesar de toda a tinta que já foi gasta, requer ainda muitas reflexões. Pois, em sendo a natureza o fundamento geográfico da produção, ela é também a base material do imaginário sociopolítico e importante recurso ideológico, utilizado por grupos sociais particulares.

Observa-se hoje na região um duplo discurso, ou um discurso contraditório, sobre a natureza semiárida, e esta dualidade deve ser objeto de investigação pelos novos níveis de conflito que ela pode conter. Quanto aos termos dos discursos, resumidamente temos: um, mais antigo e mais ubíquo, que atribui à natureza dificuldades que explicam os problemas socioeconômicos da Região. Mesmo que a base explicativa recorra a teorias econômicas bem elaboradas, uma leitura mais atenta da documentação produzida, na e sobre a Região, não terá dificuldade em encontrar inúmeras referências às dificuldades particulares impostas pelo clima, ou ao clima, como uma das causas dos problemas vividos na Região; outro, mais recente, que vê na escassez pluviométrica, que dificulta a reprodução de pragas, e na fertilidade de grandes extensões de solos um enorme potencial para a agricultura irrigada de caráter empresarial, ou o *agrobusiness*. O clima aqui é um recurso inestimável, redentor, capaz de fazer surgir uma nova Califórnia, com mais vantagens que a outra, porque não tem uma estação com temperaturas mais baixas.

Os responsáveis por estes discursos são atores regionais, porém de tipos e interesses bem diferentes: o primeiro é elaborado por segmentos importantes da elite política, com enorme poder de assimilação e reprodução; o segundo é mais restrito a uma parcela pequena do meio empresarial e da administração pública, que encontra no sol uma matéria-prima essencial, seja para a *fruticultura irrigada,* seja para o *turismo.*

O significado conceitual e empírico desses discursos contraditórios pode ser percebido no confronto entre formas tradicionais e modernas, tanto de organização do espaço produtivo, como de organização do espaço político, que dão sustentação a cada um. Embora não haja necessariamente coincidência entre essas formas, ou seja, formas modernas de organização da produção não significam sempre uma atuação progressista no espaço político, como já foi sugerido no início deste texto. Além disso, os atores que produzem estes discursos são os responsáveis por fenômenos que têm ressonâncias em escalas espaciais diferentes.

Na realidade, a contradição entre discursos que opõem, de um lado a submissão a um imaginário trágico e de outro a redenção do atraso e da pobreza através da tecnologia, aponta para uma contradição mais profunda entre os meios mobilizados no processo produtivo, entre as escalas de interesse dos agentes envolvidos e entre os mercados de consumo dos produtos obtidos. A retórica, como sempre, tem um significado político fundamental e o território pode ser lido como seu alicerce e produto.

Há, portanto, na Região duas lógicas na organização do seu território: uma conservadora, que articula a escala local com a regional e a nacional, definindo um espaço econômico e político que garante a organização social e o poder no território, com base nos azares climáticos; outra modernizadora, que articula a escala local com a internacional, organizando o espaço a partir de imposições de caráter tecnológico e de mercado, com base nas vantagens climáticas. É no confronto entre os interesses destes atores, que percebem de maneira oposta os mesmos índices pluviométricos, que podem ser encontrados embriões de rupturas na Região.

A partir desses interesses conflitantes, impõem-se algumas reflexões sobre as condições de reprodução do conservadorismo nordestino e o significado do *agrobusiness* como um possível vetor de mudança, não apenas ao nível da deslegitimação simbólica do discurso dominante, como também na construção de um novo imaginário sobre a Região, que pode ser significativo para a criação das condições de alteração na sua estrutura de equilíbrio de poder, em função da disputa, por espaço político, empreendida por novos atores.

Trata-se, aqui, de enfocar dois tipos de atores sociais responsáveis pelos discursos contraditórios apontados, no sentido de identificar, nas relações econômicas, sociais e políticas por eles conduzidas, os elementos de permanência ou de perturbação das condições de reprodução da estrutura social. As reflexões sobre o que chamamos de tradicional têm por base a literatura geográfica, histórica e política sobre a Região Nordeste, já discutida amplamente por vários autores e também por CASTRO (1992); aquelas sobre os novos atores têm por base, além de bibliografia produzida recentemente, a pesquisa sobre a fruticultura irrigada na parte oeste do Rio Grande do Norte, especialmente no Vale do Açu e em Mossoró, realizada através de trabalho de campo e entrevistas com sindicatos rurais, lideranças políticas, profissionais liberais e empresários (Mapa 1).

Para cada um destes conjuntos de atores será elaborado um quadro das especificidades de suas ações em relação às suas escalas de interesse, aos instrumentos utilizados, ao cenário construído e ao conteúdo do seu discurso. O objetivo aqui é estabelecer eixos para uma análise comparativa da dinâmica social e política inerente aos seus territórios de organização e de atuação.

Dualidade das Ações e do Espaço

Elite política tradicional, oligarquias, empresários tradicionais

A explicitação do tradicional tem o sentido primordial de estabelecer as bases do seu contrário, que é o que nos interessa. A bibliografia sobre o tema é ampla e, na realidade, não há muito a acrescentar. Sendo assim, buscamos estabelecer uma síntese significativa daquilo que constitui o conjunto de condições para a sobrevivência de uma estrutura social, que se impõe ao devir da sociedade. Pelo seu significado, porém, serão privile-

Mapa 1 — *Região Nordeste (Parte Leste)*

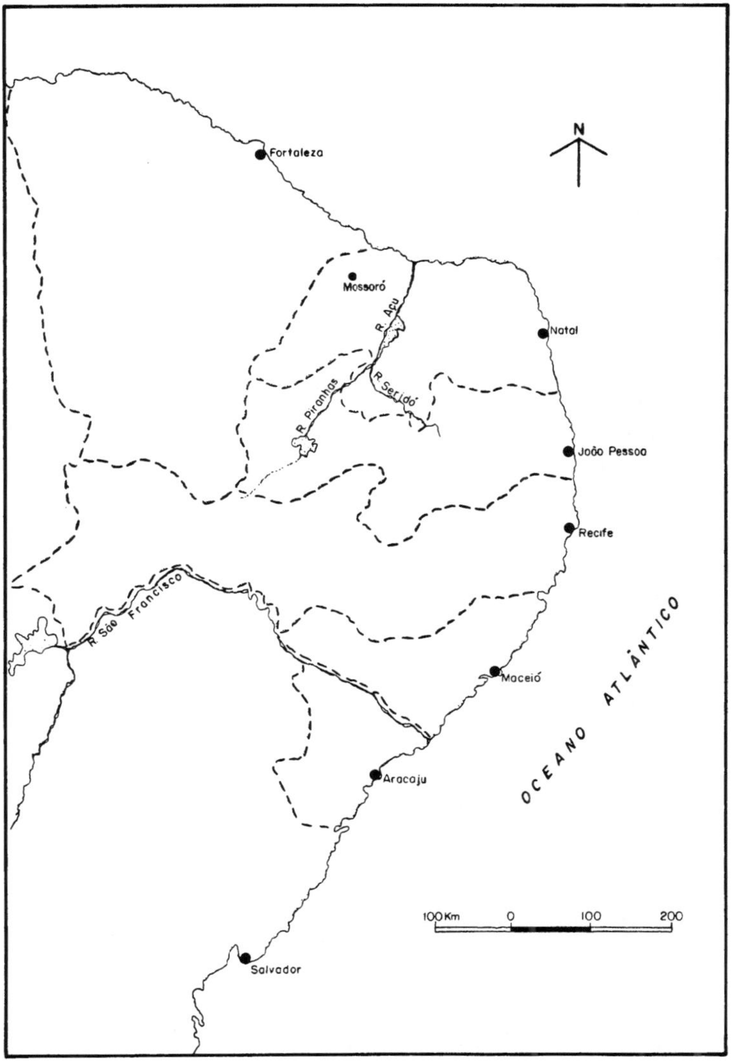

giadas as elites política e econômica, tendo em vista o seu papel na transmissão de formas pretéritas ao presente, através dos meios de poder que dominam.

A estrutura fundiária nordestina que opõe o latifúndio ao minifúndio possui uma dimensão política bastante peculiar, na medida em que a posse da grande propriedade na Região, especialmente no Sertão, está associada a baixos níveis de produção, a utilização da propriedade mais como reserva de valor, não apenas econômico mas também simbólico, do que como unidade de produção (ANDRADE, 1987). Com relação à sua organização produtiva,

> *"tradicionalmente o complexo gado-algodão-culturas alimentares, associado à grande propriedade, tem-se constituído num dos elementos característicos da área em estudo [Sertão Norte]. Nessa associação, o complexo supracitado representa o conjunto de atividades e de formas de exploração de recursos (naturais e humanos) mediante os quais a grande propriedade organiza a atividade produtiva, de sorte a adequá-la aos requisitos de sua reprodução."* (SILVA e LIMA, 1982)

Entre estes requisitos estão a disponibilidade de uma abundante mão de obra que participa do processo produtivo das formas mais variadas, isto é, parceiros, arrendatários, moradores, assalariados temporários, a facilidade de acesso a financiamentos e a participação na organização de uma rede de poder institucionalizado que, organizada no nível local, estende-se para bem além dele.

Desse modo, a estrutura fundiária, associada à elevada densidade demográfica e a um sistema produtivo no qual o interesse primordial não é a acumulação competitiva, estabelece as condições historicamente favoráveis à participação política da elite agrária regional. A história do poder político das oligarquias em diferentes partes do mundo, como o sul da Itália, a Galícia na Espanha ou mesmo o sul dos Estados Unidos, teve por base condições semelhantes. O argumento aqui é que as oligarquias agrárias só se preservam como tal mediante o domínio de espaços na estrutura do poder central. O sucesso das estratégias de preservação do peso político da elite agrária regional deve-se às suas alianças na República Velha com as oligarquias do Centro-Sul e posteriormente com a burguesia industrial, materializadas nas decisões do Legislativo, especialmente na histórica derrota dos projetos para superar a questão agrária, e na ocupação de postos na alta Burocracia do Estado (SOARES, 1973).

Estes atores tradicionais são, tanto aqueles proprietários mais comprometidos com o monopólio da terra do que com a sua utilização como base produtiva, como aqueles cujas atividades econômicas são viabilizadas mais pela existência de recursos subsidiados do que pela inserção competitiva no mercado, juntamente com o representante político de ambos, cujas decisões e ações se fazem para evitar alterações de fundo nas relações de produção, de poder e de disponibilidade de recursos financeiros.

As escalas de articulação destes atores tradicionais são preferencialmente a local, regional e nacional. É nas relações políticas e econômicas realizadas nos territórios, definidos por estas escalas, que os fenômenos resultantes de suas ações adquirem maior significado. É nestas escalas que se dá a pertinência da medida destes fenômenos, a sua consequente visibilidade e o conteúdo explicativo do espaço por eles produzidos (CASTRO,

1995). Se é no território local que os agentes econômicos instalam suas atividades, agrícolas ou urbanas, a articulação com as escalas regional e nacional é essencial, seja para disputar mercados, seja para obter recursos nas agências financiadoras regionais, seja para obter decisões favoráveis, aos seus interesses, nos órgãos nacionais. A existência de atividades econômicas na escala local não prescinde das articulações políticas, a partir daí, com os níveis decisórios regional e nacional. A percepção destas escalas de decisão, e a eficiência na sua utilização por parte da elite econômica e política da Região, têm merecido muitas e importantes análises, que serão indicadas na bibliografia do final deste texto.

Os instrumentos utilizados por esta elite têm sido preferencialmente a burocracia do Estado, que organiza e gere decisões e recursos nas escalas local, regional e nacional. A participação nestes níveis decisórios é importante fonte de realização do seu desiderato e de sobrevivência, tanto do formato das instituições como do que é por elas instituído. Haja vista a sobrevida do IAA para muito além da sua utilidade e as discussões em torno das reformas do DNOCS e da SUDENE (Superintendência do Desenvolvimento do Nordeste).

Outro instrumento, historicamente fundamental, é a propriedade fundiária, que, aqui, como em outras partes do país, mais do que recurso para a produção é aval para financiamento, símbolo de *status* familiar, garantia de preservação na memória coletiva local e regional da posição no alto da hierarquia do poder local. A propriedade da terra, não apenas a grande, tem uma importância que ultrapassa a esfera econômica e se desloca para a esfera simbólica do político. É nesta transmutação que o Nordeste se diferencia das outras regiões do país.

O mandonismo e a organização oligárquica são instrumentos políticos bastante familiares ao exercício do poder, na escala local, e conhecidos dos habitantes do Sertão nordestino, que deles extraem o que podem, sendo sua manifestação evidente nos períodos eleitorais, quando suas práticas adquirem visibilidade nacional. O poder político formal, que surge destas práticas, incorpora-as e tem por tarefa essencial de sobrevivência a sua reprodução. É na captura dos aparelhos formais do Estado, nas três esferas de poder e da administração da Federação, que se dá com mais eficiência o processo que garante a permanência e a resistência às mudanças (OLIVEIRA, 1981).

O cenário historicamente construído por estes agentes sociais, com seus recursos econômicos e políticos, é também conhecido por seus aspectos socialmente perversos e por sua capacidade de sobrevivência. Tentaremos indicar alguns de seus componentes. Primeiro, a resistência de uma economia rural tradicional, sem competitividade e pouco capitalizada. Refiro-me às atividades realizadas pela elite econômica rural tradicional da Região. A contrapartida deste sistema produtivo é o minifúndio, cujo tamanho médio das propriedades é o menor do país, e, como decorrência dele, a disponibilidade de numerosa mão de obra que propicia relações de trabalho não formalizadas, cujo interlocutor dos direitos e deveres do trabalhador é o proprietário da terra, ou seja, o patrão, e não a legislação. Segundo, há falta de sustentabilidade geral das atividades econômicas, frente a quaisquer imposições competitivas que venham de fora da região e frente aos períodos regulares de estiagem. Terceiro, a fragilidade social da base da pirâmide social do meio rural nordestino, que torna o minifundiário, o parceiro, o morador as vítimas imediatas das secas, mas também os eleitores de seus representantes. Esta dualidade de papéis sociais não pode ser subestimada. Quarto, baixos níveis de investimentos nas atividades produtivas, por razões econômicas, mas também por outras não econômicas (OFFE, 1984). Quinto, o Estado, através da sua estrutura burocrática, é o mediador principal das atividades destes atores. É no Congresso Nacional e nos órgãos públicos de ação regional que se dão as condições de decisões que afetam estes grupos e suas atividades.

O conteúdo forte e essencial do discurso produzido por esta elite é conhecido, mas vale a pena fazer uma síntese. A seca é a palavra-chave. Ela representa falta de chuva, mas também miséria, analfabetismo, doença, descapitalização, natureza hostil etc. Mas a seca é também, na base do discurso, produtora de uma solidariedade social que equaliza todos diante da sua força, produtores grandes e pequenos, proprietários ou não. A seca é também percebida como falta d'água e como necessidade de recursos para obtê-la. O significado destes conteúdos vai muito além da relação entre natureza e atividade produtiva, sendo mais evidente na relação entre a natureza e a produção de um imaginário político, socialmente equalizador e institucionalmente eficiente para a obtenção de recursos financeiros e de poder.

Novos atores econômicos

O novo aqui é definido a partir de seu contrário. Devido à complexidade de uma diferenciação capaz de estabelecer dois conjuntos distintos e incomunicáveis, estabelecemos como fatores de diferenciação os modos de inserção no sistema produtivo, que tem como condicionantes essenciais: a terra como fundamento da produção, porém associada ao capital e ao meio técnico científico; a escala internacional, além da local e nacional, necessária na disputa de mercados e na definição de parâmetros de competitividade e de produtividade. Aqui, a incorporação de capital e tecnologia estabelece as bases para a superação das chamadas condições limitativas do clima semiárido, sempre argumentadas no caso das atividades tradicionais, e para o aproveitamento racional das vantagens deste tipo de natureza. Chamamos atenção, porém, para uma característica fundamental do que denominamos de novos atores. Embora o capital tenha sido visto sempre, e reivindicado, como a limitação maior das atividades da Região como um todo, e do semiárido em particular, a sua associação com a tecnologia de ponta para alcançar, na agricultura, níveis de produtividade e competitividade, nacional e internacional, é um fato novo. A perspectiva da possibilidade, e da necessidade, de sobrevivência da atividade, mediante aquela associação, cria um "ambiente" empresarial bem diferente do anterior, com desdobramentos possíveis que devem ser analisados. Afinal, não deve ser esquecido que a sobrevivência da cana-de-açúcar, do algodão e do gado, na maior parte da Região, por exemplo, nada tem a ver com quaisquer destes dois requisitos.

Estes novos interesses econômicos engendram atores que, questionando a visão trágica do clima semiárido, começam a estabelecer as bases dos conteúdos de um outro discurso regional, significativo de novas articulações e novas parcerias. Estas desenvolvem-se a partir dos setores produtivos da Região, que, pelas suas características, possuem importantes efeitos na escala local, seja pela criação de uma nova paisagem produtiva, seja pelas relações de trabalho, seja pela conexão entre produção e tecnologia, seja pela necessidade de novas mediações econômicas e institucionais.

Como exemplificação empírica, será considerada a fruticultura irrigada no Vale do Açu e em Mossoró, no Rio Grande do Norte (Mapa 2). O objetivo da discussão, que será feita, é estabelecer traços essenciais que possam constituir eixos comparativos consistentes. Nesse sentido, serão destacadas as características que possibilitam, nessa atividade, maiores ressonâncias na organização do espaço social, especialmente nas relações de trabalho e nos espaços que se abrem para a participação política.

Alguns esclarecimentos, porém, devem ser feitos preliminarmente. Não se trata aqui de discutir os problemas da agricultura irrigada no Nordeste e o papel do poder público em prover os meios a ela necessários, com seu leque de desvios por influência dos poderes econômicos e políticos tradicionais. Há uma ampla literatura sobre este problema que, em grande parte, se centraliza na análise da ampliação e explicitação do conflito social, provocado pelo aumento da influência e do capital nas zonas irrigadas, reforçando os tradicionais mecanismos de exclusão dos pequenos proprietários fundiários e dos trabalhadores rurais. Considerando as formas de influência e poder político históricos no país em geral e no Nordeste em particular, seria espantoso se os resultados nessas áreas fossem diferentes. Portanto, o fio condutor da análise destes novos atores é justamente tentar perceber que novas imposições eles trazem às tradicionais articulações do econômico e social na área e os

Mapa 2 — *Oeste do Rio Grande do Norte*

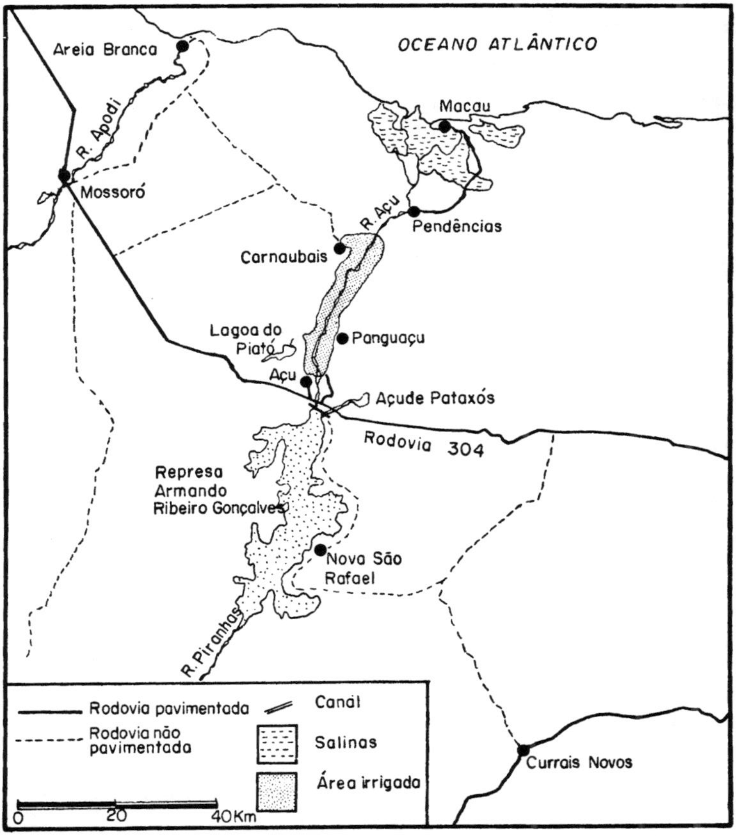

Fonte: CAVIEDES, C. N. et alii (1994)

possíveis efeitos sobre os acordos que historicamente garantiram equilíbrio no domínio dos espaços políticos.

A área analisada, bastante reduzida e mais recente, se compararmos com a agricultura irrigada do Vale do São Francisco e oeste da Bahia, apresenta algumas especificidades como: o menor peso da ação do poder público, que aqui limitou-se quase que exclusivamente à construção de uma grande barragem, uma vez que a implantação de um perímetro público de irrigação ficou muito aquém do projetado (VALÊNCIO, 1995), o menor porte das empresas aí instaladas, com exceção da MAISA — Mossoró Agroindustrial S.A., com peso importante do capital e dos empresários regionais ou mesmo estaduais.

A área produtiva estudada localiza-se no Município de Mossoró e naqueles que compõem a bacia hidrográfica do Rio Piranhas-Açu. Este último

> *"é um dos espaços privilegiados no universo do semi-árido do Rio Grande do Norte [...]. Esta Zona geoeconômica, integrada pelas Serras úmidas e as áreas das Bacias de Irrigação, embora esteja contida na poligonal Zona Semiárida, distingue-se desta exatamente por apresentar condições climáticas e de solos extremamente favoráveis ao aproveitamento agropecuário"* (GOMES DA SILVA, 1992).

A presença da represa *Armando Ribeiro Gonçalves*, cuja construção foi iniciada em 1975 e concluída em 1983, garantiu a valorização das terras do baixo vale do Rio Açu e a implantação da agricultura irrigada em moldes empresariais, atraindo um novo tipo de proprietário rural e, consequentemente, novos tipos de disputas e conflitos.

O interesse nesta atividade consiste, prioritariamente, nas necessidades que ela cria na escala local. A mais inovadora e significativa é a dependência da pesquisa para desenvolvimento de tecnologia adequada aos recursos da área e da produção. As características e dificuldades da transferência de tecnologia na agricultura são muito diferentes daquelas observadas para a indústria, ou mesmo para a pecuária. A transposição de sementes não oferece qualquer garantia de que os resultados sejam iguais aos de seu lugar de origem. Há necessidade de adaptações, que em alguns casos podem durar alguns anos de observações e experimentos. Portanto, o investimento em pesquisa é uma necessidade de cada empresa, tanto na corrida para novos produtos, como na corrida da produtividade e de preços mais competitivos. Com relação à mão de obra, sua utilização para tarefas de plantio, colheita e empacotamento das frutas, além da administração, garante, de acordo com informações da PROFRUTAS — Associação dos Produtores e Exportadores de Frutas Tropicais do Nordeste (1995), com sede em Mossoró, 12.000 empregos diretos e fixos nas empresas. Como estratégia de ampliação da produção, surgem novas relações entre produtores, através de sistemas de associações entre as empresas e pequenos e médios fornecedores, instituindo-se uma revalorização e recomposição das atividades em algumas pequenas e médias propriedades da área.

Os efeitos da fruticultura irrigada devem ser avaliados em função dos seus desdobramentos necessários em diferentes escalas. Em conjunto, estas atividades definem suas conexões nas escalas local, regional, nacional e internacional, porém de modos e prioridades diferenciados. Ou seja, na escala local encontra-se a base produtiva — solo, sol, água, mão de obra e infraestrutura — e as mediações políticas locais — esferas administrativas públicas, sindicatos rurais, associações empresariais, representantes políticos. A escala regional pode ou não constituir um mercado, porém como mediação para recursos não pode ser ignorada, pois ela define o recorte administrativo de importantes fundos públicos e de solidariedades políticas de atuação nacional. A escala nacional, por sua vez, é importante como mercado, pois a parcela da produção que não consegue colocação no exterior é, em muitos casos, superior a 50%; como fonte de financiamentos — BNDES, Banco do Brasil — e como mediadora e interlocutora internacional. A escala internacional é fundamental como definidora dos parâmetros de qualidade dos produtos e da sua competitividade, pois trata-se de atividade produtiva que se instala estimulada pela perspectiva do mercado externo e organizada de acordo com as exigências dos padrões técnicos e científicos desses mercados.

Comparando as condições mesmas de sobrevivência da fruticultura irrigada com aquelas tradicionais, fica evidente que os instrumentos utilizados são bastante diferentes. Grandes investimentos de capital e incorporação de tecnologia à produção são essenciais. É o binômio capital e tecnologia que garante a necessária competitividade nos planos nacional e internacional; além disso, é a racionalidade do mercado que define a escolha dos produtos e o porte dos investimentos. A associação e a cooperação com laboratórios de pesquisas em universidades, empresas, órgãos públicos são um recurso necessário, pelas próprias especificidades e dificuldades da transferência de tecnologia na agricultura. É, portanto, a inserção no meio técnico-científico, seja para solução de problemas dos produtos, de problemas organizacionais das empresas, ou da utilização de sofisticadas redes de informática, garantindo a ligação do local ao mundo, que confere a essa atividade um caráter bastante particular.

Outro instrumento é a propriedade fundiária, básica a esse tipo de empreendimento. Ela garante espaços para a rotação de terras, reservas para expansão da produção e também reservas de valor, aqui fundamentalmente monetário e não simbólico. Ela não é o trunfo essencial para a mediação dos interesses empresariais com o poder público, que se faz tanto na relação direta como através de associação dos produtores na escala local.

O cenário produzido por estes atores, se ainda não possui visibilidade em todas as suas nuanças, é significativo de novas situações. Em primeiro, trata-se de aproveitar a oportunidade aberta pela elevação de renda e pelo consequente aumento na demanda de frutas frescas e variadas nos mercados do primeiro mundo e da classe média nacional. Em segundo, há uma economia altamente capitalizada, tecnicamente sofisticada e competitiva, tanto no plano nacional como internacional. Em terceiro, há necessidade de mão de obra, minimamente treinada para as atividades diretas de produção, e altamente qualificada nos outros níveis, o que favorece a normatização das relações de trabalho e a atuação dos movimentos sindicais. Em quarto, o principal mediador das relações de trabalho é a legislação trabalhista, que define direitos e deveres de empregados e empregadores. Mesmo o trabalho temporário é registrado e obedece às normas legais. Neste caso, o interlocutor é a empresa, o que torna as relações de trabalho formalizadas e impessoais. Em quinto, permanecem as possibilidades de complementação com a agricultura familiar, no caso do minifúndio, e têm surgido novas possibilidades para pequenos e médios produtores, através da terceirização da produção, ou associação, como preferem nomear, na área estudada. Há transferência de tecnologia, prevista nos contratos de fornecimento desses produtores com as empresas, feitos com a mediação do Banco do Brasil e do BNB, que fornecem financiamentos para embalagem ou outras etapas da produção. Finalmente, a condição de sustentabilidade dessa atividade está, entre outros pontos já indicados, na falta de chuvas como um recurso e não como um obstáculo.

O discurso produzido por estes atores tem como palavra-chave, também, a natureza, porém nele percebida como um potencial inestimável e um recurso redentor da economia regional, tanto pelas possibilidades de modernização, como pela perspectiva de inserção competitiva nos mercados nacional e internacional que ela oferece. O binômio clima tropical semiárido e modernas técnicas de irrigação é avaliado como altamente favorável ao desenvolvimento de uma economia agrária sustentada, competitiva nacional e internacionalmente, com amplas possibilidades de aproveitamento das "janelas de mercado", abertas pelo inverno das áreas temperadas dos hemisférios norte e sul e pelas possibilidades oriundas da ampliação do mercado urbano nacional. A ideia forte veiculada por estes, ainda poucos, formadores de opinião estabelece a alternativa à "falta de vontade política", como entrave ao desenvolvimento regional, apontando a "falta de vontade empresarial". O binômio irrigação e tecnologia é considerado como o eixo de manutenção de uma economia agrária capaz de criar fortes efeitos multiplicadores para a sociedade rural e para a política.

Significados possíveis destes novos atores

O solapamento das bases do discurso da seca, ou melhor, do seu mito fundador, é um primeiro efeito positivo. Mesmo os cientistas sociais mais bem-intencionados fazem longas discussões sobre a "seca", tentando diferenciar sua dimensão climática, e, portanto, natural, de sua dimensão social. Na realidade, essa diferenciação só reforça o elo inevitável entre este tipo de natureza e os graves problemas sociais no território. A seca é, e sempre será, uma característica climática, como o são o longo inverno e as tempestades de neve nas altas latitudes, os tufões no Caribe, as monções na Ásia. Se a sociedade não está preparada para conviver com as vicissitudes de seu clima, é outro problema. Por que não existem hordas errantes na Austrália ou na Califórnia como existem no Sahel Africano? As longas estiagens apenas conferem visibilidade à fragilidade dos meios de subsistência de uma parcela importante da população que habita o Sertão semiárido do Nordeste brasileiro, em consequência do tipo de organização social historicamente ali implantado, como daqueles que habitam o Sahel, após as longas e desastrosas aventuras da colonização e da descolonização no continente africano.

Quanto às relações de produção, a ampliação de relações de trabalho sem contratos estabelecidos pela mediação dos proprietários indica a superação de um formato de relações paternalistas, que reproduzem uma hierarquia social rígida, na qual o trabalhador rural parceiro, morador, arrendatário é o trunfo que garante a manutenção da estrutura agrária, com a redução das tensões pela aparência de acesso à terra que é dada a estes trabalhadores rurais, e é também o trunfo que garante a estrutura política oligárquica, reafirmada a cada período eleitoral com a participação do voto desses trabalhadores.

A substituição de contratos de trabalho, mediados pelo proprietário de terras, por contratos com empresas, mediados pela legislação trabalhista, tem um efeito importante na ampliação dos espaços de organização e atuação dos sindicatos rurais, sempre obstruídos pelo personalismo e pelo compadrio nas relações de trabalho. A impessoalidade nas relações capitalistas, se por um lado permite à empresa maior exploração da sua força de trabalho, por outro favorece a organização dos trabalhadores, que, em conjunto, têm mais possibilidades de fazer ouvir suas reivindicações e de obter maiores ressonâncias e respostas. Afinal, os níveis salariais do ABC paulista devem-se mais à ação organizada dos trabalhadores do que de concessões das empresas (OLIVEIRA, 1990). Não se trata aqui de estabelecer qualquer comparação ou uma perspectiva linear dos movimentos dos trabalhadores, mas apenas ressaltar a importância da organização do setor trabalho como um dos vetores, historicamente, mais eficientes para dar visibilidade e conduzir demandas sociais no sistema capitalista.

Já se observa na fruticultura irrigada do Rio Grande do Norte alguns efeitos multiplicadores para pequenos e médios proprietários. A terceirização, ou associação, de parte das atividades dessas empresas significa repasse de tecnologia e inserção destes agricultores num circuito produtivo e comercial que garante sustentação das suas atividades.

Com relação à propriedade fundiária, se a atividade empresarial no clima semiárido contribui para a manutenção do monopólio da terra, há um novo significado nesta apropriação, ou seja, competitividade, produção, tecnologia, capital e produtividade, e não *status*, tradição, herança familiar, aval para fundos públicos, ou capital simbólico para o jogo político.

Finalmente, outro significado importante da entrada em cena destes novos atores refere-se à sua racionalidade produtiva, que requer mão de obra mais qualificada e mais preparada para as características do circuito monetário. Ou seja, o valor do dinheiro para atrair e manter o trabalhador vinculado à empresa e interessado na produção é o mesmo motor que o fará apoiar as lutas sindicais por melhores salários, eleger novos tipos de representantes ou exigir novas ações dos antigos.

Conclusões e Sugestões de Novas Questões

As possibilidades de rupturas no real, a partir do novo imaginário contido no discurso que exalta as qualidades do clima semiárido do Nordeste, não significam, absolutamente, um *wishfull thinking* acadêmico ingênuo. Na realidade, o discurso é importante pelo que revela (FORGET, 1994), e a imagem trágica da seca, num país inserido no sistema mundo como produtor de tecnologias intermediárias e como espaço aberto à inovação, endógena e exógena (BECKER e EGLER, 1992), encontra-se racionalmente esgotada. Seu conteúdo simbólico está cada vez mais esvaziado frente à desqualificação do signo que o gerou; trata-se, de modo cada vez mais evidente, de um discurso que se sustenta no imaginário que ele próprio criou, e nisto reside a sua força e sua capacidade de sobrevivência e reprodução; mas pode ser também a sua fraqueza, desde que a seca, que nada mais é do que um fenômeno climático, seja finalmente colocada no seu devido lugar. Enquanto a seca for, de algum modo, percebida como dimensão social, as bases simbólicas do discurso trágico estarão sendo alimentadas, e certamente todo o seu desiderato.

Mesmo considerando que o mesmo ator pode ser moderno na economia e tradicional na política, e a sociedade nordestina conhece bem esta dualidade, a expansão do *agrobusiness*[2], ao atrair uma parte da elite agrária regional tradicional, ou seus descendentes, estabelece a possibilidade de traição dos seus próprios métodos, ou seja, aqueles das atividades lucrativas, mas cuja competitividade possa ser mediada pela política. Como este não é o caso da competição na escala internacional, novas mediações são exigidas para a sobrevivência nessa atividade.

Neste segmento da produção regional, as articulações em múltiplas escalas permitem algumas reflexões sobre o papel dos agentes, nela envolvidos, para a economia agrária regional. Por um lado, a necessária conexão entre escalas de produção e de consumo, das economias modernas, impõe novas mediações e superações das formas tradicionais, abrindo espaços para novas alternativas produtivas e novas solidariedades. Isto pode ser, por enquanto, apenas um embrião de mudança, mas cuja existência merece atenção. Por outro, a agricultura tem sido o setor da economia nordestina mais resistente a mudanças, tanto econômicas e técnicas, como sociais e políticas, ao contrário dos setores urba-

---

[2] Trata-se, nesta pesquisa, do Rio Grande do Norte, mas acreditamos que a situação se reproduza em outras áreas da Região Nordeste.

nos industriais que acompanharam de perto, e até em ritmo maior algumas vezes, as transformações ao nível nacional (OLIVEIRA, 1990; CASTRO, 1992). Ao mesmo tempo, a persistência do atraso na zona rural regional é também um elemento decisivo para o triste privilégio de *locus* da pobreza nacional (ABRANCHES, 1985; ROCHA, 1995) e do clientelismo político de tipo oligárquico, o que nos leva a apontar perspectivas favoráveis nas mudanças deste quadro, apesar de conscientes das escolhas trágicas que a modernização capitalista sempre impõe.

A fragilidade política, tanto nas escalas local como regional, de alguns desses novos agentes econômicos, indica uma tendência, já em curso, de alianças entre eles e políticos ou burocratas, na busca de espaços de representação de interesses. No Ceará, apesar de os promotores econômicos mais importantes terem sido do tipo urbano industrial, foi iniciada uma gestão empresarial na política, como resultado concreto de um projeto empresarial de ocupação de espaços institucionais, baseado em novas alianças, com alguns efeitos já perceptíveis (GUNN, 1994). Esta é, a médio prazo, uma alternativa, mesmo que ainda frágil, ao pacto oligárquico.

Também na perspectiva da recente questão colocada pela relação entre o lugar e o mundo, GUIDDENS (1991) nos fornece algumas pistas para o nosso problema, quando afirma que "as organizações modernas são capazes de conectar o local e o global de formas que seriam impensáveis em sociedades mais tradicionais, e, assim fazendo, afetam rotineiramente a vida de milhões de pessoas". Esta não é certamente uma grande novidade para nós geógrafos e nossa perspectiva em lidar com espaços regionais e a sua contínua abertura para conectá-los ao nacional e ao global, porém a empiria também nos ensina que os processos espaçotemporais não são homogêneos, nem tampouco homogeneizam, e que a concreta interligação dos lugares a um mundo globalizado por modernas e sofisticadas redes técnicas não é um fato ubíquo nem banal, o que lhe confere um significado a ser considerado.

Do ponto de vista social e político, a inovação ocupa ainda um espaço muito pequeno. Este não ameaça, em extensão territorial ou em ocupação de espaços de poder, o há muito estabelecido, mas, pelo menos, já tem possibilitado a construção de um novo imaginário sobre o clima semiárido no Brasil, substituindo suas mazelas por suas benesses. Além disso, o *status* da ciência e da tecnologia, como passíveis de romper com estruturas arcaicas, começa, com atraso e de modo ainda restrito, a ter mais valor do que a tradição. Como a nossa história pode ser muito lenta (MARTINS, 1994), mas não infensa a rupturas, trata-se de observar atentamente as ocorrências das inovações, suas dimensões e os significados dos rearranjos das estruturas de poder nas diferentes escalas territoriais que elas propiciam. Mas, trata-se também de ficar atento aos novos termos do discurso político tradicional, que tem sabido incorporar com muita competência as bases da sua própria negação, para diferenciá-la de um outro, que já se pôs em marcha, responsável pela criação de um ambiente político mais favorável a mudanças.

Bibliografia

ABRANCHES, Sérgio H. *Os despossuídos; crescimento e pobreza no país do milagre.* Rio de Janeiro, Jorge Zahar Ed., 1985.

ANDRADE, Manoel Correa. *Tradição e mudança.* Rio de Janeiro, Zahar Editores, 1982.

AQUINO, Cléber. (Org.). *Vivências empresariais.* Vol. II. Fortaleza, Fundação Demócrito Rocha, 1990.

BARREIRA, César. *Trilhas e atalhos do poder.* Rio de Janeiro, Rio Fundo Editora, 1992.

BECKER, Bertha e EGLER, Claudio A. G. *Brasil uma nova potência regional na economia-mundo.* Rio de Janeiro, Ed. Bertrand Brasil, 1992.

BURKE, Edmund. *Reflexões sobre a revolução em França.* Brasília, Ed. Universidade de Brasília, 1982.

CAMARGO, Aspásia. A questão agrária: crise de poder e reforma de base (1930-1964). *In*: FAUSTO B. (Org.) *História geral da civilização brasileira.* Vol. III. Rio de Janeiro, Bertrand, 1981, pp. 121-224.

CARDOSO, Fernando H. Hegemonia burguesa e independência econômica: raízes estruturais da crise política brasileira. *In*: FURTADO, C. (Coord.) *Brasil tempos modernos.* Rio de Janeiro, Paz e Terra, 1977: 77-109.

CARVALHO, Rejane Vasconcelos Accioly. *Candidaturas populares na zona rural do Ceará: o sertão ainda é o mesmo? In: Nordeste, o que há de novo?* Vol. 2. Natal, UFRN, 1988.

CASTRO, Iná Elias de. *O mito da necessidade.* Rio de Janeiro, Ed. Bertrand Brasil, 1992.

———. *O problema da escala. In*: CASTRO, I. E., COSTA GOMES, P. C. e LOBATO CORREA (Orgs.) *Geografia: Conceitos e Temas.* Rio de Janeiro, Ed. Bertrand Brasil, 1995.

CAVIEDES, Cesar N. e MULLER, Keith D. *Fruticulture and uneven development in Northeast Brasil. The Geographical Review.* 84(4): 380-393, 1994.

CUNHA, Antônio Geraldo. Dicionário etimológico da língua portuguesa. Rio de Janeiro, 2 Nova Fronteira, 1994.

FELIPE, José Lacerda Alves e MOURA, Maria da Conceição de Almeida. Um pretexto para a compreensão da seca: um prétexto. *In*: CADERNO NORTE-RIO-GRANDENSE DE TEMAS GEOGRÁFICOS. Natal, UFRN, V.3 N.4, 1988.

———. *Elementos de Geografia do Rio Grande do Norte*. Natal, Ed. Universitária, UFRN, 1988.

FAORO, Raymundo. *Os donos do poder*. Vol. 2. Porto Alegre, Ed. Globo, 1976

FORGET, Danielle. *Conquistas e resistências do poder*. São Paulo, EDUSP, 1994.

FURTADO, Celso. *Dialética do desenvolvimento*. Rio de Janeiro, Ed. Fundo de Cultura, 1964.

———. *Teoria e política do desenvolvimento econômico*. São Paulo, Cia. Ed. Nacional, 1971.

———. *Formação econômica do Brasil*. São Paulo, Cia. Ed. Nacional, 1972.

———. *A construção interrompida*. São Paulo/Rio de Janeiro, Ed. Paz e Terra, 1992.

GOMES, Paulo Cesar da Costa. *Geografia e modernidade*. Rio de Janeiro, Bertrand, 1996.

GUIDDENS, Anthony. *As consequências da modernidade*. São Paulo, Ed. UNESP, 1991.

GUNN, Philip. *O pacto cearense de cooperação*. Versão resumida de "Novas elites e o Nordeste: o caso do Ceará." IDEC. Relatório de pesquisa, Fund. Ford, Recife, 1994.

HOEFLE, Scott W. *Harnessing the interior vote: the impact of economic change, umbalanced development and authoritarianism on local politics of Northeast Brazil*. Londres, University of London. Institut of Latin American Studies, Working Papers, 14, 1985.

LEAL, Victor N. *Coronelismo, enxada e voto*. São Paulo, 4ª Ed. Alfa-Omega, 1978.

MARTINS, José de Souza. *O poder do atraso*. São Paulo, HUCITEC, 1994.

MOORE, Wilbert E. Modernização dos trabalhadores. *In*: PEREIRA, Luiz (Org.), *Subdesenvolvimento e desenvolvimento*. Rio de Janeiro, Zahar, 1976: 141-152.

OFFE, Claus. *Dominação de classe e sistema político. Sobre a seletividade das instituições políticas*. *In*: *Problemas estruturais do Estado capitalista*. Rio de Janeiro, Ed. Tempo Brasileiro, 1984.

OLIVEIRA, Francisco. *Elegia para uma re(li)gião*. Rio de Janeiro, 3ª ed. Paz e Terra, 1981.

———. *A metamorfose da arribaçã*. São Paulo, NOVOS ESTUDOS CEBRAP, nº 27, 1990.

PRADO JÚNIOR, Caio. *História econômica do Brasil*. São Paulo, 14ª ed. Brasiliense, 1971.

PROFRUTAS (Associação dos Produtores e Exportadores de Frutas Tropicais do Nordeste). *Manifesto sobre a agricultura irrigada*. Mossoró, maio de 1995, 12 p.

REIS, Elisa P. Sociedade agrária e ordem política. *DADOS*, Rio de Janeiro, 23(3): 275-296, 1980.

———. Brasil: Cem anos de questão agrária. *DADOS*, Rio de Janeiro, 32(3): 281-301, 1989.

ROCHA, Sonia. *Governabilidade e pobreza: o desafio dos números. In*: VALLADARES, L. e COELHO, M. P. (Orgs.). *Governabilidade e pobreza no Brasil*. Rio de Janeiro, Civilização Brasileira, 1995.

SANTOS, Milton. *Técnica espaço tempo*. São Paulo, Ed. HUCITEC, 1994.

SILVA, Aldenor Gomes. *A parceria na agricultura do Baixo Açu*. Natal, CCHLA, 1992.

SILVA, José Graziano da. *A irrigação e a problemática fundiária do Nordeste*. São Paulo, Instituto de Economia, UNICAMP e PRONI, 1989.

SILVA, Marlene M.; LIMA, Diva M. A. *Sertão Norte*. Recife, SUDENE, 1982.

SOARES, Glaucio A. D. *Sociedade e política no Brasil*. São Paulo, DIFEL, 1973.

SORJ, Bernard e WILKINSON, John. Processos sociais e formas de produção na agricultura brasileira. IN: (Org.). *Sociedade e política no Brasil pós-64*. São Paulo, Brasiliense, 1983: 164-190.

VALÊNCIO, Norma F. *Grandes projetos hídricos no Nordeste*. Natal, Ed. Universitária, UFRN, 1995.

VINCENT, Andrew. *Ideologias políticas modernas*. Rio de Janeiro, Jorge Zahar Ed., 1995.

As Estratégias do Capital no Complexo da Soja

Júlia Adão Bernardes

Introdução

Partindo do princípio de que é fundamental apreender o significado social e político da implantação técnica em sua dimensão espacial, nos propomos a estudar as relações e articulações existentes em uma determinada área, assim como as adequações que essa incorporação técnica exige na organização do espaço.

É fato conhecido que a agroindústria da soja, que vem se expandindo em Mato Grosso desde 1985, se caracteriza por ser grande absorvedora de tecnologia, suscitando um maior conhecimento das articulações que possibilitam que a mesma alcance essas áreas de cerrado e dos efeitos espaciais que apresenta.

É importante considerar que essas implantações técnicas introduzem relações novas com o espaço, com implicações de ordem social e territorial ainda pouco estudadas. O que nos propomos aqui é iniciar a reflexão sobre o tema, analisando as relações concretas.

Estamos de acordo com CASTELLS (1979) quando

afirma que, se não aprofundamos as discussões sobre os elementos teóricos necessários à análise empírica, a investigação acaba por reduzir-se a meras constatações conjunturais quase sempre superadas. Por outro lado, a riqueza da teoria reside na sua constatação prática.

Nossa intenção é analisar o padrão de acumulação do complexo sojífero, em Mato Grosso, procurando chegar a um concreto compreensível. Não obstante, detectar os processos geradores do novo movimento de acumulação é tarefa complexa, que exige reflexões aprofundadas. Nesse sentido, gostaríamos de esclarecer que apenas nos encontramos no começo das análises empíricas.

Centro-Oeste: uma Região em Transformação

O primeiro quinquênio dos anos 70 marca o fim da Era de Ouro. "A história dos vinte anos após 1973 é a de um mundo que perdeu suas referências e resvalou para a instabilidade e a crise" (HOBSBAWN, 1995: 393). Essa crise, que atinge de forma profunda a organização das sociedades, não nos permite analisar com maior clareza o período atual. Entretanto, certas mudanças profundas nos padrões espaciais podem ser percebidas nesta fase de transição.

As transformações mais recentes do sistema capitalista no contexto da globalização revelam novas formas de articulação espaço/tempo. O modelo de acumulação, impulsionado pelo progresso técnico-científico, busca a reprodução ampliada do capital, o que implica a superação de barreiras espaciais.

Assim, à medida que os meios técnicos permitem o aniquilamento do espaço pelo tempo, as inovações tecnológicas ao mesmo tempo homogeneizam o espaço e o fragmentam, dependendo da ênfase na qualidade particular dos lugares e de seu interesse para o capital (SMITH, 1988), permitindo que penetre de forma seletiva, possibilitando que as inovações alcancem lugares nem sempre dotados de modernizações anteriores. Com base no princípio da divisão, fundamento do desenvolvimento capitalista, são estabelecidas as bases para uma nova divisão espacial do trabalho e da produção (SANCHEZ, 1995).

Em países semi-industrializados como o Brasil, em regiões antes consideradas periféricas, a exemplo do Centro-Oeste, sob o impulso da técnica, há condições para atividades com alto nível de capital, tecnologia e organização, dando lugar a fenômenos de descentralização seletiva. Ainda que as atividades de comando tendam a se manter concentradas, a rede de atividades produtivas mais modernas tende a se expandir territorialmente, o que pressupõe a compreensão da atuação do Estado nos movimentos de localização/relocalização e os mecanismos desenvolvidos.

No início dos anos 70, com o objetivo de abastecer os centros urbanos e de incentivar a exportação de produtos não tradicionais, o governo brasileiro coloca em ação programas que se constituíram no sustentáculo do desenvolvimento que se iniciava no Brasil Central, desencadeando uma política que visava o aumento da produção e da produtividade em atividades agropecuárias e que se vinculava ao Programa de Corredores de Exportação.

A criação de infraestrutura para desenvolvimento da agropecuária regional se dá com a criação de instrumentos como o PRODOESTE e o POLO CENTRO (1975), que previam a ocupação racional dos cerrados e seu aproveitamento em escala empresarial, com apoio no crédito favorecido.

As grandes empresas, via de regra oriundas do Centro-Sul, quase sempre se deslocam para a região dispondo de instrumentos técnicos que aumentam o seu poder, imobilizando importantes recursos de capital, seja em termos de instalações, maquinária e equipamento, seja em estoques armazenados ou em infraestrutura Trata-se de aproveitar no Brasil Central as vantagens de localização em escalas mais amplas, que permitem mudanças na magnitude da produção e nos níveis de produtividade, possibilitando a manipulação estratégica das diferenças territoriais. O resultado é o aumento considerável dos volumes de produção e de negócios, embora a custo da diminuição da quantidade de trabalhadores. A produtividade é o conceito-chave nesta realidade.

O quadro de estímulos governamentais, favorecido pelo aquecimento do mercado externo, foi determinante na evolução da cultura da soja na região dos cerrados, que passa a se destacar entre as lavouras que mais prosperaram na região. Entre 1980 e 1994 o volume de produção da soja cresceu 570,86%, alcançando 10.128.984 toneladas em 1994, o que representa 40,66% da produção nacional. No que se refere à área plantada, o aumento foi da ordem de 385,65%, ocupando 4.290.413 hectares em 1994, participando com 37,20% da área nacional. A região detém os maiores índices de rendimento médio do país, que se situam ao redor de 2.364 kg/ha em 1994.

Além dos aspectos vinculados diretamente à produção, a região procura desenvolver as condições de integração em uma dinâmica de mercado, dependendo das circunstâncias dos âmbitos locais. Com a ampliação da introdução de mudanças nos transportes e comunicações, ampliam-se os fluxos e a velocidade do deslocamento, assim como a transmissão da informação, possibilitando a participação em âmbitos de comercialização mais amplos, instituindo no território as condições que mais favoreçam o processo de acumulação.

As cidades que oferecem certas vantagens de aglomeração adequadas a esta escala, ou seja, dotadas de agentes com objetivos e capacidades para mobilizar recursos, são transformadas em espaços de acumulação, facilitando a criação de uma mentalidade nova na região.

No Centro-Oeste o voluntarismo hoje não tem lugar. O saber produzir em determinadas condições físicas, a utilização intensiva de tecnologia, ao mesmo tempo funciona como um mecanismo de inclusão e exclusão, do ponto de vista da competição, como parte das estratégias do capital no desenvolvimento do território. Em sua essência, as relações de poder enquanto mecanismo fundamental de controle social e os objetivos de acumulação permanecem inalteráveis, apenas se adaptam a novas condições territoriais em novas bases técnicas para continuar sua reprodução ampliada.

O Cerrado Mato-grossense: uma Nova Escala de Rreferência

Analisar o complexo agroindustrial da soja em Mato Grosso significa embarcar numa complicada aventura. A observação direta dessa realidade ao longo das investigações revela que se encaixa mal nos esquemas tradicionais, desconcertando aqueles que veem os complexos agroindustriais como uma realidade homogênea. A realidade observada em Rondonópolis apresenta uma série de evoluções, devendo-se reconhecer a existência de vários tipos de atividades produtivas interagindo e captar os mecanismos da produção e do intercâmbio, assim como os processos que os animam.

Nessa nova realidade se erguem ativas hierarquias sociais em meio a incrementadas disputas, cujas articulações modificam a ordem anteriormente estabelecida, criando novas dinâmicas de mercado e dirigindo seus negócios por caminhos muito particulares.

A proposta desta breve viagem é perceber a dinâmica do complexo sojífero da região de Rondonópolis, como se alimenta essa implantação técnica produtiva, os contornos que a rodeiam como uma fronteira, procurando-se avançar na direção dos limites que se estabelecem entre o que se pode e o que não se pode alcançar.

A Soja Conquista Espaço

No final dos anos 70 a soja chega timidamente ao cerrado mato-grossense, suplantando pouco a pouco outros cultivos, como o arroz de sequeiro, na época a lavoura de maior destaque na região. Triunfou sobre as lavouras de subsistência e a pecuária extensiva, e venceu também o espaço vazio ou quase vazio.

Teve sorte de não haver grandes resistências. Tratava-se de uma conquista do espaço, cujo conteúdo anterior seria aniquilado. Os instrumentos e mecanismos dessa conquista, que culmina na produção de um complexo agroindustrial em uma zona pioneira, têm como ponto de partida empresários experientes do Sul do país, que aplicam um nível tecnológico elevado, empenhados na construção de uma nova ordem econômica e social, não tardando em deslizar a fronteira da soja um pouco mais para o interior.

A terra barata nos anos 70 havia facilitado os investimentos, os incentivos concedidos pela SUDAM, as linhas especiais de crédito criadas pelo governo para estimular a ocupação dos grandes espaços vazios nas áreas de fronteira agrícola, atraíram os investidores, tudo isso favorecido por determinadas condições naturais, onde se destaca a intensa luminosidade e a topografia.

Nos anos 80 o esteio da economia em Mato Grosso era a soja, transformando outras atividades, seduzindo os tradicionais pecuaristas da região, arrastando-os para as inovações da agricultura. Ou seja, os agentes produtivos chegam, competem e vencem.

Quando se busca o contexto macroeconômico brasileiro para compreender a dinâmica do mercado, nos deparamos com uma crise geral que se inicia na segunda metade dos anos 70, amenizada em 1985/86, quando se verifica uma conjuntura de aquecimento da atividade econômica no âmbito dos *Planos Cruzados I e II* para logo em seguida se agudizar, com exacerbação da inflação e estagnação da atividade econômica.

Essa crise geral refletia como a inserção de países semi-industrializados, na divisão internacional do trabalho, estava sendo afetada, significando que os elementos básicos de suas estruturas internas vinham sendo alterados. Cabe lembrar que o modelo de desenvolvimento hegemônico do pós-guerra fordista se esgotava e, apesar das soluções de curto prazo implementadas para sair das crises, ia ficando claro que não conseguia recompor, sobre as mesmas bases que antes haviam determinado sua viabilidade e êxito, a acumulação econômica e o consenso social no sistema, implicando em obsolescência do capital e de suas formas técnicas.

A recessão estimula investimentos extremamente seletivos, em ramos rentáveis, em frações do mercado capazes de sobreviver à crise econômica. A agroindústria da soja constitui um desses investimentos dinâmicos seletivos, que ocorre de forma desigual no território, concentrando-se de forma exemplar em Mato Grosso.

O "boom" da expansão da soja em Mato Grosso, assim como as transformações decorrentes da mesma, concentram-se em curto espaço de tempo. Em apenas dez anos (85/95) a produção mato-grossense foi incrementada em 264%, alcançando atualmente a posição de segundo maior estado produtor de soja do país, com um total de 5.498.104 toneladas.

É na mancha situada ao norte de Cuiabá que a soja alcança maior expressão, destacando-se como principais produtores, na safra de 94/95, o município de Campo Novo do Parecis, com 770.138 toneladas e o de Sorriso com 521.000, seguidos de perto por Nova Mutum, Diamantino e Lucas do Rio Verde. Esse grupo de municípios respondeu nessa safra por 44% da produção total do estado. Na parte sudeste do estado, que compreende a grande região de Rondonópolis, Primavera do Leste é o maior destaque, com 428.423 toneladas. Nessa região, o conjunto formado por Primavera do Leste, Novo São Joaquim, Campo Verde e Itiquira contribui com 25% da produção de Mato Grosso.

Esses nove municípios, que respondem praticamente por 70% da produção total do estado, também são concentradores das maiores áreas, detendo 68,36% da área plantada com soja, dos quais 44,05% correspondem aos municípios situados ao norte de Mato Grosso e 24,31% ao conjunto localizado na região de Rondonópolis.[1]

Embora a maior parte da produção esteja concentrada em um pequeno número de grandes propriedades, os levantamentos iniciais sobre a estrutura fundiária indicam que a difusão da produção ocorre em áreas médias de 2.000 ha.[2] Atualmente cresce também o arrendamento de grandes áreas na região, assim como seu valor, que se situa atualmente em torno de 40 sacas/ha, sugerindo que, face à elevação do preço da terra, nem sempre o mais conveniente é imobilizar capital.

Em 1995 a soja ocupa em Mato Grosso aproximadamente 2.280.360 ha, detendo esse estado a segunda maior área de produção do país, contribuindo com 20% no conjunto nacional. Entretanto, apesar do significativo aumento da área cultivada, a magnitude da difusão espacial no tempo não revela correspondência com os índices registrados para a produção. Assim, entre 1985 e 1995 a produção registrou um crescimento de 264% contra 177% da área. O fato do crescimento da produção superar o da área revela forte tendência à aplicação de elevados níveis tecnológicos no sistema produtivo.

Efetivamente, esses espaços concentradores da produção têm sido palco de concentração de recursos e de implantações tecnológicas e condicionadores de articulações econômicas e técnicas que se difundem espacialmente, resultando em elevados níveis de rendimento.

---

[1] Na safra de 94/95, em cada um desses municípios a área plantada com soja foi superior a 100 mil hectares, destacando-se Campo Novo do Parecis com 287.829 ha e Sorriso com 200.000 ha. Na região de Rondonópolis, Primavera do Leste detém a maior extensão, ocupando 161.175 ha.

[2] Segundo técnicos entrevistados, o módulo mínimo no cerrado com viabilidade econômica é de 500 ha, porém a propriedade ideal é de 3.000 ha.

Apesar das dificuldades que o quadro natural do cerrado apresenta, na safra de 94/95 Mato Grosso apresentou o maior rendimento médio do país, em torno de 2.630 kg/ha, distanciando-se bastante da média nacional, situada em 2.163 kg/ha. A quase totalidade de seus municípios registrou rendimento médio superior a 2.000 kg/ha. Entretanto, um conjunto de vinte municípios ultrapassou a média do estado, refletindo o elevado nível técnico aplicado.[3]

O Complexo da Soja em Rondonópolis

O sistema capitalista vive uma fase de reestruturação de seus mecanismos de acumulação, estando as novas formas de produção cada vez mais apoiadas na revolução tecnológica em curso. Assim, o processo de produção atual apresenta um modo de desenvolvimento com determinados arranjos tecnológicos, através dos quais o trabalho transforma a matéria para gerar um produto, de forma a obter excedente a partir de maior produtividade.

Nesse contexto de transformação que aponta para a importância da ciência e da técnica no processo de organização do território e para a inevitabilidade do monopólio/oligopólio, surgem novas territorializações em função das potencialidades específicas de determinados lugares, redefinindo os espaços tradicionalmente utilizados nos processos produtivos.

O complexo agroindustrial da soja em Rondonópolis constitui reflexo dessas novas potencialidades,

---

[3] Vale destacar um conjunto de oito municípios com rendimento acima de 2.700 kg/ha, cabendo a Pedra Preta o maior índice do estado, obtendo o recorde de 3.012 kg/ha, ultrapassando a média norte-americana de 2.530 kg/ha na safra de 92/93.

despontando como um novo palco de realização do processo produtivo, onde novos fixos são implantados e as articulações espaciais com a grande corporação setorial são garantidas via implantação das novas redes de comunicação, introduzindo maior velocidade nas transações comerciais e financeiras, aumentando a rapidez e o volume dos fluxos.

As Atividades que Integram o Complexo

"Todo desenvolvimento de Mato Grosso veio na esteira da soja. Nós somos viáveis aqui porque temos o dobro da produtividade do Sul e agregamos valor", afirma Vettorato (1994), um dos produtores entrevistados. Nesse complexo, que envolve múltiplas atividades, o valor agregado ao produto permite alcançar um diferencial mercadológico em relação a outras regiões,[4] fazendo com que a área cresça não apenas apoiada em um único produto. Se essa região econômica não possui um quadro natural suficientemente adequado ao produto que constitui a fonte geradora de novas atividades, o que importa saber é se a mesma possui os ingredientes essenciais para participar com sucesso dos atuais fluxos de atividade econômica.

As práticas que contribuem para garantir os diversos projetos nessa fronteira capitalizada geram um padrão espacial que revela que essas áreas funcionam como incubadoras de atividades com forte sinergia local, implicando uma reorganização do espaço segundo as novas exigências, passando a apresentar maior

[4] Segundo Vettorato, "qualidade e meio ambiente são diferenciais para o produtor da região", passando a ecologia a ter um valor comercial, já que o objetivo é vender um produto que não causou problemas ao ambiente, que seja de qualidade comprovada e produzido nas melhores condições.

conexão com unidades de pesquisa, com mão de obra qualificada, aproveitando as possibilidades que as novas tecnologias de comunicação oferecem. Essa organização deriva da eficiência da iniciativa privada, com capacidade de alto nível de manipulação racional do meio ambiente.

Soja: o Esteio do Complexo

O desenvolvimento técnico-científico foi o instrumental que possibilitou uma manipulação mais eficiente dos recursos naturais no cerrado mato-grossense. Os avanços alcançados em rendimento médio resultam da organização do espaço agrário em termos de variedades de cultivares geneticamente adequadas às condições do cerrado, da dependência de insumos fornecidos pelas multinacionais, especialmente no que se refere a fertilizantes e agrotóxicos, além do uso de máquinas e implementos modernos.

Assim, as inovações mecânica, físico-química e biológica, utilizadas de forma coordenada, superam as barreiras naturais e aumentam a velocidade de circulação do capital, redimensionando a produtividade do trabalho e elevando o rendimento médio. Essa é uma estratégia para aumentar a produção sem expandir a propriedade, "como se o capital fabricasse mais terra" (GRAZIANO DA SILVA, 1981: 24).

Convém ressaltar que o princípio da vantagem natural não é suficiente para explicar o avanço da soja no cerrado, ainda que este apresente algumas condições naturais favoráveis. O solo do cerrado é pobre e necessita de investimentos para ser corrigido. De modo que o domínio da natureza pelo capital se intensificou através da irrigação, adubação, utilização de máquinas etc.

É interessante notar o uso intensivo de insumos, o controle integrado das plantas daninhas, o manejo de pragas, os tratos culturais adequados. O uso da população correta para o cerrado e a utilização de cultivares mais produtivas, de ciclos diferentes, com plantio nas épocas certas, também significam ganhos em rendimento. Nessas condições, o aumento do rendimento médio por ano é de 3,58%. Sem dúvida, a tecnologia do cerrado é das melhores do mundo, quando se trata da soja.

Não obstante, para obter significativos níveis de rendimento o custo dos insumos é bastante elevado.[5] Na safra de 94/95, para remunerar as despesas totais com insumos, correspondentes a R$ 162,48 por hectare, eram necessárias 21 sacas de 60 kg/ha, de acordo com o preço mínimo garantido pelo governo para Mato Grosso, no valor de R$ 7,73.

Enquanto o uso de sementes melhoradas e de insumos constitui a base do processo que leva o capital a superar as barreiras naturais, as inovações mecânicas contribuem para a ampliação da escala de produção (GRAZIANO DA SILVA, 1981).

Sem um forte aporte tecnológico em termos de máquinas e equipamentos adequados, com utilização mais racional, os avanços na produção de soja e nos níveis de rendimento teriam sido mais modestos. Nesse sentido, devemos chamar a atenção para a importância das dimensões na escala de produção, uma das vantagens comparativas que a região oferece, correspondendo a essa escala significativo nível de concentração da terra capitalizada e, consequentemente, do capital. Nesse con-

---

[5] No que se refere ao uso de insumos, em virtude do elevado índice de ferro do solo, apenas um terço do adubo é aproveitado, ficando o restante retido, o que contribui para elevar os custos com esse item.

texto, a análise da apropriação social da tecnologia e do território nos permite perceber os limites da pequena e média propriedades em termos do cultivo da soja, em última instância impostos pela dinâmica da produção e do mercado, cujo fim último é a acumulação.

O elevado custo das máquinas e equipamentos pode ser observado na seguinte relação de troca: para remunerar o parque de máquinas para 1.000 hectares de soja são necessárias 75 sacas por hectare, considerando o preço mínimo garantido pelo governo (R$ 7,73).[6] Apesar do elevado custo da máquina para plantio direto, o mesmo vem se difundindo na região, possibilitando evitar despesas com o serviço de arar e gradear, além da conservação do solo, já que o processo normal de gradação rompe com a estrutura do mesmo.[7]

Sendo o fator solos um dos mais importantes para a produção, também se desenvolve a técnica do terraceamento ou de curva de nível para evitar a erosão. No que se refere à irrigação, a região utiliza os sistemas mais modernos, dispondo atualmente de 18 pivôs centrais na grande Rondonópolis.

Apesar do alto custo da maquinaria, esta é em grande parte utilizada para outras produções, como o milho, o milheto, o sorgo, o algodão etc., já que a rotação de culturas é amplamente praticada na região, especialmente para evitar maior difusão de pragas e doen-

---

[6] Os valores de custo das máquinas, da ordem de R$ 579.000,00, foram fornecidos pelo Sindicato Rural de Rondonópolis, constando do trabalho "Endividamento Agrícola do Estado de Mato Grosso", de 10/01/96. O parque de máquinas, com duração média de 4 anos, inclui tratores de diversas potências, diferentes tipos de plantadeiras, carretas, colheitadeiras, caminhões etc.

[7] Deve-se considerar que essa terra é agregada devido à correção e, subsolando, os corretivos afundam, devendo-se usar o menos possível o subsolador.

ças, considerando que o uso de grande quantidade de agrotóxicos acaba criando resistências ao combate das pragas.

Sem dúvida, a capitalização da agricultura nessa região se restringe a alguns produtos, como a soja, a qual é seguida de perto pela presença cada vez mais intensa do grande capital, que controla a venda dos insumos básicos, das máquinas e equipamentos, além da comercialização da produção.

Portanto, a necessidade de acumulação, que leva a uma franca expansão geográfica do capital na produção de soja no cerrado, exige contínuos investimentos para criar o ambiente adequado para a produção, não só nos objetos técnicos, mas também na infraestrutura, construindo campos, fábricas, oficinas, armazéns, portos, estradas, energia etc., que são as formas geograficamente imobilizadas de capital fixo.

Assim sendo, as condições naturais acabam sendo relativizadas, não constituindo maior obstáculo à quantidade e qualidade do desenvolvimento da soja no cerrado. A concentração e a centralização do capital nesse ambiente construído levam a um nivelamento das condições naturais, e elas perdem cada vez mais importância no contexto geral.

A Produção de Sementes Melhoradas

Um dos fatos mais significativos em termos de inovação no cultivo da soja e de grandes consequências no processo de modernização é a empresa de sementes melhoradas. A semente é o primeiro passo da verticalização porque se consegue um ganho embutido na produção. É um insumo fundamental para a obtenção de maior rendimento por ser um ser vivo que transmite todas as características genéticas de variedades mais adaptadas e mais produtivas em determinadas condições.

Vale ressaltar que a distribuição da diversidade genética não é homogênea em termos geográficos. Não obstante, o Brasil constitui uma das regiões de diversidade em função da riqueza biológica do seu território, favorecendo a adaptação dos cultivos aos diferentes ambientes. Apesar dessa vantagem natural, o trabalho de melhoramento vegetal para as condições de cerrado vem constituindo um enorme esforço de segmentos da pesquisa, exigindo geração de tecnologia específica para essas áreas, face à inexistência de conhecimentos em outras regiões do mundo. Nesse sentido, a pesquisa procura desenvolver variedades adequadas, mesmo sendo em termos de cultivares precoces, médias ou tardias, para o sul de Mato Grosso, para atender às condições específicas da região.

Tratando-se do melhoramento genético, a produção de sementes genética e básica constitui atividades desenvolvidas pela EMBRAPA, cabendo ao setor privado a reprodução de sementes certificadas e fiscalizadas e a distribuição de sementes comerciais. O convênio EMBRAPA-Centro Nacional da Soja/EMPAER-MT (Empresa de Pesquisa e Extensão Rural de MT) e o Grupo Itamarati Norte tem como objetivo principal desenvolver cultivares de soja melhor adaptadas às condições da região, resistentes a pragas e doenças, que respondam melhor à adubação e que apresentem elevado rendimento (ABRASEM, 1995).

As perdas de rendimento e qualidade, e também de insumos, causados por doenças como o cancro da haste no cerrado, têm sido elevadas, sendo importante desenvolver um grande número de variedades resistentes. A presença do nematoide de cisto é detectada em grande parte da região produtora de Mato Grosso, exigindo maior adoção do plantio direto para evitar a disseminação através da erosão eólica, exigindo também o plantio de variedades resistentes. Na falta destas, a prática de rotação com espécies resistentes, como o milho, o arroz e o algodão, é indispensável, sendo a situação ideal a combinação do plantio direto, variedades resistentes e rotação de culturas, o que já vem sendo realizado em áreas de Rondonópolis.

Vale destacar a estreita relação que se estabelece entre a pesquisa e a lógica econômica, pois, à medida que se cria um produto novo, tal fato tem um papel estratégico no processo de competição, favorecendo as empresas que controlam o novo produto em detrimento das demais.

O mercado de sementes no Brasil tem a soja como um de seus expoentes, é de grande extensão e se caracteriza pelo elevado número de empresas locais e grandes cooperativas participando na produção e distribuição de sementes. Embora a maior parte da produção se concentre no Rio Grande do Sul, que respondeu por 38,76% da produção nacional na safra de 93/94, o Estado de Mato Grosso, que iniciou mais recentemente a produção, vem se destacando no cenário nacional com uma participação de 9,75%.

A Associação dos Produtores de Sementes de Mato Grosso (APROSMAT), criada em 1980, voltada para o desenvolvimento de uma estrutura privada de sementes melhoradas, registra na safra de 93/94 uma produção em torno de 110.000 toneladas, cobrindo uma área de

1,9 milhão de hectares, possuindo 77 unidades de beneficiamento e 98 unidades de armazenamento (ABRASEM, 1995).

No conjunto do estado, a região de Rondonópolis se destaca como a mais favorável na produção de sementes melhoradas, especialmente na serra da Petrovina, que apresenta amplas áreas com altitude superior a 700 m, com temperatura mais amena, que são as condições ideais, embora os solos sejam pobres, mas este fator pode ser reajustado. Segundo um técnico entrevistado, nessa região cerca de 10 produtores são responsáveis por 80% da produção do estado. O processo de produção envolve não apenas produtores, mas também cooperados, que recebem uma semente idônea e assessoria técnica gratuita.

A produção da região de Rondonópolis visa atender prioritariamente as necessidades de abastecimento do mercado estadual, cobrindo a demanda na porção norte, que constitui uma região compradora, já que acima do paralelo 15 as condições são menos favoráveis, valendo-se das facilidades de isenção de qualquer imposto municipal. O estado registra uma elevada taxa de utilização, que varia em torno de 90%. Aproximadamente 70% da semente melhorada utilizada em Mato Grosso é produzida no próprio estado. O fato de existirem fatias do mercado regional não atendidas, e de o mesmo se encontrar em expansão, estimula a ampliação da produção e comercialização de sementes melhoradas.

Ao que tudo indica, a perda de rendimento por parte dos que utilizam grão de soja justifica a utilização de sementes melhoradas, apesar da elevada participação do seu custo no total da produção, da ordem de 10% na safra de 94/95.

Com base na atividade da empresa de sementes melhoradas, se amplia na região o processo de divisão da produção através da especialização, com projeção territorial, já que apenas algumas grandes empresas responsáveis pelo cultivo da soja acumulam também a função de produzir e comercializar as sementes melhoradas. São estas empresas, com maior nível de capitalização, que detêm as condições para aproveitar as vantagens de localização em escalas mais amplas, que podem manipular estrategicamente as diferenças territoriais, aproveitando melhor o ambiente territorial e econômico, já que também dispõem de maior acesso aos instrumentos tecnológicos.

Se por um lado a tecnologia acaba constituindo um fator de distanciamento e um mecanismo de exclusão dos demais produtores, por outro, permite aos incluídos competir em outras esferas da produção. Nesse sentido, abre-se a possibilidade de uma divisão a partir de dentro, implicando a inclusão dos agentes mais capitalizados nos circuitos superiores de acumulação.

A Indústria de Esmagamento da Soja

A soja destaca-se no cerrado entre os produtos agrícolas suscetíveis de adição de valor agregado através da transformação industrial. Sendo a cultura de maior expansão no cerrado, garante a estabilidade do fornecimento da matéria-prima.

Na grande região de Rondonópolis encontram-se presentes no território indústrias do porte da SADIA e da CEVAL, localizadas na zona urbana, que constitui a retaguarda das áreas de produção. Essas indústrias de esmagamento estabelecem distintos tipos de relações no interior do complexo, entre as quais se destacam as relações de intercâmbio com os produtores de matéria-prima. Esta é adquirida diretamente do produtor, através de agentes compradores ou proveniente da área de produção controlada pela própria indústria.

Na indústria a soja é processada e transformada nos seus produtos mais nobres, que são o óleo e o farelo, sendo este último utilizado principalmente na elaboração de rações para alimentação animal, especialmente de aves, suínos e bovinos, e aqui a indústria de esmagamento entra em relação com as demais atividades do complexo.

A SADIA e a CEVAL, as duas grandes esmagadoras do complexo sojífero de Rondonópolis, dominam a tecnologia de ponta, em geral importada, tendo a parte industrial automatizada. Entre a produção de farelo e de óleo de soja se estabelece uma relação técnica, que varia de acordo com o nível tecnológico aplicado, correspondendo a uma certa quantidade de óleo uma dada quantidade de farelo.

Dotada de um nível técnico dos mais elevados do país, a unidade da SADIA, uma das maiores em termos de processamento, esmaga em média 1.500 ton./dia, obtendo 1.170 ton. de farelo (80%), já que abaixo desse percentual a qualidade do farelo começa a cair, e 280 ton. de óleo bruto (19%), refinando 230 ton./dia, alcançando elevados níveis de rendimento industrial. Vale registrar as sensíveis melhorias que vêm ocorrendo no processo de refino.

A CEVAL, que vem investindo na modernização de sua fábrica de Rondonópolis, com vistas a ampliar a capacidade de esmagamento, supera a SADIA, esmagando 1.700 ton./dia, mas ainda não realiza o refino do óleo.

Apenas pequena parte do farelo produzido pelas indústrias da região permanece na mesma, destinando a SADIA 10% às unidades de produção de frangos de Campo Verde (Mato Grosso) e 10% ao mercado interno. O óleo refinado é vendido no mercado interno, destacando-se o Centro-Oeste e o Norte como mercados preferenciais.

Na medida em que as indústrias transferem os produtos produzidos para o mercado externo, se estabelece nova ordem de relações. A quase totalidade da produção de farelo dessas indústrias, que inclui o farelo de alta proteína, está voltada para a exportação, cerca de 80%, comercializado através da bolsa de Chicago. Na SADIA se procura monitorar o processo de retirada da casca porque a mesma baixa o nível de proteína. Um aumento de 2% no nível de proteína acarreta um aumento de 10% no preço, segundo informações dos técnicos. Atualmente essa esmagadora produz 50% de farelo comum e 50% com alta proteína.

Em termos de pesquisa, seja a nível de melhoria do processo de refino, do máximo aproveitamento da proteína ou da qualidade do farelo, as mais avançadas se encontram nos EUA e Europa, padrões seguidos pelas indústrias da região.

Funcionando dentro do conjunto fabril da SADIA, a Metalurgia Matarazzo estabelece parceria com a mesma, responsabilizando-se pela fábrica de embalagens, montando 3 milhões de latas/mês, dentro dos mais modernos critérios técnicos e de automação.

Em termos de abastecimento de energia, a SADIA procura trabalhar com recursos garantidos, utilizando em boa parte a lenha do cerrado, que é barata e abundante na região, além de possuir fontes próprias oriundas do reflorestamento com eucaliptos, que atende a 70% do consumo. No que diz respeito à infraestrutura de armazenamento, dispõe de 5 armazéns para a estocagem da soja em Rondonópolis, com capacidade para 210 mil toneladas, sofrendo tratamento das condições de umidade e temperatura.

Uma das condições de expansão espacial das relações de intercâmbio é a criação de condições de mobilidade e o desenvolvimento dos transportes. Apesar de possuir uma central de fretes com 20 carretas, a SADIA também agencia, sendo que 90 caminhões trafegam diariamente para carregamento e descarregamento nas dependências da empresa, com partida diária de 50 caminhões com destino ao porto de Paranaguá.

Assim, essas condições técnicas de extrema funcionalidade, localizadas de forma adequada, chamadas a trabalhar em conjunto, articuladas com as demais forças presentes na região, estão organizadas para produzir os resultados definidos *a priori*, quais sejam, de maior eficácia, produtividade e rentabilidade. Em outras palavras, o pressuposto do modelo de produção dominante é um desenvolvimento que se sustenta no processo de produção/comercialização, em condições competitivas, impulsionado por um permanente movimento de inovação.

A Avicultura

As empresas que operam na agroindústria da soja tendem a diversificar, já que o valor agregado no mercado de alimentos é maior, conferindo, no conjunto, maior rentabilidade ao capital aplicado. Nesse sentido, a SADIA, além de operar na indústria de esmagamento da soja, destinada à produção de farelo e óleo vegetal, possuindo, inclusive, produção própria de matéria-prima, busca multiplicar as possibilidades de uso dos resíduos e do farelo, constituindo a criação de aves uma dessas atividades.

Na medida em que o complexo está fortemente articulado, pressiona pela introdução e difusão de um padrão técnico e de organização do setor, adota determinadas escalas de produção, constituindo o desdobramento de atividades uma das formas de redução dos custos.

O polo de criação de frangos no município de Campo Verde instalou-se nos limites da grande Rondonópolis em 1991, onde as condições de clima mais seco e mais uniforme favoreceram a criação, beneficiando-se da vantagem da região já possuir grãos e dos baixos custos do milho, bem como dos incentivos da SUDAM e da isenção de taxas a nível municipal até 1996. Tais vantagens tendem a atrair a avicultura para a região, possibilitando a expansão da capacidade de produzir frangos do Sul do país.

A avicultura é um dos segmentos do complexo que se encontra bem estruturado, ampliando consideravelmente o seu grau tecnológico de forma a reduzir o período de criação de 60 para 42 dias. A produção de frangos dessa unidade é enviada ao abatedouro de Várzea Grande, em Cuiabá, contribuindo para abastecer o mercado regional.

Dos 270 aviários integrados, com aproximadamente 12 mil frangos cada, que consomem um total de 14 mil toneladas de rações por mês, 100 são de produção própria e os demais de produtores associados, que é a forma ideal neste tipo de atividade, porque o ritmo de rendimento é maior. As instalações dos produtores associados são financiadas pelo Fundo de Desenvolvimnto do Centro-Oeste (FCO), entrando esse tipo de produtor com as instalações e o trabalho, e a SADIA com o pinto de um dia, rações, transporte, insumos e assistência técnica. A renda se baseia nos índices de produtividade, que considera a mortalidade, o peso médio e a correção alimentar.

Essa constitui uma das poucas opções para o pequeno produtor, que se julga autônomo em tal situação, embora criando novos elos de subordinação ao capital financeiro. Da perspectiva da empresa, trabalhar com o produtor associado ou terceirizar é a melhor solução, evitando toda uma estrutura de manutenção.

Desse modo, a avicultura constitui mais uma expressão do significado do complexo, cuja lógica é a agregação de valor. As superposições, as articulações, são compensatórias, por isso existe o complexo. Esse conjunto de interesses e forças interagindo, criando técnicas, infraestrutura, redes físicas e virtuais, deslocamentos, migrações, exige maior rapidez na circulação do capital.

A Pecuária

Deve-se ressaltar o novo caráter imposto pelo desenvolvimento do complexo agroindustrial da soja à atividade pecuária. Além da implantação da atividade em novos moldes, vêm ocorrendo profundas transformações na pecuária tradicional como consequência da intensificação de suas relações com os novos segmentos da agroindústria, comerciais e financeiros, passando por um processo de reestruturação. Sem dúvida, as estruturas anteriores impediam que os produtores antigos participassem das estratégias concorrenciais estabelecidas no âmbito do complexo. Procuraremos demonstrar como a pecuária respondeu à adoção de novas tecnologias e aos mercados fortemente concentrados e administrados.

A pecuária é uma das atividades tradicionais de Mato Grosso. Nos anos 70, produtores de gado vindos de São Paulo desenvolveram o processo de engorda em bases extensivas na grande Rondonópolis, enquanto a cria se processava no Pantanal. Nos anos 80 chegaram os produtores de soja e nos anos 90 se desenvolve a articulação soja/gado na base da ração. Esse sistema altamente integrado é relativamente novo e vem se desenvolvendo na região há uns três anos. O desenvolvimento da tecnologia agrícola veio beneficiar a pecuária, existindo hoje, na grande região de Rondonópolis, um numeroso rebanho bovino, em grande parte integrado ao complexo sojífero.

Uma das preocupações dos produtores é o cruzamento industrial com raças europeias, oriundas da Alemanha, Suíça e Holanda, privilegiando-se o cruzamento das raças mais adequadas à região, como o simental, o nelore e o zebu. Os programas de inseminação têm tido êxito, havendo algumas escolas de inseminação no estado.[8]

Outra técnica fundamental é a do confinamento, que se difunde rapidamente na região. Segundo o empresário BLAIRO MAGGI (1994), "a pecuária só se sustenta quando se trabalha integrado, fazendo com que os

---

[8] O grupo empresarial Maggi, que trabalha com sêmen da EMBRAPA e produz tourinhos para melhoramento genético, em suas fazendas da região de Rondonópolis, insemina anualmente 2.500 vacas.

resíduos da agricultura sirvam para alimentar o gado".[9] No verão o gado aproveita os pastos, período em que há muito nitrogênio, e no inverno é confinado; mas há variações. Em geral, quando entra o período seco e a pastagem diminui, o gado é colocado no milheto e se economiza pasto. Em setembro o gado volta para o pasto, mesmo seco, complementando com os restos de milho. Convém lembrar que o milho e o milheto são plantados para que o solo não fique exposto, servindo para ração.

A ração é constituída por soja (farelo ou resíduo), milho triturado e sal. O resíduo se compõe de casca de soja, quebradinho de soja e um pouco de vagem que sai na pré-limpeza da soja. O uso do resíduo reduz muito os custos: enquanto o farelo custa R$ 120,00 a tonelada, o resíduo é comercializado a R$ 35,00. Em geral o boi para corte come 4 quilos de ração por dia, permanecendo 85 a 90 dias no confinamento. Existem seis fábricas em Mato Grosso que produzem ração para bovino, suíno, equino, aves e peixes, abastecendo todo o estado.

As novas práticas tecnológicas, uma vez postas em ação, revelam resultados surpreendentes, sendo o componente tecnológico um dos elementos explicativos mais importantes do desempenho obtido. Comparando-se os níveis de rendimento, observa-se que nos métodos extensivos se necessitava de dois hectares de pasto por animal, revertendo a situação com as técnicas de melhoramento e confinamento para dois animais por hectare, ou seja, no sistema tradicional a engorda durava 3 a 4

---

[9] As empresas Maggi possuíam em Mato Grosso, em 1994, 15 mil cabeças de gado em seis fazendas, incluindo o Sapezal, embora só utilizassem o confinamento na região de Rondonopolis, onde mantêm aproximadamente 1.800 cabeças confinadas (machos).

anos, enquanto no confinamento o tempo se reduz para 24 a 30 meses. Precisamente no período em que o gado perde peso, no confinamento ganha 1,3 kg por dia, procurando-se aproveitar a entressafra para a engorda para se obter maior preço. Neste sistema fica cada vez mais evidente a tendência à redução da mão de obra, já que um vaqueiro passa a dar conta de 1.000 cabeças de gado.

Deve-se registrar que na região há 3 frigoríficos para abate, completando-se assim o processo de agregação de valor na carne, permitindo enviar para os principais centros de consumo, como São Paulo, a carne, acarretando diminuição do valor do frete, significando uma redução de 11,8 vezes a distância normal, a partir de Rondonópolis.

Num modelo que exige alto nível de capitalização, a tendência à concentração fundiária se acentua, tendendo a eliminar o médio e o pequeno produtor, que passam a ter vez somente na pecuária leiteira. Contudo, vale ressaltar que é a terra capitalizada que garante a obtenção de elevados rendimentos e rentabilidade.

Enfim, nesse contexto de ampla reestruturação de atividades e de criação de novas, associada à aplicação de novas práticas tecnológicas, se instituem novos circuitos de mercadorias, de capital, de pessoas e novas formas de gestão do território, acarretando significativas mudanças no arranjo espacial.

A Suinocultura

Numa região de fronteira, distante dos grandes centros consumidores, para colocar o produto no mercado de forma competitiva é necessário diversificar e integrar atividades. A suinocultura constitui um outro projeto de integração de atividades que se estruturou recentemente.

O projeto Agroindustrial de Alimentos (AGRA), criado em 1994, integra grandes produtores da região, com o objetivo de reciclar as sobras das fazendas e verticalizar a produção, articulando soja, milho e suínos, num sistema integrado de defesa ambiental. Nesse projeto tudo é planejado e controlado, não só incorporando como criando tecnologia, constituindo uma linha de montagem biológica.

O projeto consiste na implantação de 10 mil matrizes de suínos para abate para abastecer o frigorífico com 600 unidades/dia, podendo chegar a 1.200 unidades, com vistas à especialização de cortes para consumo e à indústria de embutidos. A qualidade é de ponta, com plantel selecionado, trabalhando com a melhor genética, com duração aproximada do período de gestação de 3 meses e 3 semanas.

O fato de se agregar valor à matéria-prima, transportando o produto industrializado em lugar de grãos, representa substancial redução de custo, diminuindo o peso do fator distância na estrutura global de custos.

Além de utilizar a produção de grãos como ração, o projeto utiliza os dejetos de suínos para alimentar peixes, aves e bovinos, sendo as vísceras e os natimortos para os peixes, os dejetos líquidos para frutas e verduras e os dejetos de aves e bovinos direcionados para a produção de grãos, constituindo um sistema integrado fechado, com vistas à não poluição ambiental. Assim, a ecologia passa a ter um valor comercial, que hoje já constitui uma condição de mercado.

Neste tipo de projeto, o pequeno produtor pode ganhar espaço no processo de criação de suínos, a exemplo da avicultura, recebendo assistência técnica especializada, com incentivos à qualidade e rendimento. A tecnologia, em termos de máquinas, já é dominada no Brasil, e o treinamento de pessoal é realizado na região e nas granjas da AGROCERES.

Inicialmente a produção se destina ao mercado interno, mas o objetivo a médio prazo é colocar a produção no mercado internacional, especialmente no europeu. Do ponto de vista dos empresários, as perspectivas são de que a região venha a ser nos próximos dez anos uma das maiores produtoras de grãos, aves, bovinos e suínos do país, articulando a produção de grãos, ração e criatório.

O projeto de criação de suínos, a exemplo das demais atividades, vem confirmar como o desenvolvimento científico-tecnológico e sua aplicação modificam o processo global de produção e o conteúdo dos espaços produtivos.

As Vias de Escoamento da Produção

No que diz respeito à logística, as formas e condições de acesso aos mercados interno e externo constituem dificuldades para a colocação da soja de Mato Grosso a nível competitivo, uma vez que a produção se afasta dos tradicionais portos e centros consumidores.

Se a capacidade empresarial no complexo da soja está amplamente demonstrada, se os problemas de ordem tecnológica foram superados, o peso do custo do transporte na composição global de custos da soja e seus derivados afeta o sucesso da expansão, já que as condições de mobilidade entre centros de produção e consumo constituem um fator desfavorável à competitividade.

A matriz de transporte de cargas para Mato Grosso indica que 56% do transporte se faz via rodoviária, contra 23% via ferroviária e 17% via aquaviária. Na medida em que o sistema de escoamento da soja é feito basicamente por rodovias, a região dos cerrados fica visivelmente em desvantagem comparativa em relação a outras regiões. É fato conhecido que o transporte rodoviário custa o dobro do ferroviário, e este o dobro do hidroviário.

Tratando-se do transporte rodoviário, por onde escoa basicamente não só a produção de soja da região de Rondonópolis, como também a de todo o estado, 80% da malha estadual se encontram em péssimas condições. Também a malha federal, que constitui os principais corredores de transporte do estado, apresenta processo de deterioração, provocando aumento no consumo do combustível, no tempo de viagem e perda da produção.

O sistema ferroviário sempre foi deficiente em Mato Grosso, mas atualmente aponta com a alternativa da Ferrovia Norte Brasil (FERRONORTE), que liga Santa Fé do Sul (São Paulo) a Cuiabá, estendendo-se por 1.050 km. De Santa Fé a produção segue pelas linhas da FEPASA até o porto de Santos, havendo um ramal para o porto de Vitória via Uberlândia. Também está planejado o trecho ferroviário Cuiabá—Santarém e uma futura expansão da Ferrovia Carajás até Alta Floresta.

O modal hidroviário, um dos menos utilizados, apresenta as maiores vantagens econômicas, já que para deslocar uma tonelada se gastam 7,0 HP na rodovia, 1,9 na ferrovia e 0,25 na hidrovia. No caso da hidrovia Paraguai—Paraná, de fundamental importância para o

Mercosul, para reativação do transporte há necessidade de serviços de dragagem, sinalização, além de investimentos em portos e armazéns, no trecho Cáceres-Corumbá. Outra hidrovia, a Araguaia-Tocantins, permitirá exportar a produção leste de Mato Grosso, escoando pela hidrovia de Barra do Garças até Marabá e articulando com a ferrovia Carajás, que faz a ligação com o porto de Itaqui.

Uma outra articulação, planejada pela iniciativa privada, o Projeto Hermasa,[10] que já se encontra em fase inicial de implantação, prevê a instalação de um novo corredor de exportação pela hidrovia Madeira-Amazonas, para escoamento da produção do noroeste do estado. Através de frota de caminhões graneleiros, a produção será escoada da zona produtora, cortada pela BR 364, até o terminal portuário de Porto Velho, às margens do rio Madeira, seguindo via comboios fluviais até Itacoatiara ou Santarém, que receberão navios de longo curso e cabotagem.

Está prevista a construção de terminais portuários em Porto Velho, Itacoatiara e Santarém, dotados de armazenador de grãos, sendo a perspectiva de escoamento para o primeiro ano de operação de 300 mil toneladas, que deverão triplicar em cinco anos, tendo como principal alvo o mercado europeu. A produção, que até agora vem sendo escoada através de rodovia pelo porto de Paranaguá ou de Santos, deverá sofrer uma redução aproximada de US$ 25,00 por tonelada ao utilizar a nova alternativa.

---

[10] O Projeto Hermasa é um empreendimento que está sendo liderado pela Hernave Marítima, armadora nacional, e Sementes Maggi, produtora e comercializadora de soja. As informações trabalhadas no texto foram obtidas do empresário Blairo Maggi, em entrevista concedida à autora em agosto de 1994.

Os estudos que comparam os custos de frete do Brasil, cujo percurso é efetuado via de regra por rodovia, e os dos EUA, realizados por ferrovia e hidrovia, revelam significativas diferenças que comprometem a competitividade da produção nacional no mercado mundial.

A situação geral das vias de escoamento de Mato Grosso constitui um exemplo de como o Estado, seja na instância federal ou estadual, vem diminuindo sua participação direta no que se refere à infraestrutura viária, apesar do fantástico crescimento das atividades econômicas. O quadro da rede viária é indicativo de que o problema do transporte constitui uma dificuldade para que a produção de Mato Grosso seja competitiva no mercado externo, mesmo tendo participação expressiva na geração de divisas.

Incidência dos Recursos Técnicos sobre os Recursos Humanos

Marx já afirmava que o capitalismo era uma força revolucionária e permanente que só podia existir com a condição de revolucionar constantemente os meios de produção e, portanto, as relações de produção e demais relações sociais. E foi nessa base que o capitalismo conseguiu se reinventar até chegar ao nível atual, em que o resultado no que se refere às relações de produção é a modificação dos vínculos capital/trabalho já consolidados.

As mudanças organizativas e as características dos novos equipamentos estão modificando os requerimentos de mão de obra tanto em quantidade como em qualificação. Se por um lado há transferência de aprendizagem e qualificações aos bens de capital, por outro, as tarefas que um trabalhador deve desenvolver na organização do trabalho requerem uma alta capacidade de incorporar conhecimentos diversificados. Neste contexto se rompem as demarcações estritas dos postos de trabalho e se espera que o trabalhador seja polivalente.

Em suma, as mudanças em curso abrangem novos conceitos de eficiência, um novo modelo de gerência e organização das empresas, menores requerimentos de mão de obra por produto e um distinto perfil de qualificação. Sem dúvida, esse processo tem efeitos negativos em matéria de emprego absoluto.

Nas unidades produtivas que integram o complexo da soja na região de Rondonópolis foi possível detectar práticas de flexibilidade próprias das grandes empresas, seja na organização da firma, na gestão ou na organização do trabalho, no intuito de dar respostas aos atuais problemas do crescimento econômico, da mobilização das capacidades profissionais e da transformação dos mercados de trabalho.

É necessário levar em conta que a busca de competitividade entre os produtores nacionais de diferentes regiões e a inserção no mercado internacional exigem não somente a introdução da tecnologia mais avançada, como também a contribuição mais eficiente do trabalho no processo produtivo, o que conduz a práticas seletivas, buscando-se novas formas de disciplina e organização do processo de trabalho, perseguindo-se objetivos de polivalência e de flexibilidade, na tentativa de formar os círculos de controle de qualidade.

É particularmente interessante fazer notar alguns aspectos relacionados à força de trabalho ocupada no complexo sojífero de Rondonópolis. Em geral, a mão de obra permanente, mais especializada, é proveniente da região Centro-Sul, seja em virtude da escassez de qualificação na região, ou porque é um elemento humano mais sintonizado com certa técnica. A mão de obra braçal, em geral temporária, requisitada em menores volumes, via de regra contratada através de terceiros, é em parte recrutada no local, mas sobretudo no Nordeste, para onde é devolvida após o término das operações.

A propensão a buscar os trabalhadores braçais no Nordeste e levá-los de volta significa uma redução de custos à medida que esses trabalhadores só são ocupados em certas tarefas temporárias, evitando, assim, problemas sociais provocados pelo desemprego na maior parte do tempo.

A implantação desse tipo de modelo de produção, com experiência acumulada em outras porções do território, leva à ruptura com os padrões espaciais anteriores no que se refere às relações capital/trabalho.

Preço, Custo e Capitalização

Nesta parte trataremos de verificar a repercussão da aplicação do desenvolvimento técnico sobre a estrutura de custos de produção da soja, com o objetivo de distinguir as dimensões da remuneração do custo do capital com as repercussões territoriais que possa ter.

A avaliação dos custos de produção da soja se baseia no estudo "Endividamento Agrícola-Estado de Mato Grosso", do Sindicato Rural de Rondonópolis, para a safra de 94/95, que registra um custo básico de produção de 1.000 hectares de soja da ordem de R$ 313.935,84. Este trabalho nos dará indicações para perceber as tendências de capitalização na atividade agrícola da soja, levando em conta sua articulação com as demais atividades do complexo.

No que se refere aos componentes da estrutura de custos, procuraremos analisar o comportamento de alguns deles e suas inter-relações. É importante ter em conta que qualquer tentativa de análise de custos da produção deve considerar o lugar de origem, o que implica considerar não somente os elementos espacialmente fixos, mas os do meio físico, como também os fatos eminentemente relacionais, que se apoiam na possibilidade de mobilidade geográfica (SANCHEZ, 1991).

Um primeiro aspecto a ser considerado é a elevada participação do item insumos no total geral de custos, em torno de 51,75%. Nele se destaca a expressiva contribuição da semente melhorada, aproximadamente 10,60%, devendo-se recordar a importância do nível técnico sobre a matéria-prima, seu estado e qualidade, dependendo dela, em grande parte, o nível de rendimento.

A elevada participação do componente fertilizantes, inseticidas e herbicidas, em torno de 41,15%, ressalta as condições de superioridade tecnológica em que se processa o cultivo da soja, em parte determinadas pelas exigências do cerrado.

Um indicador fundamental do nível tecnológico da região é a utilização de instrumentos mecanizados. O significativo valor correspondente ao fator manutenção e conservação, da ordem de 22,04%, revela que, sem dúvida, a região apresenta elevadíssimos índices de mecanização agrícola.

Vale destacar a participação relativamente baixa do conjunto da mão de obra no total de custos, com percentuais de 26,21%, explicando-se o baixo consumo de força de trabalho pela intensa mecanização e elevado uso de insumos, apontando os dados para índices de produtividade elevada. No caso da administração, a modernização da máquina administrativa também se traduz em menores custos.

A comparação da variação do custo básico de produção de soja nas safras de 94/95 e 95/96 revela aumento nos componentes insumos (+ 2,95%) e manutenção/conservação (+ 3,04%), ao mesmo tempo em que se reduzem os custos com mão de obra (- 2,7%). Quando se persegue a obtenção da redução dos custos, deve-se considerar que uma atividade que assume cada vez mais um caráter técnico-científico exige incorporação constante de novas tecnologias, e a economia que se consegue com essa incorporação consiste primordial e diretamente na poupança de trabalho, reduzindo os custos com mão de obra, de modo a recompor a taxa de lucro.

Compreende-se, assim, o empenho que os empresários põem em economizar os meios de produção, de modo que os mesmos sejam consumidos da forma imposta pela produção, o que depende em parte da formação e qualificação dos trabalhadores, e em parte da disciplina que se exerça sobre os mesmos. O capital tem, portanto, a tendência em economizar ao máximo o trabalho diretamente empregado, embora as exigências de maiores qualificações não alterem significativamente a massa de salários.

No que se refere ao comportamento dos preços, vale destacar que os valores dos grãos de soja recebidos pelos agricultores vêm apresentando oscilações nas últimas safras de tal ordem, que nem sempre correspondem ao elevado grau de investimentos, especialmente nas condições do cerrado. Em 1995 a soja era comercializada em Campo Novo do Parecis, ao norte de Cuiabá, a R$ 10,00, alcançando R$ 11,50 na região de Rondonópolis, valores próximos ao preço médio nacional. Entretanto, esses valores se reduziam a R$ 7,73 no caso do preço mínimo garantido pelo governo a Mato Grosso.

Em tal situação quem permanece no setor são os que têm condições de emprego de tecnologia e de produção em amplas escalas para manter a competitividade do produto nos mercados interno e externo, agravando-se tal situação numa conjuntura em que a relação produto/custo do financiamento se modifica.

Não se pode falar de custos sem contar com os encargos financeiros decorrentes dos empréstimos obtidos para financiamento de 50% do parque de máquinas, de corretivos de solo e do custeio da lavoura, junto a instituições financeiras, além da dívida composta da safra 89/90 (Plano Collor), que incluem juros que variam em torno de 12% ao ano mais TR. Segundo o Sindicato Rural de Rondonópolis, o agricultor modelo chegou no fim da safra de 94/95 com um saldo devedor médio de R$ 607.420,08 por 1.000 ha, o que confirma que Mato Grosso constitui um dos bolsões de endividamento do país.

Nesse contexto, um primeiro aspecto a ser ressaltado é que os dados dos custos são significativos, os da dívida também, e os preços estabelecidos nas últimas colheitas vêm apresentando sensíveis oscilações, particularmente em Mato Grosso. Entretanto, esse endividamento, que explica o significativo volume de capital aplicado em máquinas, equipamentos agrícolas e insumos, só é sustentável com produção em grande escala, de modo a permitir a recomposição do capital.

No intuito de se livrar do peso do financiamento, o governo propôs a securitização da dívida até o limite de 200 mil reais. Não obstante, os agricultores alegam que 80% dos produtores de Mato Grosso, que respondem por 80% da produção, possuem dívidas acima desse limite. Tal fato demonstra que, num sistema altamente capitalizado, as economias de escala constituem uma estratégia para evitar a descapitalização das empresas, num contexto de acirramento da competição.

A competição exacerbada implica exclusão "relativa" de capitalistas menores, já que estes podem ser aproveitados em outros circuitos da produção, resultando numa nova composição de forças, o que se expressa num desenvolvimento diferenciado. Não resta dúvida que o processo de exclusão/inclusão depende não somente do meio técnico, mas também do jogo político, uma vez que as tecnologias representam basicamente relações sociais marcadas por interferências econômicas e políticas cada vez mais complexas.

De qualquer forma o endividamento é um dos fatores de descapitalização do setor, acelerando-se em função do pagamento da dívida, revelando transferência de recursos entre setores, concentrando-se o capital no setor financeiro enquanto a agricultura se descapitaliza, o que constitui uma contradição face à necessidade de acumulação no setor produtivo.

A principal incoerência com que nos defrontamos se relaciona com a baixa capitalização no setor agrícola em comparação com o setor industrial e, sobretudo, com o financeiro. No entanto, deve-se levar em conta que os empresários utilizam múltiplas estratégias para recompor o capital, já que outras formas de acumulação emergem, interagindo com as que mostram certa lentidão no processo acumulativo.

Assim, não se pode falar de custos isolados, sendo importante considerar o processo de integração das atividades, já que os custos devem harmonizar-se e amortizar-se nas diferentes modalidades produtivas. Sem dúvida, os custos da soja acabam sendo descarregados em outras atividades, na produção e comercialização de sementes melhoradas, na indústria de esmagamento, na pecuária, na avicultura, na suinocultura etc.

O fato de ter que descarregar os custos da agricultura na indústria significa que a contradição não foi resolvida, apenas atenuada, e que o processo de capitalização em maior escala de fato está ocorrendo na indústria, onde se agrega valor, e não na agricultura, embora esta seja a geradora das atividades do complexo.

Através do complexo, a soja provoca intensas transformações no espaço, através da diversificação de atividades e expansão do sistema técnico; à medida que este se desenvolve, a gestão de sua utilização se faz de maneira mais concertada, implicando em reestruturação das relações sociais.

Considerações Finais

Os estudos que vêm sendo desenvolvidos sobre as mudanças tecnológicas em curso apontam para mudanças significativas no padrão de localização anterior, nas demandas e usos do território, nas vantagens comparativas regionais e na divisão espacial do trabalho.

A região do complexo agroindustrial da soja de Rondonópolis parece vivenciar algumas dessas mudanças, já que essa região contém em si elementos de diferentes escalas geográficas, com capacidade de irradiar novas atividades e formas de produção em função de novas tecnologias, agilizando os circuitos produtivos, sociais, políticos e territoriais.

Esse espaço, face à instituição de objetos e processos de produção e à emergência de funções, se situa em tal posição, que o consolida na divisão setorial do trabalho como uma das áreas mais dinâmicas. Essa posição é extremamente indicativa das condições conjunturais da soja nos mercados nacional e internacional. Assim, é possível fazer algumas observações relativas às tendências regionais do circuito de produção que estamos analisando:

a) no conjunto do estado, os espaços da soja apresentam-se como um lócus privilegiado de processos de homogeneização a partir do capital produtivo, expressando que certos espaços encontram-se submetidos a fluxos seletivos de modernização que transformam antigos espaços em espaços de administração de novas tendências;

b) a produção, apesar do seu caráter expansivo, necessita verticalizar-se de forma concentrada em determinados espaços, apresentando fixos importantes e articulações nele instaladas, e seu novo caráter reside na capacidade de articular novos circuitos da produção;

c) o nível tecnológico aplicado se vincula à redefinição de formas de atuação por parte de determinados grupos econômicos, e a opção por esse nível se relaciona à própria percepção, por parte dos mesmos, da inviabilidade de outras formas que não essas para ter êxito neste território;

d) esse sistema integrado de atividades geradas a partir da soja, dotado de elevado nível tecnológico, altamente planificado e informado, é fundamental para ser competitivo.

Enfim, a constituição desses espaços seletivos da produção só pode ser compreendida no âmbito do processo de articulação capitalista do espaço nacional com a macroestrutura capitalista internacional.

Bibliografia

ALBANO, C. (Org.) (1994). *Plano de Metas-Mato Grosso (1995-2006)* Frente Cidadania e Desenvolvimento, Cuiabá.

AUBERTIN, C. (Org.) (1988). *Fronteiras*. Brasília, Editora UnB.

BERTRAND, J. P., et al. (1987). *O mundo da soja*. SP, Hucitec, EDUSP.

BERTRAND, J. P. and CHALMIN P. (1980). "La nouvelle division international du travail et le commerce du matiéres primières". *In Commerce International des Matières Primières*. Dez. de 1980.

CASTELLS, M. (1979). *A teoria marxista das crises econômicas e as transformações do capitalismo*. Rio de Janeiro, Paz e Terra.

CLAUS, O. (1995). *Capitalismo desorganizado*. São Paulo, Editora Brasiliense.

ELSTER, J. (1992). *El cambio tecnológico*. Barcelona, Gedisa Editorial.

GATTO, F. (1989). "Paradigma tecnológico neo-fordista y reorganización productiva". Série IEU/ILPES-07, Santiago do Chile.

GRAZIANO DA SILVA, J. (1981). *Modernização dolorosa: estrutura agrária, fronteira agrícola e trabalhadores rurais no Brasil*. Rio de Janeiro, Zahar Ed.

HARVEY, D. (1993). *Condição pós-moderna*. São Paulo, Editora Loyola.

HEERTJE, A. (1984). *Economía y progreso técnico*. México, Fondo de Cultura Económica.

HIRATA, H. (Org.). (1993). *Sobre o modelo japonês*. São Paulo, EDUSP.

HOBSBAWN, E. (1995). *Era dos extremos*. São Paulo, Companhia das Letras.

KAGEYAMA, A. (1986). "Modernização, Produtividade e Emprego na Agricultura: uma análise regional". UNICAMP-IE.

KAGEYAMA, A. et alii (1987). "O novo padrão agrícola brasileiro: do complexo rural aos complexos agroindustriais". UNICAMP.

LIPIETZ, A. (1991. *Audácia. Uma alternativa para o século 21*. São Paulo, Nobel.

MULLER, G. (1989). *Complexo agroindustrial e modernização agrária*. São Paulo, Editora Hucitec/EDUC.

SANCHEZ, J. E. (1991). *Espacio, economía y sociedad*. Madrid, Siglo Veintiuno de España Editores, S.A.

SANCHEZ, J. E. (1995). "Harmonious development or exclusion from productive circuits?" Conferência apresentada no Simpósio Internacional *Desenvolvimento Sustentável e a Geografia Política*, promovido por IGU/UGI/LAGET, Rio de Janeiro, Out. 95.

SANTOS, M. (1994). *Técnica, espaço e tempo: globalização e meio técnico-científico informacional*. São Paulo, Hucitec.

SCOTT, A. J. and M. Storper (1989). "Indústria de alta tecnologia e desenvolvimento regional: uma crítica e reconstrução teórica". *Espaço e Debate*, 25: 30-43.

SMITH, N. (1988). *Desenvolvimento desigual*. Rio de Janeiro, Bertrand do Brasil.

VIRILIO, P. (1993). *O espaço crítico*. Rio de Janeiro, Editora 34.

"Gaúchos" e Baianos no "Novo" Nordeste: entre a Globalização Econômica e a Reinvenção das Identidades Territoriais

Rogério Haesbaert

Este estudo trata das mutações geográficas recentes num espaço que alguns convencionaram denominar de o "Novo" Nordeste, especialmente o oeste baiano, onde redes de uma modernização agrícola de conexões globais vinculada principalmente ao complexo agroindustrial da soja e difundida por migrantes sulistas conjugam-se com tentativas de controle e um redesenhar de territórios que não apenas corroboram essa nova dinâmica econômica, mas também envolvem a (re)invenção de identidades na tentativa de legitimar novas unidades político-administrativas. Nesse processo, um dos confrontos mais importantes é aquele que ocorre entre os migrantes sulistas (conhecidos genericamente como "gaúchos") e os "nativos" nordestinos.

Assim, o texto divide-se em duas partes: a primeira relaciona-se com o novo espaço econômico construído

---

* Professor do Dep. de Geografia da UFF-Niterói. Doutor em Geografia pela USP.

principalmente em função da expansão da agroindústria da soja nos cerrados ou Gerais do Nordeste Ocidental, notadamente o oeste baiano, pelos chamados "pioneiros" (para outros "invasores") sulistas, cujo número hoje é estimado em 40.000, enquanto a segunda focaliza um dos processos estimulado por essas mudanças, a criação do estado do São Francisco, onde a participação dos "gaúchos" é ambígua e coloca em questão a reinvenção de uma identidade são-franciscana. É importante lembrar que toda essa dinâmica envolve a inversão de um processo migratório dominante até os anos 80: agora são os sulistas que, numa extensão de uma vasta "rede regional" (HAESBAERT, 1995) construída no interior do Brasil, "invadem" o Nordeste. Podemos afirmar que se trata de um encontro inédito entre dois extremos da formação social brasileira: generalizando, o grupo mais influenciado pela cultura europeia, os sulistas descendentes de italianos e alemães, e o mais influenciado pela cultura africana e "cabocla", os baianos.

O Império da Linha Reta e a Ditadura do Movimento

Observando a Chapada da Mangabeira, nas fronteiras entre Maranhão, Tocantins, Piauí e Bahia, a partir de um voo Belém—Rio de Janeiro, a mais de 9.000 metros de altura, é possível divisar escarpas abruptas, entre o cinza-ocre da caatinga e o verde-amarronzado dos cerrados. Sobre o imenso chapadão, grandes retângulos de plantações recém-colhidas (no mês de maio) exibem diversos matizes de coloração mais clara. Mas, no conjunto, formam um grupo isolado de algumas "ilhas" que põem a nu uma pequena parcela de cerrado no topo da chapada.

A vertente baiana praticamente não existe ou, daquela altura, é impossível distinguir. Apenas os vales de alguns rios desenham mais adiante outras encostas — menos abruptas, mais sutis, no entremeado de cores da transição entre o Sertão semiárido e o grande planalto ocidental baiano. O que surpreende mesmo é a gigantesca figura geométrica que se desdobra logo adiante, imensa mancha contínua que extrai a película de cerrado e implanta uma vastidão de terra nua numa área que, observando no Mapa 1, identifica-se como o grande projeto sojicultor da COACERAL, alimentado com capitais japoneses e cuja cooperativa tem sua sede em Goioerê, no distante Paraná.

A enorme ilha de devastação, rodeada de cerrado por todos os lados, parece uma miragem, uma obra extraterrestre nesse interiorzão que foi tido até há pouco tempo como um dos mais remotos e inacessíveis do país. Mas a surpresa logo é relativizada, e a imagem inédita acaba por se tornar lugar-comum: embora, quando tomadas individualmente, não tão expressivas quanto a área cultivada da COACERAL, as propriedades que, um pouco mais ao sul, começam a recortar o planalto, sucedem-se com tal regularidade que os espaços de cerrado é que acabam por se tornar minoritários. Aqui conjuga-se o "ideal linear" de uma modernização amplamente comandada pelos interesses privados e uma natureza dominada pela planura que, ao mesmo tempo em que estimula o padrão geométrico de ocupação e facilita a mecanização agrícola (o imenso chapadão é considerado o maior platô mecanizável do país), condiciona também as disputas territoriais em termos de limites entre estados, para uns a linha de escarpa, para outros o divisor d'água, nem sempre fáceis de distinguir (ver o Mapa 1 e as recentes disputas, inclusive escaramuças armadas, entre Bahia, Tocantins, Goiás e Piauí).

Mapa 1 — *Divisores d'água e divergência de limites entre Bahia, Piauí, Tocantins e Maranhão*

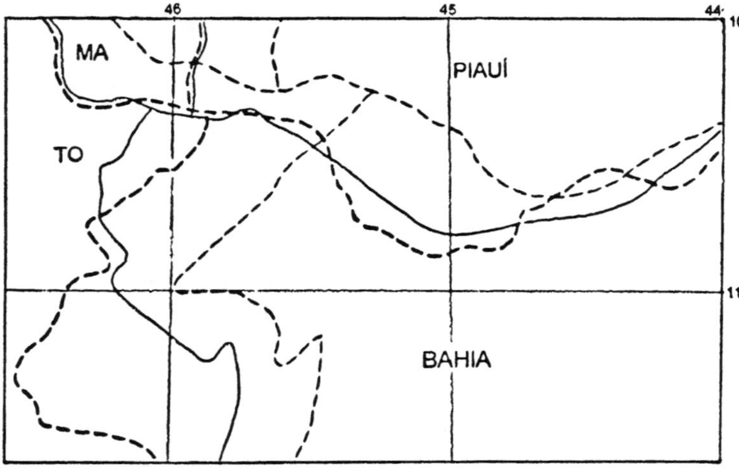

Fonte: Pereira, 1943:573 (atualizado em relação a Tocantins)

0 27 54 Km

- - - Divisor de águas segundo a expedição de 1942 (IBGE)

—— Divisor de águas segundo carta americana

- - - Divisor de águas segundo carta do Centenário

Em contraste com a caatinga aparentemente intacta, pela sutileza da ação humana, o alto do imenso chapadão vai rapidamente coalhando-se dessa geometria uniforme das grandes plantações de soja. Ao longo da BR-232, a partir da cidade de Barreiras, elas acabam por se perder no horizonte, lembrando mesmo as pradarias do centro-oeste americano, como se a globalização dos complexos agroindustriais difundisse pelo mundo o mesmo padrão socioespacial. À linearidade do padrão retangular da maioria das unidades agrícolas vem somar-se a perfeita geometria circular dos imensos pivôs centrais: em seu maior núcleo pode-se contar dezesseis circunferências, em cores múltiplas que refletem os distintos momentos de colheita e a diversificação nos tipos de cultivo. Mesmo quebrando o império da linha reta, eles impõem igualmente a norma matemática quase perfeita.

A poesia do barreirense Clerbet Luiz (em *Rodeios & Interiores*) reflete bem o dilema da devastação:

Ah, plástica de soja para as rugas.
Para quem? (...) para alguém de gula sanguessuga?
(...) Com o verde que veste a dama do Oeste
agride o agreste.
Eu agrido, tu agrides, ela agreste.
Há muito tempo guardava no armário,
a anágua casta do cerrado...

Quando os vales, abaixo das escarpas, reaparecem, o contraste fica escancarado: enquanto no planalto a modernização regular, geométrica e uniforme das imensas plantações rasga a "anágua casta do cerrado", alisando suas rugas com a "operação plástica" da soja, nos vales a densidade rarefeita da ocupação e a ação caprichosa da erosão natural esculpem desenhos multiformes e complexos, uma espécie de antítese da funcionalidade e do império da regularidade geométrica que caracteriza os espaços modelados por essa modernização do capital global que, pela sua rapidez e intensidade, denominamos aqui de arrasadora.[1]

---

[1] SANTOS (1994) propõe um novo tipo de regionalização, que leve em conta, "de um lado, os espaços da racionalidade e, de outro lado, outros espaços", distinguindo entre eles várias "situações intermediárias" (p. 33). Como se vê, o oeste baiano, conquistado brutalmente pela "racionalidade" global (capitalista) pode ser considerado um espaço-laboratório a demonstrar a relevância desse novo critério para a regionalização.

Estradas que parecem retas sem fim, círculos e quadriláteros perfeitos, gigantescos, um (des)colorido que homogeneiza e, ao dilacerar os cerrados, deles se apropria e radicaliza sua planura. Ao destruir uma paisagem de árvores de troncos retorcidos, folhas e arbustos ásperos sobre solos ácidos, não raro laterizados ou tomados pelas formas bizarras dos cupinzeiros, essa modernização lineariza e aparentemente não permite que se questione a pretensão modernista de que a forma deve seguir a função. A única criatividade ou contravenção permitida parece retratada hoje na multiplicidade de formas da natureza, essa biodiversidade cada vez mais enclausurada nos locais menos acessíveis, nas raras veredas ainda remanescentes (com seus vales úmidos facilmente identificáveis pelas palmeiras buritis) ou nas "atrações naturais" que, por sua imponência e beleza, ainda conseguem sobreviver, como o lendário salto do Acaba-Vidas, no Rio de Janeiro.

Em contraste, vistos do alto, os vales que se estendem em direção à caatinga têm como "fronteiras" escarpas milimetricamente esculpidas e que exibem diversas cores sob os raios do sol que vêm do leste. Apesar de parecer monótona e repetitiva em seu conjunto, a paisagem dos vales entre a caatinga e os Gerais prima pelo detalhe, a construção "artesanal", minuciosa e múltipla, onde a linha reta não encontra adeptos e onde a mão do homem, quando existe, se impõe com parcimônia.

O plano de novas cidades reproduz também o típico padrão linear de quadriláteros sem imaginação alguma, onde parece proibido subverter o império da linha reta. O exemplo mais contundente é Mimoso do Oeste, urbe-encruzilhada, escala de descanso e reabastecimento que nasceu a partir de um posto de gasolina no ponto em que o grande eixo de circulação regional, a BR-020, abandona a reta sem fim que vem desde a fronteira com Goiás e dá uma guinada para o leste, na linha de Salvador.

Aqui, a rodovia, o asfalto, parece ter condicionado toda a organização do espaço, valorizando terras, "dirigindo" o comércio, fazendo brotar cidades — como que repetindo o papel da ferrovia e das estações de trem na "frente pioneira" do oeste paulista nos anos 40, admiravelmente descrito por PIERRE MONBEIG (1984). SEABRA e MARTINS (1993), analisando outra "cidade nova" nos cerrados[2], afirmam que "o elemento da forma urbana mais esclarecedor é, ao mesmo tempo, o mais irrisório: a estrada, por onde se chega e por onde se parte" (p. 20).

Recorrendo às palavras de RAMA (1985) para as primeiras cidades da conquista ibero-americana, esses núcleos, em especial novas cidades como Mimoso do Oeste, nascem do "sonho de uma ordem", concepção racional que, "além de compor um desenho, pudesse prever um futuro" (p. 27). Repete-se, assim, também no âmbito da organização interna das novas cidades dos cerrados, o velho mito moderno e eurocêntrico (raiz do atual processo de globalização) do território ordenado, disciplinado e controlável (em sua expansão), que RAMA identifica já nos primórdios da colonização americana.[3]

---

[2] Chapadão do Sul (MS) que eles denominam "cidade sem infância", porque já nasceu madura, inserida na lógica global do capitalismo financeiro.

[3] "O desenho tipo tabuleiro de damas, (...) que se prolongou praticamente até os nossos dias", obedecendo aos princípios da "unidade, planificação e ordem rigorosa, que traduziam uma hierarquia social", uma concepção da "razão ordenadora que impunha que a planta urbana se desenhasse a *cordel y regla*" (RAMA, 1985: 28), como diziam frequentemente as instruções reais dadas aos conquistadores.

Mito que é desfeito tão logo começam a ser ocupados os primeiros lotes, pois o universo móvel e imediatista das "novas fronteiras" é tão veloz em seu processo de incorporação e integração quanto no de segregação e exclusão.

Esse sonho de uma razão instrumental que acredita na identidade entre forma e função, radicalizado na reforma urbana de Haussmann em Paris e nas "máquinas de morar" de Le Corbusier[4], acaba de tal modo se difundindo, que mesmo a colonização rural nos cerrados nordestinos, a exemplo da maioria dos projetos que são propostos na Amazônia, apresentam-se lineares, um conjunto de retângulos que ignoram as nuanças da natureza que poderiam contestar sua lógica.

Ali, como nos novos conjuntos habitacionais de Barreiras, não é tanto que a forma deva ser a mais ajustada à função, mas que através dela o processo possa ser agilizado da maneira mais fácil, rápida e lucrativa possível. Redes em linha reta, velocidade de movimento, maior agilidade no processo produtivo e consequente maior rotatividade do capital (e/ou da força de trabalho) são elementos que estão intimamente ligados. Alguns indivíduos personificam de maneira mais radical esta "condição moderna", agentes da globalização, da busca obsessiva pelo novo e de uma verdadeira paixão pelo movimento, pela "abertura de novas fronteiras", como afirmam. São os "desbravadores", "novos bandeirantes", geralmente grileiros que estão sempre

---

[4] HARVEY (1992) analisa essas propostas no âmbito da arquitetura e do urbanismo dentro do debate "moderno" (mais padronizado e funcional) X "pós-moderno" (mais eclético e simbólico), falando de um ambiente construído onde domina a "tirania da linha reta", frente à qual somos forçados (sem que isso signifique sujeição irrestrita da função à forma construída) a adaptar nossas práticas cotidianas (p. 190).

seguindo em frente, contratando capangas para "limpar o terreno" e prepará-lo para as levas de migrantes sedentos por terra barata e lucro, mas com um mínimo de infraestrutura e "legalidade".

O atu l processo "moderno", capitalista, de destruição de territórios extrapola as relações cotidianas e se projeta numa escala nunca antes verificada: como vimos, seus traços são passíveis de leitura a vários quilômetros de altitude. Poderíamos mesmo afirmar que sua verdadeira magnitude *só* é abarcada nessa escala, quando as marcas concretas de sua geografia podem revelar de fato seus limites (físicos, pelo menos, pois se tratam de espaços-rede transnacionalizados). E quem é capaz de refletir a essa escala? Obviamente aquele que detém o poder sobre as fontes de informação, a "telescopagem" de que nos falam Henri LEFÉBVRE (1986) e Paul VIRILIO (1988).

Para isso, as fotos aéreas e as imagens de satélite são o único instrumento através do qual é possível acompanhar a rapidez e a amplitude das transformações no espaço regional, e a melhor forma, também, de convencer os capitalistas sobre a "viabilidade" das novas áreas de ocupação. Foi assim, por exemplo, que se produziu um videopropaganda das terras do grupo Delfin, no noroeste baiano, imensa "bolha" não ocupada em função da intervenção do Banco Central num dos projetos mais polêmicos de ocupação dos cerrados (o projeto Barro Preto), começando com as imagens de satélite da região, forma mais "objetiva" e confiável para provar seu potencial econômico e a única capaz de oferecer uma visão de conjunto de sua localização.

Quando de nossa entrevista com o gerente regional da CEVAL, maior agroindústria da região, foi fácil verificar esse *know-how* geográfico que, na ausência de um Estado minimamente planificador, é monopolizado pelas grandes corporações econômicas. A destreza com que ele manipulava imagens de satélite, atualizadas anualmente, e seu senso geopolítico em relação às estratégias a serem desenvolvidas pela firma, impressionavam. No mapa da Região Nordeste ele ia rapidamente desenhando a rede de relações atual e os projetos de expansão da empresa, e parecia brincar com a geografia ao propor novas divisões e fusões territoriais que, no fundo, representariam melhor os fluxos/redes que conectavam a empresa à economia global. Outra megaempresa que aplicava recursos substanciais em pesquisa — a cooperativa paulista Cotia —, era até o início da década a fonte mais procurada pelos novos investidores para obterem informações sobre a região.

Esse processo de destruição de antigos territórios, retraduzidos em espaços econômicos de uma rede em última (primeira?) instância planetarizada, é dominado fundamentalmente por uma velocidade capitalista cujo conteúdo técnico, hoje, permite ritmos inusitados de transformação socioespacial. Arrasando/(des)igualizando o espaço numa rede hierárquica de fluxos comandada a partir do exterior (nas políticas impostas pelo FMI, nos investimentos de capital japonês via PRODECER — Programa de Desenvolvimento dos Cerrados, ou na definição dos preços [pela bolsa de Chicago] e do circuito de comercialização da soja, por exemplo), constrói-se nos cerrados nordestinos um espaço completamente distinto daquele elaborado pelos antigos proprietários, posseiros e camponeses sem terra, onde a vida e as relações de caráter local adquiriam um papel preponderante e os laços comunitários/holistas definiam ritmos muito mais lentos de mobilidade social e geográfica.

Quando se percebe que alguns desses territórios ainda permanecem, pode-se ter uma ideia da complexidade da (des)organização do espaço regional. Acumulam-se assim múltiplos tempos e múltiplas escalas que, na interpretação da maioria das pessoas, transformam-se numa confusão generalizada. Mesmo se deslocando fisicamente bem pouco, elas são levadas, via rádio e televisão, para espaços e distâncias que nada têm a ver com os seus espaços de vivência cotidiana. Como nos disse uma jornalista gaúcha em Barreiras:

Eles não têm noção geográfica nenhuma. Por exemplo, achavam que o Rio Grande do Sul deveria ser muito mais perto do Golfo Pérsico do que a Bahia. Não conseguem ter noção nenhuma de onde nós estamos, que distância real existe entre um lugar e outro, porque a maioria deles também não tem andado mais do que 200 quilômetros daqui. Então para eles é muito difícil estabelecer isso: distância... o que é longe, o que não é...

Quando estivemos na Vila Papelão, uma das favelas mais miseráveis de Barreiras, em 1991, os moradores nos perguntaram se era verdade que a Guerra do Golfo estava prestes a chegar à cidade. Era praticamente impossível explicar-lhes onde ficava a região do Golfo Pérsico e provar que se tratava de um problema muito distante, enquanto a televisão e as emissoras de rádio bombardeavam-lhes com notícias o dia inteiro. Uma prova de que, sem uma noção mais ampla de espaço e de escala, traduziam como seu um problema completamente deslocado de seu espaço-tempo local, imediato, cotidiano.

(...) sempre se diz que a liberdade primordial é a liberdade de movimento. É verdade, mas não a velocidade [a rapidez

dos deslocamentos, que podem ser feitos hoje sem sair de casa, via televisão, telefone, computador]. *Quando você vai depressa demais, você é inteiramente despojado de si mesmo, torna-se totalmente alienado. É possível,* portanto, *uma ditadura do movimento* (VIRILIO, 1984: 65).

O que denominamos de "ditadura do movimento" é assim, também, um "império da velocidade", um processo desterritorializador que se encontra estreita e inevitavelmente ligado à geometria linear dos espaços construídos pela modernização *arrasadora* em implantação em muitos espaços agrícolas do interior do país e que, ao difundir alguns instrumentos da mídia, como a televisão, impõe tempos/velocidades completamente alheios à realidade da maioria das populações locais. Embora com ela também seja possível difundir aspectos importantes como uma maior consciência política e uma mudança positiva de valores, a intensidade das transformações muitas vezes impede qualquer "filtragem" e reapropriação digna por parte dos grupos locais.

É como se para os ritmos do capital e da tecnologia globais fosse exigida uma ordenação do espaço a mais linear possível, onde os circuitos de informação e de mercadorias pudessem fluir sob o menor constrangimento possível (ou *rugosidade,* nos termos de Milton Santos). A geografia de espaços reduzidos e tempos de longa duração dos antigos habitantes dos sertões vê-se, portanto, radicalmente alterada por esse novo cenário dos complexos agroindustriais que impõe o tempo breve, veloz da técnica e do lucro arrasador e a escala macro das grandes explorações capitalistas.

O impacto dessas mudanças fica muito nítido ao conhecermos histórias como a de um velho sertanejo baiano da Chapada Diamantina que fazia o percurso até

Barreiras, levando charque e sal e retornando com peixe seco, em lombo de jegue, e no qual dispendia 3 meses de viagem. Ou a de Seu Claudino, na comunidade do Km 30 da rodovia Barreiras—Brasília, que revela sua restrita mobilidade: "Eu fico só aqui assim, dali pr'ali mesmo, sabe? De toda essa região aqui, não vou pra canto nenhum". Sequer conhece a origem exata de sua comunidade, centenária, "se foi daqui da região também ou não. Acho que deve ser".

O asfalto da BR-242 que passa em frente ao povoado alterou quase tudo. Sintomaticamente, a estrada virou "pista", como se fosse o local da corrida, da (outra) velocidade cujo ritmo a comunidade "morre mas não entende" (ainda que muitos parentes tenham utilizado a estrada para migrar para a cidade). "Naquela época eu conheci aquilo ali, ninguém morava. (...) O pessoal andava pela beira do rio, a pé ou a cavalo, depois começou essa pista, depois o Arlindão, finado Arlindo, morou na beira do rio, depois o Negão, aquela casa do Negão quem fez foi eu e um primo meu... (sic) Agora ele trabalha na cidade." Depois da pista, muita mudança, vizinhos novos, novos pontos de referência — ou de perda de referência...

Mesmo para a construção de Goiânia, um dos símbolos que inauguraram a "modernidade" nos sertões do Brasil Central, em 1933, "o homem da roça aqui de Barreiras saía a pé e passava até de 3 a 4 meses, numa viagem só, e chegando lá, chegavam aos montes; saía daqui uma caravana de 10, 20 burros, pelo meio do caminho os animais iam cansando e eles vendiam os animais... (...) houve quem morresse no caminho", afirmou-nos o médico Luiz Pamplona.

O impacto da sociedade pós-industrial/informacional chega à região praticamente ao mesmo tempo que o da era industrial em moldes mais tradicionais. O baiano "preguiçoso" ou "lerda", tal como é visto pelos sulistas, tem questionado radicalmente seu ritmo de vida e, particularmente, de trabalho. Luís Hashimoto, ex-vereador sulista em Barreiras, sintetiza bem essa defasagem de ritmos ao afirmar que os nordestinos "são capazes de esperar quatro anos para conseguir alguma coisa, e pra eles isso não significa nada; enquanto isso, nós [a elite sulista] damos a volta ao mundo".

Por outro lado, como atestou Salete Massuchetti, uma das primeiras sulistas a chegar ao oeste baiano, o nordestino do oeste, que em 1980 "não tinha televisão, não tinha jornal e não tinha rádio, chegou em 85 ele já estava operando computador num banco. (...) nós evoluímos em 30 anos (...); eu ainda peguei o telégrafo, eu nunca vi o fax. Eu levei 30 anos pra assimilar, e eles assimilaram em 5 anos (...). Então você vê que em 5 anos eles passaram do zero pro mil".

Nascimento e morte, claramente definidos, estabelecem, segundo LE GOFF (1985), o tempo breve. No oeste baiano, construir e destruir, nascer e morrer, em sentido amplo, acabaram de repente se tornando tão corriqueiros, foram tão banalizados, que às vezes parecem não provocar mais nenhuma estranheza, o que altera profundamente as noções de espaço e tempo tal como vivenciados no cotidiano da população. Quase tudo subitamente se torna móvel, instável, transitório, e tudo se reveste de uma violência desterritorializadora, numa ditadura do movimento, como se fixar-se, deixar raízes, pertencesse a um passado que é preciso, de qualquer forma, superar.

Num espaço destituído de sua história, "sem memória", transformado de repente numa espécie de não lugar — espaços não históricos, não relacionais e não identitários, como caracterizou AUGÉ (1992), uma expressiva parcela dos novos atores hegemônicos tenta reconstruir à sua maneira uma geografia perdida que às vezes chega a constituir "espaços fora do lugar" representativos de uma identidade territorial que ali acaba por se tornar anômala e aparentemente sem sentido.

São exemplos as casas de madeira, pré-fabricadas, em estilo "europeu", trazidas do Sul, completamente inadaptadas ao clima tropical da região, e algumas fazendas nos Gerais que tentam reproduzir paisagens sulinas, substituindo a diversidade dos cerrados pela homogeneidade das pastagens artificiais e as matas nativas pelos quebra-ventos de eucaliptos, como se fosse possível transplantar para os Gerais uma pequena parcela do Pampa ou do planalto gaúcho. Paradoxalmente, assim, muitas vezes é o mesmo sulista desterritorializador que, em sua inusitada mobilidade, "finca raízes" e, como veremos a seguir, tenta intervir na construção de novas identidades e novos territórios. Ao contrário dos baianos pobres que são obrigados a perder seus laços com a terra, o sulista classe média alta e muitos capitalistas tentam reterritorializar-se, transplantando para o Nordeste a própria paisagem da região de origem, buscando construir e controlar novos territórios (municípios, por exemplo) ou, pelo menos, fazer alianças com as elites locais.

O "Novo" Nordeste

Esse ativo processo de (des)(re)territorialização em curso nos cerrados baianos estende-se praticamente por todos os cerrados da região Nordeste (sul do Piauí, área de Balsas, no sul do Maranhão, alto da Chapada Diamantina) e é capitaneado por empresários sulistas que, no seu lastro, acabam atraindo também capitalistas do Sudeste e da própria região Nordeste. A ebulição econômica (e o aumento brutal das desigualdades sociais com as migrações do sertão impulsionadas pelo mito do "eldorado da soja) faz com que muitos denominem estas áreas o "Novo" Nordeste, e alguns políticos (inclusive com o apoio de grupos sulistas) já começam a articular novos recortes político-administrativos capazes de corroborar essa nova divisão territorial do trabalho, ditada pela modernização seletiva da agricultura. Para se ter uma ideia mais concreta, a estimativa da safra de soja 1993/94 era de 630.000 de toneladas no oeste baiano (IBGE/Barreiras), 148 mil toneladas no sul do Maranhão e 28 mil no sul do Piauí e Tocantins (*Folha de São Paulo,* 25.05.1993).

Essas mudanças na divisão territorial do trabalho ficam muito nítidas ao compararmos os dois padrões dominantes na ordenação territorial do oeste baiano, o dos anos 50/60 e o dos anos 80/90. Se antes da chegada dos complexos agroindustriais nos cerrados havia uma tênue divisão do trabalho entre os "Gerais" e o "Sertão" ou vale do São Francisco (semiárido), ambos voltados para a pecuária extensiva, numa relação que lembra a transumância, e os rios comandavam a vida e a economia regionais, a partir da construção de Brasília e com a abertura de grandes rodovias os rios começam a perder seu papel, a divisão do trabalho se torna cada vez mais complexa e com ela se estrutura, de modo muito mais claro, uma rede externamente direcionada, como que invertendo os papéis entre o Sertão e os Gerais.

O Sertão, especialmente o vale do São Francisco, formava anteriormente o eixo (relativamente) dinâmico, cabendo aos Gerais o "vazio" (também relativo) e o isolamento. Hoje, são os Gerais que ostentam o maior dinamismo econômico (e ao mesmo tempo as mais fortes contradições sociais), cabendo ao Sertão ao longo do São Francisco uma maior conservação da estrutura socioespacial. Enquanto os fluxos anteriormente se aglutinavam em torno do grande rio, hoje eles se dão em torno do eixo das BR-242/020, especialmente na área agrícola dos cerrados, onde a rede de estradas, apesar de ainda ser precária, tornou-se muito mais densa em relação à área da caatinga. Além disso, os mais privilegiados dispõem do acesso às redes técnico-informacionais via satélite. Os rios, ao invés de redes de circulação, vão sendo sugados pelo desenvolvimento "pontual" de projetos de irrigação do tipo pivô central, conectados diretamente à rede global dos complexos agroindustriais (ver não só a produção de soja, mas também a de hortifrutigranjeiros, como uma grande empresa produtora de tomates que os beneficia na própria fazenda).

Em 1993, apenas na Bahia a oeste do São Francisco contavam-se 376 pivôs centrais (Mapa 2), número que se restringia a apenas 11, segundo dados do CPE (*Mapa de uso atual dos cerrados, 1989*). Considerando que cada pivô cobre uma área média de 104 ha, totalizam 39.104 irrigados, sendo a imensa maioria, 32.468 ha, na área dos cerrados. Trata-se de um processo indiscriminado e sem planejamento, que vem ocasionando protestos de entidades ambientalistas, pois os rios que nascem no Planalto Ocidental baiano, na fronteira com Goiás e Tocantins, são os grandes abastecedores de água do

Mapa 2 — *Rede Hidrográfica e Irrigação por Pivôs Centrais no Oeste Baiano*

Fonte: CAR (BA), Mapa de Uso do Solo, 1993.

DES. PAULO R R DE OLIVEIRA

médio São Francisco. Este uso dos recursos hídricos naquela área pode representar sérios problemas ecológicos para toda a bacia são-franciscana, com a diminuição dos débitos fluviais e do lençol freático, sem falar nos agrotóxicos que a sojicultura acabou levando para os cursos d'água e a erosão brutal que os solos permeáveis do cerrado estão sofrendo.

O economista Washington Wanderley, da SUDENE, autor de um plano de desenvolvimento regional para o Nordeste, já previa em 1988 a necessidade, "dentro de dez anos", de uma nova divisão regional capaz de incorporar áreas do Maranhão, sul do Piauí e Bahia, "um novo Nordeste" que forçaria a própria SUDENE a optar pelo "quadrilátero da miséria" (na expressão do então governador Miguel Arraes) ou se adaptar "para trabalhar com esse outro Nordeste rico e próspero que está surgindo" (*Jornal do Brasil*, 22.05.1988: 29).

A previsão do economista pode ter sido antecipada, pois já é muito nítida hoje a vinculação de grandes áreas do Nordeste ao complexo agroindustrial capitaneado pela soja que, ampliando-se a partir do Centro-Sul, alcança os cerrados do oeste baiano, a Chapada da Mangabeira e as serras Grande e do Penitente, no sul do Piauí e Maranhão. CARLEIAL (1993), falando na integração econômica da região Nordeste no contexto nacional, afirma que existem "espaços em expansão" e "espaços estagnados", sem perspectivas de integração:

Esta evidência decorre de que os espaços em expansão estão atrelados a uma dinâmica nacional e se ligam a outras regiões. Este é o exemplo da região dos cerrados baianos, sudoeste do Maranhão e sul do Piauí. Uma das dificuldades de se caminhar na direção de resolver o problema da pobreza do Nordeste, no próprio Nordeste, é a ausência de infraestru-

tura que ligue esses espaços em expansão com os espaços estagnados (1993:56).

Isto significa, então, que esse "novo" Nordeste é na verdade muito mais um apêndice ou uma extensão econômica, para não dizer também cultural e geográfica, do Centro-Sul, do que efetivamente uma reestruturação do espaço nordestino. Essa rearticulação, fruto de uma nova divisão inter-regional do trabalho instituída basicamente pelo capitalismo dos anos 80, representa, no caso do oeste baiano, a consolidação de um processo que remonta, pelo menos, à criação de Brasília e sua "cooptação" do oeste baiano e sul do Piauí.

Entretanto, segundo Baltazarino Andrade, principal "coronel" de Barreiras, se a rede que incorporou a região do oeste baiano a partir de Brasília e do Sul do país sempre foi forte e nesse sentido "continua a mesma", o que teria mudado seriam fundamentalmente as relações com o Nordeste: "Hoje nós já estamos mais voltados para o Nordeste. Porque nós produzimos muito milho, feijão, arroz e soja, que inclusive é transformado em óleo e sai daqui para todas as praças do Brasil e principalmente do Nordeste". A ligação, que "era só administrativa, agora é administrativa e comercial".

Para o gerente regional da CEVAL foi a proximidade do mercado nordestino o principal fator para a localização da indústria na região. A cooperativa COACERAL vende a soja para unidades beneficiadoras em Fortaleza, Teresina e Recife. Trata-se de uma estratégia que deve, contudo, ser relativizada. Se no início do processo de ocupação a soja era exportada até mesmo via portos da região Sul, agora são as indústrias nordestinas que, pagando melhores preços, beneficiam a soja e exportam grande parte para o exterior. Muitas vezes o que se imagina ser um novo fluxo regional de circulação é, na verdade, uma dinâmica circunstancial (dependendo dos lucros proporcionados) ou uma simples intermediação rumo ao mercado internacional, que é quem, no fundo, dá as cartas.

Economicamente esse "novo" Nordeste parece assim dividido entre abastecer/integrar-se ao mercado regional ou estruturar-se em função do mercado externo e dos interesses do Centro-Sul, como se o sulista tivesse chegado aos chapadões do Nordeste para utilizá-los simplesmente como uma espécie de "plataforma de produção". Não há dúvida, contudo, que, pela natureza de suas firmas, pela origem do capital investido e pelas formas de organização social que reproduz, trata-se muito mais do "Sul" incorporando o "Norte" do que o "Norte" (no caso, o Nordeste) se reestruturando num novo patamar de integração regional.

Como afirmou OLIVEIRA (1990), "o Nordeste integrou sua economia à do resto do Brasil. A tal ponto que, a rigor, não se pode falar em 'economia do Nordeste', mas numa divisão regional do trabalho no Brasil com atividades regionalmente localizadas" (p. 87). Embora ressalvando que isso não significa que a região "se dissolveu", pois ela é uma realidade bem mais complexa do que as determinações econômicas fazem crer, o autor defende que "a política de desenvolvimento regional levou à desregionalização da economia", não apenas no sentido da integração extrarregional como também no que se refere à heterogeneização interna, com o fortalecimento de grupos empresariais estaduais aliados à burguesia de outras regiões ou a grupos estatais.[5]

---

[5] Ele cita como exemplo os grupos do Banco Econômico, Oderbrecht e Paes Mendonça, na Bahia, e Othon e João Santos em Pernambuco.

Haveria assim *um movimento em sentido contrário ao da desregionalização da economia, um movimento centrípeto que é, dialeticamente, o fator da desregionalização. Trata-se do capital financeiro em geral', na forma de isenções fiscais, dos subsídios e do papel das estatais (...). Esse movimento* reifica *constantemente a hoje ficcional 'economia do Nordeste' (...). Esse movimento centrípeto reconstrói recorrentemente a homogeneidade subdesenvolvida do Nordeste* através de concepções como a de *região mais atrasada e de prioridade nacional e obscurece as diferenças entre os estados, os ritmos de expansão, as clivagens de interesses e de classes, buscando manter os referidos mecanismos fiscais-financeiros* (OLIVEIRA, 1990: 89).

Subsistem como especificidades "nordestinas" a questão agrária e um mercado de força de trabalho com características próprias, produto de uma desigualdade na distribuição de renda ainda mais acentuada que no resto do país. Declinante a migração, "a 'questão nordestina' que resta, e ainda é grave, dramática e imensa, exatamente porque é dinâmica, deve ser resolvida no próprio Nordeste. A antiga válvula de escape já não funciona" (OLIVEIRA, 1990: 91).

Nesse sentido, chamar de "Novo" Nordeste os cerrados tomados principalmente pela moderna agricultura da soja, do oeste da Bahia ao sul do Maranhão, é muito problemático. Primeiro, porque se refere à expansão geográfica (relativamente contínua, se considerarmos os cerrados goianos e mineiros) de um processo que teve início no Centro-Sul do país e que, nesse sentido, mais legitimaria a fragmentação do que a integração da região Nordeste tomada em termos de seus limites tradicionais. Segundo, porque se trata de uma dinâmica que, mesmo usufruindo da infraestrutura (estradas, usinas de beneficiamento) e até de um mercado de bases regionais, volta-se basicamente para fora, às vezes integrando-se diretamente com o mercado internacional (via "Corredor Norte de Exportação", por exemplo) e prescindindo da integração (pelo menos física) à própria economia do Centro-Sul.

Propostas das quais tomamos conhecimento discutem, por exemplo, a construção de um ramal da ferrovia Norte-Sul de Tocantins até Barreiras, a fim de escoar a produção do oeste baiano. A produção de soja do sul do Maranhão, do sul do Piauí e de parte do Tocantins já escoa pelo "Corredor Norte", que integra rodovia e estrada de ferro (Norte-Sul e Carajás) até o porto de Ponta da Madeira, em São Luís, considerado o porto brasileiro mais próximo do mercado europeu. Segundo reportagem do jornal *Folha de São Paulo* (20.03.1994: 1-18), a exportação de soja por esse porto aumentou de 27 para 72 mil toneladas entre 1992 e 93. Mais do que integrar-se regionalmente, o complexo agroindustrial em gestação promove assim uma espécie de imitação de antigos circuitos coloniais voltados direta e quase prioritariamente para os interesses externos, "globais".

Para a gestão desse processo a nível regional projeta-se também a criação de novos estados. Além da criação do estado do São Francisco, analisada a seguir, e que engloba todo o oeste baiano, existem movimentos congêneres propondo a formação do estado de Gurgueia, no sul do Piauí (defendido inclusive pelo governador eleito em 1994 e ironizado em reportagem de Fernando Gabeira no jornal *Zero Hora* como uma "divisão da miséria"), e do Maranhão do Sul (já cogitado na Assembleia Constituinte de 1988). De certo modo, estes novos estados legitimariam, num sentido políticoterritorial, a área dominada pelas redes da moderna agricultura capitalista (ver Mapa 3).

A "Rede Regional Gaúcha" e a Reinvenção de Identidades no "Novo" Nordeste

Conjugada às várias redes que estruturam o espaço do "Novo" Nordeste está aquela que denominamos *rede regional gaúcha* no interior brasileiro. Atraídos pelas terras baratas em sua expansão capitalista (especialmente através do plantio de soja, viabilizado nos cerrados graças ao endividamento externo e aos investimentos biotecnológicos do Estado via EMBRAPA), esses novos pioneiros aproveitaram os incentivos fiscais da SUDENE e, com a queda dos subsídios na área da SUDECO, atingiram em cheio os cerrados nordestinos a partir do início dos anos 80.

Como sempre, e especialmente por se tratar do modelo agrícola estimulado nos cerrados, calcado especialmente na monocultura da soja (embora hoje já apareçam importantes projetos de diversificação), que exige grandes investimentos em corretivos de solo, fertilizantes e mecanização, os agricultores menos capitalizados geralmente fracassam. Não faltam histórias de agricultores que venderam o pouco que tinham no Sul, vieram "de mala e cuia" tentar a vida no Nordeste e depois perderam tudo. Alguns, como um pequeno produtor gaúcho que conhecemos em plena caatinga do sul do Piauí, ainda resistiam, em condições precárias, sobrevivendo em parte graças ao assistencialismo de entidades como a Igreja Luterana que, ao lado dos CTGs (Centros de Tradições Gaúchas), são os componentes culturais mais importantes dessa *rede regional*, acompanhando os

Mapa 3. *Os estados propostos para o "Novo Nordeste"*

migrantes sulistas por onde quer que eles andem (HAESBAERT, 1995).

Esses espaços "gaúchos" no "Novo" Nordeste (ver Fotos 1 e 2) compõem assim o ramo de uma grande "diáspora", iniciada com a própria imigração europeia para o sul do Brasil no século passado e que foi gradativamente se expandindo por áreas de mata (e, hoje, de cerrado) no oeste de Santa Catarina e Paraná (anos 30 e 40), Mato Grosso do Sul (anos 50 e 60) e Amazônia (anos 70). Trata-se de uma expansão capitalista explicada ao mesmo tempo pela concentração de terras no Sul do país, que com os latifúndios "fechou" a fronteira de ocupação; pela excessiva divisão dos minifúndios na área de colonização ítalo-germânica e, de um ponto de vista cultural, por uma espécie do mito de desbravador e de uma superioridade assumida por muitos descendentes de imigrantes, sempre em busca de "novas fronteiras" para "colonizar".

É interessante ressaltar que a imensa maioria, de tradição agrícola ou, hoje, agroindustrial, migra para regiões de ocupação rarefeita ou com populações consideradas culturalmente inferiores ("bugres" ou índios na Amazônia, "caboclos" no Nordeste...), avessos que são ao cosmopolitismo das metrópoles, onde a competição seria muito mais acirrada e sua moral, geralmente bastante conservadora, seria colocada em xeque pelos novos valores urbanos. Assim, o propalado pioneirismo desses migrantes sulistas deve ser bastante relativizado. Primeiro, porque não estão simplesmente ocupando "terras de ninguém" e/ou que somente eles sabem como tornar produtivas; segundo, porque a modernização agrícola do lucro imediato que promovem nem sempre é assim tão "moderna", provocando enormes

Dança do pau de fita

Jogo de bocha

Fotos 1 e 2. *Espaços "gaúchos" no Nordeste (Novo Paraná, Bahia)*

Fotos: Iêda Marques

danos ecológicos com práticas que incluem até mesmo o velho sistema indígena de queimada (em proporções muito maiores); e, terceiro, porque a modernização político-cultural que difundem também se restringe quase sempre apenas a alguns grupos, a maioria difundindo práticas e morais conservadoras das quais os CTGs geralmente constituem um dos bastiões mais eficazes.

Como exemplo da dimensão econômica dessa *rede regional* temos muitos empresários que ainda hoje mantêm a sede principal de suas empresas ou propriedades no Sul, na esperança de "fazer um pé de meia" e depois retornar (alguns mantêm apenas um administrador em suas propriedades no Nordeste), sem falar, no caso específico do oeste baiano, das várias cooperativas sediadas na região Sul que estenderam suas áreas de atuação para o Nordeste. Tanto grandes como pequenos produtores rurais muitas vezes trouxeram o maquinário, móveis e algumas vezes até mesmo a casa (pré-fabricada) do Sul.

A maior indústria na área dos cerrados nordestinos, a CEVAL, do grupo Hering, tem sua matriz em Santa Catarina. É grande também a importância da migração de trabalhadores sulistas, base da força de trabalho especializada local: muitas vezes linhas de ônibus são mantidas pelas próprias empresas rurais com a finalidade exclusiva de garantir o suprimento de mão de obra. Além disso, no início do processo, até mesmo a soja do oeste baiano chegou a ser exportada pelos portos de Paranaguá e São Francisco do Sul (SC) e o arroz era parboilizado no Rio Grande do Sul.

As relações com o Sul são bem atestadas não só pela intensa utilização das redes técnico-informacionais (telefone, radioamador, fax, telex, televisão via antenas parabólicas), das quais participam especialmente os mais privilegiados, como também pelo fluxo de pessoas, através de linhas de ônibus que servem basicamente aos grupos migrantes, unindo diariamente diversas cidades do Norte-Nordeste com a região Sul. Pelas informações obtidas junto às empresas, essas ligações têm servido basicamente ao grupo de migrantes do Sul, sem promover um fluxo contrário, de nordestinos em direção ao extremo-sul do país. Outro indicador da *rede regional* que toma forma a partir da migração sulista é a presença de profissionais, especialmente nas áreas da saúde e educação, mas também religiosos, trazidos do Sul para o atendimento nos novos núcleos urbanos, onde muitas vezes faz-se questão que eles sejam sulistas. [6]

As disputas pelo poder político e a (re)construção de identidades envolvendo sulistas e nordestinos, especialmente entre as chamadas classes média e alta, revelam-se não apenas à escala municipal, com a tentativa de criação de novos municípios (como Mimoso do Oeste, que, mesmo com quase 10.000 habitantes, a sede da CEVAL e três agências bancárias, não é sequer sede de distrito), mas também nos movimentos pela criação de novos estados, especialmente o estado do São Francisco, no espaço baiano a oeste do grande rio. Apesar de representarem sobretudo interesses e práticas político-

---

[6] Talvez o exemplo mais destacado da influência "gaúcha" na área da educação seja a criação da Fundação Educacional do Sul do Piauí, em Corrente, promovida pela Universidade de Passo Fundo, cujo reitor possui terras na região. Este vínculo chega ao ponto de professores piauienses frequentarem cursos de aperfeiçoamento a mais de 2.500 km de distância, em Passo Fundo, no Rio Grande do Sul. Para finalizar, lembramos um último exemplo indicativo da conexão Sul—Nordeste: uma rede de prostituição estabelecida pela boate, sintomaticamente denominada "Quebra Gaúcho", em Barreiras, que trazia prostitutas do Sul. Alguns frequentadores afirmavam, de modo irônico, que ali era o único local em que os baianos conseguiam "levar a melhor" frente aos gaúchos.

econômicas, esses projetos implicam a invenção ou o fortalecimento de identidades socioterritoriais para sua efetiva consolidação e respaldo popular. Aí, a formulação de uma identidade "são-franciscana" que alie nordestinos e sulistas não se torna tarefa fácil.

Ao contrário de tentativas de emancipação como a que ocorre em Mimoso do Oeste, onde é mais clara a pretensão de segmentar territorialmente os dois grupos que disputam a hegemonia político-econômica local (fortalecendo um ditado popular de que "gaúcho onde chega quer separar"), na construção da identidade político-cultural de novos territórios-estados, como afirmou o jornal do Movimento Pró-Criação do Estado do São Francisco, "a integração das forças imigrantes com as forças nativas é de fundamental importância para o processo de emancipação..." (*Tribuna do São Francisco* nº 3, jun 1990). Percebe-se então que se trata de uma empreitada ainda mais difícil e complexa, exigindo articulações de várias ordens.

Sem aprofundar aqui a polêmica político-institucional e o jogo de interesses à escala nacional em que se inserem os processos de criação de novos estados, o que deve ser objeto de um outro trabalho, enfatizaremos como, especificamente, o discurso pela criação do estado do São Francisco acaba partindo de argumentos genéricos onde a construção de uma identidade socioterritorial de bases regionais, integrando as dimensões histórica e geográfica, é um dos elementos mais relevantes.

Considerando que o papel dos sulistas, com sua base cultural distinta, é hoje preponderante nas transformações socioespaciais em curso no oeste baiano, esta (re)construção de uma identidade são-franciscana revela-se de antemão muito ambígua e virtualmente conflitiva, retomada muitas vezes como forma de demonstrar aos "tradicionalistas" gaúchos a força das tradições e da história locais. Diante da visão simplista de muitos sulistas que nivela todos os baianos na categoria de nordestinos, associada por sua vez à descendência africana, muitos baianos do oeste, mais identificados com a vida do sertão semiárido e seus "cabras-vaqueiros" (na expressão de Wilson Lins) do que com a cultura afro-brasileira do Recôncavo, acabam por reafirmar essa diferença, tentando reviver os mitos do sertanejo que é "antes de tudo um forte" e forjar uma identidade moldada pelo modo de vida ribeirinho do São Francisco.

Embora tenha formalmente eclodido quando da proposta do deputado José Carlos Vasconcelos, reivindicando a reincorporação da região a Pernambuco, encaminhada à Assembleia Nacional Constituinte em 1987, ideias separatistas na região são antigas, promovidas principalmente em função do isolamento e das disputas sobre aquele espaço. Razões de ordem histórica e geográfica formam a base dos argumentos separatistas. Uma leitura do "manifesto pela criação do estado do São Francisco" demonstra muito bem a ênfase dada ao "fato histórico-geográfico", tido como raiz, "desde a fase colonial", a legitimar as reivindicações do movimento. A expressão em maior destaque no texto: "O tempo nos separa de Pernambuco e a distância nos afasta da Bahia" sintetiza bem essa argumentação, como se "razões históricas" (a grande distância temporal) justificassem a não reincorporação por Pernambuco e "razões geográficas" (a grande distância física da capital) justificassem a separação da Bahia.

Quando se fala na criação do estado do São Francisco estamos atuando num terreno de razão histórica,[7] *nós não estamos usurpando terras de Pernambuco, nós não estamos usurpando terras da Bahia, nós estamos reivindicando direito que nem a Bahia tem e nem Pernambuco tem, porque Pernambuco perdeu essa terra por um ato de violência, por um ato de imprudência de Dom Pedro I e a Bahia também ganhou por um ato equivocado, que ambas, quando ele desliga essa área de Pernambuco, (...) ele dá esse legado também de caráter provisório. (...) esse território nunca foi administrado por Pernambuco. (...) ele teve uma ocupação mas não teve administração. Fomos nós realmente que criamos, quer dizer, nós temos direito histórico de reivindicar esse território como nosso* (Marlan Rocha, principal articulador do Movimento Pró-Criação do estado do São Francisco).

A cronologia histórica da disputa administrativa sobre a região, apresentada por GUERRA (1951), indica que o domínio pernambucano perdurou até 1824, quando se deu a incorporação (através de ato provisório) a Minas Gerais, passando em 1827 para a administração (também oficialmente em caráter provisório) da Bahia. O deputado pernambucano José Carlos Vasconcelos, autor em 1987 do projeto de reincorporação a Pernambuco, faz também um histórico das reivindicações no século atual, destacando o livro "Pernambuco e o São Fran-

---

[7] O mesmo "direito histórico" alegado pelos defensores do novo estado é reivindicado por Pernambuco. Flávio Guerra busca argumentos históricos para provar o "crime" cometido contra Pernambuco, a "enorme perda material" que é preciso reverter: "Se Pernambuco sofreu esse castigo, imposto pela violência de D. Pedro I, unicamente como punição pela sua luta em prol de uma então sonhada república (a Confederação do Equador), hoje, quando vivemos em plena democracia republicana, gozando das vantagens de uma organização federativa — sonho dourado dos revolucionários de 1824 — não é justo que se mantenha o peso de uma punição a estes mesmos anseios, hoje tornados realidade" (GUERRA, 1951: 19).

cisco", em que Barbosa Lima Sobrinho afirma: "Se há um ponto insofismável na história brasileira, é o domínio tradicional de Pernambuco na margem esquerda daquele rio"[8]. Vasconcelos propunha um plebiscito para definir o destino da área, dizendo contar com o apoio do então governador Miguel Arraes. Em resposta à proposta do deputado federal pernambucano, Marlan Rocha, ex-candidato a deputado, encaminhou, através do senador Mansueto Lavor (também pernambucano, o que provocou a indignação de muitos de seus conterrâneos), outra proposta, visando a criação do estado do São Francisco. Uma proposição acabou inviabilizando a outra.

Vasconcelos fala da "reparação de um erro histórico" enquanto Guerra afirma não haver mais razão ("histórica") para manter a punição contra Pernambuco. "A Bahia não é proprietária, por nenhum aspecto", diz ele, "desta zona pernambucana; sua função é de 'simples detentora administrativa, por título precário e de rescindível posse'" (GUERRA, 1951: 20). O autor utiliza o mesmo argumento de Marlan Rocha (a simples posse, sem administração efetiva) para defender os interesses pernambucanos. Pode-se deduzir daí que a situação de "abandono" da região em relação às administrações estaduais, proclamada ainda hoje por tantos, tem sua razão de ser.

Além dos argumentos históricos, são muitos também os de caráter geográfico, mostrando inclusive a atualidade do discurso da mais tradicional geografia política. Eles são encarados tanto positiva — o tamanho, as "riquezas naturais" —, quanto negativamente — a distância, o isolamento (pela dificuldade de acesso ou

---

[8] Entrevista de José Carlos Vasconcelos ao jornal *Folha de Barreiras*, 26.05.1987: 2.

pelo "abandono" do poder público). O prefeito de Barreiras, Saulo Pedrosa, por exemplo, apesar de ressaltar a "falta de estabilidade econômica" da região, utilizou como principal argumento em defesa do novo estado a grande extensão do território e a população: "Ele é maior do que o estado de Pernambuco e Alagoas juntos. Tem umas 32 cidades, mais ou menos 1 milhão de habitantes, em torno de 400.000 eleitores. É uma área maior e com mais habitantes que o estado de Rondônia".

Quase todos os entrevistados a quem indagamos sobre a formação do novo estado citaram a grande extensão do estado da Bahia, a distância de Salvador e a consequente negligência do governo do estado para com a região como os principais fatores responsáveis pelas ideias separatistas. Os mesmos argumentos se repetem no caso dos estados do Maranhão do Sul e Gurgueia, no sul do Piauí. Como afirmou um sulista defensor do novo estado de Gurgueia, entrevistado em Corrente (PI), "estamos a mais de 900 km de Teresina", e se até "a Croácia, que dista só 100 km da capital iugoslava, ficou independente..."

A ambiguidade, contudo, também aqui se faz presente. Os mesmos argumentos do isolamento e do abandono que fortalecem o movimento separatista podem ser utilizados para reivindicar uma maior aproximação com Salvador. É o caso da mobilização pela criação da Universidade do São Francisco em Barreiras. Após enaltecer "o progresso econômico que experimenta a região" e "a enorme gama de profissionais liberais que atuam nesta região gigante", indicando assim o que o estado pode perder com o separatismo, o documento da Comissão de Implantação (19.10.1989) utiliza entre seus argumentos em prol da criação da Universidade:

(...) o Oeste Baiano foi ao longo do tempo abandonado, relegado à própria sorte, tanto que os baianos de outras regiões nos marcaram a todos quanto aqui vivem, de baianos só de direito, ao discriminar este rincão, taxando-o de além-São Francisco, além-Bahia, além-civilização;

(...) o nosso desejo que Goiânia ou Brasília deixe de ser a capital do Oeste da Bahia e que Salvador passe a ser de fato nossa capital, consoante à vontade e ao desejo do povo que neste ato temos a responsabilidade e a honra de representar.

A situação de isolamento e a discriminação pelo governo estadual transformam-se aqui num trunfo contra o seccionismo. Exalta-se então o enfrentamento do "notório separatismo cultural" que a região está vencendo, "a fim de continuar a curva ascendente que o destino lhe reservou", onde uma maior ligação com Salvador é tida como "desejo de todos". Não foi à toa que o governo Waldir Pires apelou para as figuras de Caetano Veloso e Maria Betânia em um anúncio na televisão contra o movimento pela criação de novos estados (planeja-se também a criação do estado de Santa Cruz, no sul do estado), manipulando com habilidade dois dos personagens-símbolo mais populares da baianidade, para afirmar que "a Bahia não se divide". Exagera-se no fator "distância" e "tamanho" como cerceadores do desenvolvimento, numa espécie de neodeterminismo geográfico, como se eles não estivessem, hoje, bastante relativizados diante dos novos avanços da tecnologia de comunicações e de transportes.

Outro argumento, concomitantemente de natureza geográfica, histórica e cultural e que nos interessa mais de perto, é aquele que recorre a uma identidade própria à região para justificar a separação da Bahia. Seu peso nos discursos pró-separatismo é muito forte, fazendo crer muitas vezes que uma identidade são-franciscana está de fato impregnada no cotidiano dos habitantes do oeste baiano. Para mostrar essa força identitária, como ocorre no caso do gauchismo (HAESBAERT, 1988), repete-se aqui a recuperação da história, a fabricação de uma memória, que elege no tempo os símbolos da identidade territorial, fundamental porque permeada de mitos e heróis.

Já na proposta encaminhada à Assembleia Nacional Constituinte em 22 de abril de 1987, as justificativas (que incluíam, ao contrário do manifesto, muitos dados provando a viabilidade e o "desenvolvimento" já existentes na região) culminavam com um incrível resgate histórico da memória são-franciscana, ao "render homenagem" aos que lutaram "pelo bem-estar e pela liberdade":

A todos os sãofranciscanos: homens e mulheres, coronéis, barqueiros, jagunços, remeiros, patrões, vaqueiros, intelectuais e artistas que se notabilizaram no curso da história do rio São Francisco, dedica-se este trabalho de resgate histórico para que os velhos rememorem, os jovens não se esqueçam da saga sãofranciscana como fonte de vida e inspiração para a luta na senda dos: Euclides da Cunha, Guimarães Rosa, e desse grande Osório Alves Barbosa que diz no seu Porto Calendário: "Os velhos sonharam com o Estado do São Francisco e jovens amarrão sua canoa nos portos novos dos tempos".

E o que dizer desse Biquiba Guarany, o homem das Carrancas?

Que os jovens façam como o fez o Conselheiro João da Matta Machado, fundador da primeira Companhia de Navegação a vapor do São Francisco; e, com ele sigam o curso da história vivificada nos sertões sãofranciscanos com Augusto de Miranda, Delmiro Gouveia, o que entendeu "o choro da energia abandonada" de Paulo Afonso, de Manuel Novais, o Deputado do São Francisco que materializou na Constituinte de 1946 o desenvolvimento do grande Vale a partir das propostas de Geraldo Rocha, no seu livro "O Rio São Francisco", criando dispositivo constitucional para a criação da Comissão do Vale do São Francisco, hoje CODEVASF.

A estes e a quantos batalharão pelo Estado do São Francisco a nossa profunda gratidão.

Em busca de personagens e símbolos de referência as fronteiras reivindicadas para o novo estado são em muito extrapoladas (recorrendo-se, por exemplo, ao mineiro Guimarães Rosa e ao alagoano Delmiro Gouveia) e todas as condições sociais se irmanam, do coronel e do patrão ao jagunço e ao remeiro. É esse o verdadeiro milagre impetrado pela identidade territorial: soldar ideologicamente (recorrendo a metáforas espaciais) o que está objetiva e hierarquicamente separado. No caso do oeste baiano e da proposta de um estado são-franciscano, contudo, não bastaram até aqui sagacidade e perspicácia na construção de uma memória e/ou de um conjunto de tradições, pois muitas são as identidades que se cruzam, todas com pretensões de legitimidade.

Se por um lado a identidade baiana foi construída sobre traços culturais da zona em torno de Salvador (ainda hoje representada em mapas estrangeiros como a "Cidade da Bahia") e se projeta atualmente de modo positivo, embora estereotipada em torno do baiano "festeiro" e *bon vivant*, por outro ela sofre o estigma de ser associada ao negro que, na visão sulista, geralmente adquire uma conotação negativa e, em seu extremo, racista. Assim, é compreensível que, estimulados ainda mais pela presença dos sulistas, os habitantes do oeste baiano engajados no movimento emancipacionista tentem construir uma identidade própria, calcada no amálgama "mestiço" do interior do Brasil.

Bases históricas não faltam para corroborar essa distinção. Desde o século XVIII selou-se uma diferenciação econômica entre o sertão (especialmente o sertão baiano) e o litoral nordestino, numa divisão do trabalho comandada pelos interesses da região das Minas Gerais (conforme os trabalhos clássicos de PRADO JR., 1956, e FURTADO, 1968). Francisco de OLIVEIRA (1987) se refere à região como sendo dotada de uma "unidade autônoma, cujos laços se tecem com o sertão e Minas do ponto de vista da produção, debilmente ligada a Salvador, a não ser pelos ensaios de pertencimento ao tronco da oligarquia açucareira, então dominante" (p. 24).

OLIVEIRA (1987) afirma também que Salvador foi a capital brasileira que menos cresceu na primeira metade deste século, alimentando, juntamente com o sertão, a partir dos anos 20, o fluxo de migrantes para o Centro-Sul, onde todos vão ser conhecidos como "baianos", "forma de reconhecimento de uma não identidade; identidade precária, fora de seu lugar" (p. 34). Na própria Bahia, o autor ressalta, "se dizia, quando alguém demandava o caminho da capital, 'vou pra Bahia'; serão 'baianos' quando emigrarem, e, entre eles, o que são? Uma 'negrada', vadios, preguiçosos, retórica da pujança oculta da Bahia, nos discursos e textos melancólicos do 'enigma' baiano (...)" (p. 35). Fugir de ou desmistificar esses estereótipos não é fácil, principalmente hoje, quando eles começam a ser avaliados positivamente pelo resto do país. Desse modo, a relação cultural do oeste baiano com o restante do estado, especialmente com a capital, é uma relação contraditória, de atração e repulsa ao mesmo tempo.

Nas palavras muito incisivas do principal mentor do movimento, Marlan Rocha, Barreiras e o oeste baiano estão a meio caminho entre Brasília e Salvador, dois espaços dualisticamente distintos: "um que representa o futuro e um que é o arcaico, que é Salvador, apesar do [polo] petroquímico, mas a cabeça do baiano é atrasada — quando eu falo baiano eu me refiro ao da margem direita [do rio São Francisco], porque nós, eu me considero não baiano, são-franciscano, o que é diferente".

Marlan Rocha acentua as diferenças entre o oeste e o resto da Bahia com vistas a reforçar sua distância do "atraso" e da "mediocridade" baiana: "não tem nada a ver com a Bahia (...). Porque, veja bem, você chega em Salvador e você chega em Barreiras — nem culinária, nem hábitos, nem sotaque, nem nada, não tem nada a ver". A razão principal, segundo ele, não seria a distância, mas a ligação muito forte que a elite local manteve com o Rio de Janeiro, "a partir de Geraldo Rocha", figura emblemática entre os "vultos históricos" da região. "Se Geraldo Rocha tivesse ido — essa tese é minha — para Salvador, ele estaria mediocrizado como tantos que foram para lá, que estão lá, porque a Bahia é atrasada."

O próprio Geraldo ROCHA (1983), escrevendo nos anos 40, enfatizava a distinção entre o Recôncavo e o vale do São Francisco: "existe (...) maior afinidade e homogeneidade étnica entre um habitante das margens do Itapicuru, do Mearim, do Jaguaribe, dos sertões do Seridó, do Paraíba ou do Tocantins, com os ribeirinhos da bacia do São Francisco (...) do que com os filhos da capital ou do Recôncavo baiano" (pp. 33-34). Ele ressalta que tanto a típica cozinha do interior da Bahia quanto o linguajar do sertanejo são muito diferentes dos do Recôncavo e de Salvador, que possuem muito maior influência africana.

A presença de uma "raça" sertaneja ou são-franciscana é outra característica que se acrescenta nessa distinção regional e que alimenta uma imagem mais positiva dos habitantes do interior frente ao estigma depreciativo da "negrada" do litoral. As ideias de Euclides da Cunha, vendo o sertanejo são-franciscano como uma "raça de curibocas puros quase sem mescla de sangue africano" e o sertanejo antes de tudo como "um forte", são reafirmadas por Wilson Lins quando este afirma que "os primeiros povoadores do vale do São Francisco, cruzando com as nativas, numa época em que o elemento negro não estava nas cogitações dos colonizadores lusos, criaram às margens do grande rio uma raça de homens fortes".

Além de fator de unidade nacional, o "velho Chico" teria sido "o cadinho admirável em que se fez a experiência racial que enriqueceu a nossa paisagem humana com o caibra-vaqueiro, exemplar magnífico (...) e, sem dúvida alguma, o mais rico em personalidade entre os vários tipos raciais do Brasil" (LINS, s/d:15). Seu isolamento o teria tornado uma raça "mais rija e viril", e definido uma identidade são-franciscana: "(...) inteiramente ilhados dentro do sertão sem fim, aqueles homens que procediam da Bahia, de Pernambuco, de São Paulo e até de Goiás, perdiam contato com o resto do mundo para se tornarem apenas são-franciscanos" (p. 31). Ignorando a distinção entre o vale do São Francisco e os chapadões dos Gerais, muitos autores procuraram forjar uma identidade territorial que apaga os Gerais, subordinados, em seu povoamento bem mais rarefeito, às características "são-franciscanas". Na verdade, com essa estratégia, ofuscam-se também as ligações culturais com Goiás e com o atual estado de Tocantins, para muitos ainda hoje preponderantes em relação à influência do Recôncavo.

Numa prova de que, mais do que a "falta de identidade", como afirmam muitos sulistas, o "dilema identitário" do oeste baiano prende-se às múltiplas identidades que o perpassam, pode-se obter com relativa facilidade argumentos diametralmente opostos. Enquanto alguns enfatizam as ligações com a Bahia e o sertão são-franciscano, outros apelam para os elos com Goiás, chegando mesmo a se referirem a uma "pré-Amazônia":

> *(...) isto aqui era um ponto de navegação fluvial que funcionava como capital do norte de Goiás.(...) uma coisa é verdade, se você for pesquisar em termos de hábitos, de costumes, nós do oeste baiano somos muito mais goianos do que baianos. (...) ainda mais do ponto de vista geográfico, essa região é pré-amazônica ["tem uma possibilidade de recursos hídricos parecida com o Amazonas",* ele afirmaria depois*], e há o rio São Francisco que limita a grande Bahia da Bahia esquecida, do oeste. (...) já está arraigado em nosso espírito que nós não devemos ser mais do estado da Bahia, nós precisamos da nossa independência enquanto região* (Luiz Pamplona, médico tradicional em Barreiras, depois secretário da Prefeitura, em entrevista pessoal prestada em 1992).

Essa indefinição em termos de área de influência, as baixas densidades demográficas e o relativo isolamento por que passou a "Bahia esquecida" do oeste, especialmente após a desativação da navegação fluvial, fizeram com que o fortalecimento de uma identidade territorial se tornasse muito mais difícil. Para Conceição Figueroa, em entrevista pessoal, o isolamento da região não foi favorável à preservação de valores locais, pelo contrário, representou seu debilitamento, não sendo correto atribuir a sua destruição apenas à chegada dos sulistas. Como afirma TODOROV (1993), "a destruição das tradições não precisa da submissão às tradições estrangeiras" (p. 88), e é no próprio confronto com o Outro que geralmente se dá o (re)fortalecimento de uma identidade.

Ao mesmo tempo em que a chegada do sulista, paralela à modernização dos transportes e comunicações que incrementou e acelerou os contatos com Salvador, promoveu uma maior identificação com a "baianidade", ela também provocou reações à pasteurização cultural via capital do estado e uma certa revalorização da cultura local. Por outro lado, complexificando ainda mais a questão, a presença dos sulistas é um dos fatores mais importantes, hoje, a promover a diferenciação da região em relação ao restante do estado.

A busca de legitimidade para o projeto de uma nova unidade político-administrativa através da elaboração de uma identidade cultural com o território, embora possa ser decisiva na obtenção do apoio da população ao movimento, pode ser secundária frente aos interesses em jogo nas esferas mais amplas de decisão política. Como nos afirmou um latifundiário tradicional de Barreiras, que conhece na prática o caráter pouco democrático da tomada de decisões políticas, "não é o desejo de uma determinada região que cria um estado", "não se emancipa uma região porque ela se movimentou para se emancipar", mas sim pela "vontade política dos poderes, (...) da República", um mal definido "interesse nacional": "tem que haver um interesse nacional para que haja emancipação".

Na visão que transpassa a maioria dos discursos emancipacionistas, um novo estado é tido como uma verdadeira panaceia, ao ponto de muitos apostarem até mesmo numa "autodeterminação" do oeste baiano, revivendo o mito de antigas territorialidades onde novas fronteiras políticas significavam muito maior autonomia. O engenheiro agrônomo Luiz Figueroa, lembrando a força das redes que atrelam aquele espaço a escalas que fogem totalmente ao seu controle, enfatizadas no início deste artigo, afirma com muita ênfase: "É mentira, nós dependemos do preço internacional da soja, não podemos ter autodeterminação, (...) nós não conseguimos nem viabilizar a pecuária dentro do cerrado baiano". Para ele, "como em Tocantins, aqui também um novo estado só se viabilizaria com 'donativos' do governo federal".

Trata-se aparentemente de um anacronismo: a busca de territórios políticos num estilo mais tradicional, quando ainda era possível pensar em uma relativa autonomia de espaços cujas fronteiras efetivamente representavam um condicionante e/ou uma proteção para quem neles vivia. Considerando a falta de tradição federativa na realidade dos estados brasileiros, esta perspectiva torna-se ainda mais remota.

Tendo em vista que os argumentos geográficos e históricos defendidos pelos separatistas são no mínimo ambivalentes, e considerando o interesse que os sulistas demonstraram pelo movimento, é justo completar acrescentando aquilo que Marlan Rocha denominou de "conveniência" política para os sulistas: "Eu quando nasci em Barreiras já ouvia meu pai falar do estado do São Francisco, comarca do São Francisco; agora... os gaúchos encamparam, por que encamparam? Porque é conveniente..." Por um lado, ele reconhece o papel dos sulistas no "desenvolvimento" da região e espera contar com seu apoio (principalmente financeiro), por outro, critica violentamente sua participação tendo em vista a "falta de raízes" e o oportunismo político, ainda mais quando os sulistas sugerem Mimoso do Oeste como capital do novo estado.

Para o grupo sulista, principalmente o mais conservador que tomou a frente do movimento emancipacionista no início dos anos 90, a "conveniência" tem a ver com a ampliação de sua participação política tendo em vista a parcela ainda muito restrita presente nas câmaras municipais e a ausência de representação "gaúcha" na Câmara estadual. Como deixou claro o presidente do PSDB de Barreiras, Mauro Argenta, os sulistas objetivam fortalecer seu poder político na região. Falando em nome dos "patrícios", ele afirmou que o "nosso poder é pouco, mas logo vamos ter várias prefeituras da região — essa é a força 'de base', de baixo para cima, para conseguir depois o estado do São Francisco". A participação crescente dos sulistas, se por um lado pareceu fortalecer o movimento, por outro implicou em divisões internas, de caráter ideológico-partidário, que devem ter contribuído para o arrefecimento das reivindicações ocorrido nos últimos dois anos.

A maioria dos entrevistados na periferia de Barreiras nunca tinha ouvido falar das propostas pela criação do novo estado. Uma identidade são-franciscana (ou do oeste baiano) a ser "resgatada" parece assim totalmente deslocada da realidade quando se percebe que a região tem hoje a grande maioria de sua população constituída por migrantes, totalmente alheios a essas "raízes", sem falar nos sulistas, defensores de suas próprias tradições. Uma identidade do oeste baiano que corresponda à composição atual de sua cultura deve ser um produto do amálgama entre baianos (de além-oeste, inclusive), cearenses, sulistas, nisseis etc.

Mas uma das características das identidades territoriais, como ficou muito claro, é a possibilidade delas serem construídas justamente através de símbolos deslocados no tempo e até mesmo no espaço. Nesse sentido, podemos concluir afirmando que, no movimento pela criação do estado do São Francisco, fica muito visível o apelo às mesmas fontes tradicionalmente mobilizadas na construção de uma identidade territorial:

— *históricas*: uma memória social alicerçada especialmente em vultos históricos representativos da "bravura", da "inteligência" e da força da sociedade local (onde mesmo para os mais explorados forja-se uma dimensão heróica, como ocorre neste caso com as figuras do barqueiro e do jagunço); a partir dessa reconstituição de um passado mítico elaboram-se também os signos culturais (*stricto sensu*) a serem enaltecidos pela identidade territorial.

— *geográficas*: indicadores tidos como os mais objetivos, porque presentes no cotidiano de cada um, na paisagem, nas "riquezas naturais" ou, pelo menos, "no mapa", como enfatizou Marlan Rocha ao mostrar a especificidade físico-econômica do oeste baiano e a área de influência de Barreiras no espaço nacional.

No caso de muitos gaúchos, num contexto geográfico e social completamente distinto, consegue-se reviver os símbolos de uma identidade construída sob bases históricas e sobre um espaço de referência (a estância latifundiária) totalmente alheios à maior parte da sociedade contemporânea. No caso do oeste baiano, nada impede que os sulistas (pelo menos os mais privilegiados), mesmo conquistando grande parte da hegemonia econômica sobre a região, aceitem partilhar de uma construção identitária totalmente avessa às suas "origens", como forma mais eficaz de viabilizar a definição de novas fronteiras políticas que, de algum modo, poderá lhes permitir um controle mais direto do aparelho estatal em escala regional.

Atritos, contudo, continuarão a ocorrer, pois o confronto entre sulistas e baianos não será apagado pela simples composição de "interesses de classe" (com os "coronéis" locais aderindo ao novo padrão capitalista, por exemplo) ou pela elaboração de uma nova escala de identificação simbólica, capaz de dissociar, em parte, o habitante do oeste de muitos estigmas que caracterizam, na imagem dos sulistas, a cultura baiana (e, por extensão, nordestina). Confirmando-se mais este exemplo de transposição geográfica de uma identidade territorial — do vale do São Francisco, espaço de referência identitária, para um território político a ser construído, o estado do São Francisco — ficaria demonstrada, mesmo sob uma modernização tida como arrasadora e profundamente desterritorializante, a relevância, ainda hoje, do amálgama entre espaços de identidade ou de apropriação simbólica e espaços de domínio político (ainda que originalmente dissociados) na construção de uma territorialidade.

Isto significa que a complexidade com que se manifestam os arranjos territoriais obriga-nos a trabalhar não só com diferentes escalas (global, nacional, regional e local, em suas diversas formas de articulação), mas também com as múltiplas dimensões (econômica, política, cultural, "natural") e elementos (redes, superfícies, fronteiras...) que compõem o espaço geográfico. Para entender o "Novo" Nordeste, por exemplo, verificamos que não basta analisar seu atrelamento às redes econômicas transnacionais vinculadas aos complexos agroindustriais e ao capital financeiro (através de investimentos japoneses, por exemplo). É necessário também, em outro nível, compreender a territorialização de grupos cuja base cultural distinta, como a de muitos sulistas ou "gaúchos", implica uma disputa não apenas pela hegemonia no sentido político-econômico, mas também no sentido simbólico-cultural, na conformação de novas/velhas identidades territoriais. A única via pela qual podemos explicar um espaço tão complexo como o "Novo" Nordeste é através desse entrecruzamento entre o global e o local, as redes e as fronteiras, os recortes geométricos e as formas irregulares, os ritmos lentos e a comunicação instantânea, o moderno e o tradicional — não é justamente o "gaúcho" que se considera ao mesmo tempo o grande agente ("pioneiro") da modernização (agrícola, pelo menos) e o grupo mais "tradicionalista" do país?

Bibliografia

AUGÉ, M. 1992. *Non-lieux: introduction à une anthropologie de la surmodernité.* Paris, Le Seuil (ed. brasileira: 1994. *Não lugares: introdução a uma antropologia da supermodernidade.* Campinas, Papirus).

CARLEIAL, L.M. 1993. A questão regional no Brasil contemporâneo. *In* Lavinas et al. (orgs.) *Reestruturação do espaço urbano e regional no Brasil.* São Paulo, Hucitec/ANPUR.

CONFEDERAÇÃO Brasileira da Tradição Gaúcha (CBTG). 1987. Estatuto social e regulamentos campeiro e artístico.

FURTADO, C. 1968. *Formação econômica do Brasil.* São Paulo, Nacional (8ª ed.).

GUERRA, F. 1951. *Pernambuco e a comarca do São Francisco.* Recife, Diretoria de Documentação e Cultura da Prefeitura Municipal.

HAESBAERT, R. 1988. RS: *Latifúndio e Identidade Regional.* Porto Alegre, Mercado Aberto.

_______ 1995. *"Gaúchos" no Nordeste: modernidade, des-territorialização e identidade.* São Paulo, USP (Tese de Doutoramento).

HARVEY, D. 1992. *A Condição Pós-Moderna.* São Paulo, Loyola.

LAVINAS, L. 1987. A agrourbanização da fronteira. *In A urbanização da fronteira,* vol. 1. Rio de Janeiro, Edições PUBLIPUR/UFRJ.

LEFÉBVRE, H. 1986 (1974). *La production de l'espace.* Paris, Anthropos (3ª ed.)

LE GOFF, J. 1985. Tempos breves, tempos longos: perspectivas de investigação. *In O maravilhoso e o cotidiano no Ocidente Medieval.* Lisboa, Edições 70.

LINS, W. s/d *O médio São Francisco: uma sociedade de pastores e guerreiros.* Salvador, Livraria Progresso Editora.

LUIZ, C. s/d. *Rodeios & interiores.* Brasília, Gráfica e Editora Independência.

MONBEIG, P. 1984 (1950). *Pioneiros e fazendeiros de São Paulo.* São Paulo, HUCITEC/Polis.

OLIVEIRA, F. 1987. *O elo perdido: classe e identidade de classe.* São Paulo, Brasiliense.

_______ 1990. A metamorfose da arribaçã: fundo público e regulação autoritária na expansão econômica do Nordeste. *Novos Estudos CEBRAP,* 27: 67-92. São Paulo, jul.

PEREIRA, G. S. 1943. Expedição ao Jalapão. Rev. Brasileira de Geografia. Rio de Janeiro CNG, 5 (4): 573-613 out-dez.

POCHE, B. 1983. La région comme espace de référence identitaire. *Espaces et Sociétés,* n° 42: 3-12, jan-jun.

PRADO Jr., C. 1956. *História econômica do Brasil.* São Paulo, Brasiliense (4ª ed.).

RAMA, A. 1985. *A Cidade das Letras.* São Paulo, Brasiliense.

ROCHA, G. 1983. *O rio São Francisco:* fator precípuo da existência do Brasil. São Paulo, Ed. Nacional, Brasília, CODEVASF.

SANTOS, M. 1994. *Técnica, Espaço, Tempo: globalização e meio técnico-científico informacional.* São Paulo, HUCITEC.

SANTOS Fº., M. 1989. *O processo de urbanização do oeste baiano.* Recife, SUDENE.

SEABRA, O. e MARTINS. 1993. A cidade sem infância no universo pioneiro da soja. *Travessia: Rev. do migrante*, 15(VI): 19-21. São Paulo, CEM, jan- fev.

TAVARES DOS SANTOS, J. 1993. *Matuchos: exclusão e luta*. Petrópolis, Vozes.

TODOROV, T. 1993 (1989). *Nós e os outros: a reflexão francesa sobre a diversidade humana*. Rio de Janeiro, Jorge Zahar Editor.

VIRILIO, P. 1984. *Guerra Pura*. São Paulo, Brasiliense.

________ 1988. *La machine de vision*. Paris, Galilée.

WEBER, M. 1981. *A ética protestante e o espírito do capitalismo*. São Paulo, Pioneira; Brasília, Editora da UnB.

Jornais: *Folha de São Paulo, Jornal do Brasil, Zero Hora, A Tribuna do São Francisco*.

Parte IV

Escala Local

AS DROGAS E A "QUESTÃO URBANA" NO BRASIL. A DINÂMICA SOCIOESPACIAL NAS CIDADES BRASILEIRAS SOB A INFLUÊNCIA DO TRÁFICO DE TÓXICOS

Marcelo Lopes de Souza*

Introdução: o Agravamento da "Questão Urbana" no Brasil e a Pertinência de uma Crítica Não conservadora do Tráfico de Drogas

Aqueles que, na esteira da crítica ou até do esquecimento da análise marxista do urbano, ainda tão popular no Brasil nos anos 80, imaginam ser obrigatório ou de bom-tom evitar uma expressão tão "comprometida" como *questão urbana*, estão, com certeza, a reclamar uma explicação para o título deste trabalho. A presente tentativa de recuperação crítica do conceito de "questão urbana" não deve ser interpretada como um desejo nostálgico de revivescência do paradigma teórico marxista-estruturalista — pioneiramente preconizado pela obra já clássica de Manuel CASTELLS (1983) —, no qual as cidades capitalistas eram examinadas exclusivamente à luz do conceito-chave de "modo de produção" — vale

* Professor do Departamento de Geografia, UFRJ

dizer, onde tudo aquilo que não fosse diretamente relacionado com a acumulação do capital e as contradições de classe (além, outrossim, da reprodução da força de trabalho e da ação do Estado) deveria ser visto como de importância secundária. Fazer referência a uma "questão urbana", aqui, equivale, não se pretende negá-lo, a pagar um tributo aos autores de corte marxista pela "desnaturalização"/"historicização" por eles promovida da produção do espaço urbano, tendo este, aqui, na conta de um produto social (ainda que como um produto cuja materialidade pode influenciar decisivamente os atores) e os "problemas urbanos" como problemas sociais com raízes frequentemente supralocais, mas que guardam especificidades devido às particularidades do ambiente citadino (*pobreza urbana*), ou ainda que se expressam de forma diretamente espacial (*segregação socioespacial*). Sublinhe-se que, ao se identificar uma "questão urbana" enquanto objeto de conhecimento, deve-se evitar toda e qualquer superestimação da autonomia teórica do "urbano" (como ocorre no caso da teoria do consumo coletivo contida na já aludida obra de Castells). É necessário grifar que a "questão urbana" nada mais é que uma manifestação particularizada, em conformidade com as especificidades do espaço urbano e das relações sociais que nele têm seu palco, de processos sociais gerais que se originam e operam nas mais diferentes escalas, assim como, ao menos parcialmente, de problemas que acometem o espaço rural.

Não obstante o reconhecimento, dentro desse enfoque alternativo da "questão urbana", da existência de contradições sociais objetivas na esfera da produção e da opressão política a serviço dos interesses capitalistas, repudia-se o empobrecimento da análise das questões da injustiça social e do desenvolvimento que inevitavelmente deriva de uma matriz epistemológica economicista e objetivista. Como o autor já enfatizou alhures (SOUZA, 1993b: 134), a necessária rejeição do idealismo culturalista não precisa significar uma negligência para com a dimensão cultural. Buscar entender a "produção capitalista da cidade" e a produção de disparidades socioespaciais também à luz da produção capitalista *na* cidade e do papel do Estado como planejador e provedor de infraestrutura não deve implicar em reduzir o morador pobre a um trabalhador explorado, subestimando suas contradições e desprezando todos os demais papéis sociais que ele representa e a riqueza de experiências que ele vivencia. Aclarar a lógica e as conexões sistêmicas, para usar a terminologia de Habermas, não tem por requisito indispensável um desdém para com a produção simbólica e as estratégias de sobrevivência no mundo cotidiano dos oprimidos, no interior do seu *Lebenswelt*[1] — pelo contrário, as análises dessas duas instâncias da sociedade moderna são complementares.

No interior de uma matriz epistemológica não

[1] Os dois conceitos básicos de *sistema* (= sistema de ações sociais) e *Lebenswelt* ("mundo da vida") correspondem a dois componentes fundamentais da dinâmica das sociedades modernas, cujos atritos foram discutidos de maneira instigante (apesar de passível de aprimoramento) por Jürgen Habermas no contexto de sua "teoria do agir comunicativo" (HABERMAS, 1988). O *Lebenswelt* abarca a cultura, as normas de conduta ética, os códigos de integração e socialização e as identidades individuais. Perante esse *Lebenswelt*, no qual operam os mecanismos de integração social, os mecanismos de integração sistêmica — troca econômica (cujo *locus* é o mercado) e poder (especificamente enquanto Estado) tornam-se autônomos, em meio a um processo de racionalização da sociedade. Fenômenos sistêmicos como as estratégias de acumulação de capital através da transformação do ambiente construído e as intervenções estatais no âmbito da produção do espaço foram salientados pelos teóricos marxistas da "questão urbana", infelizmente (mas coerentemente com sua matriz epistemológica) em detrimento da análise das estruturas do "mundo da vida", aliás crescentemente submetidas a mercantilização ou controle estatal (o que Habermas batizou de "colonização do *Lebenswelt*").

fragmentadora do Social, onde as dimensões econômica, política e cultural, onde objetividade e (inter)subjetividade, onde "sistema" e "*Lebenswelt*", onde o espaço social e os processos social-históricos sejam integrados no bojo de uma análise dialética aberta, a "questão urbana" pode ser entendida, em princípio, como o cadinho de tensões resultante da reação dos indivíduos e de grupos afetados por problemas objetivos como a pobreza e a segregação socioespacial. No entanto, qualquer reação pressupõe, para se realizar, que haja uma certa predisposição cultural para se interpretar tais males como graves e de uma maneira não fatalista. A "problematização dos problemas" pelas próprias vítimas, venha ela acompanhando um processo de conscientização política ou não, e dando origem ela a reações tão diversas como a prática de um assalto ou o engajamento junto a uma associação de moradores, não se dá com a mesma intensidade em todas as sociedades, mesmo que os níveis de privação material e de desigualdade muitas vezes se assemelhem (SOUZA, 1993b: 134). Além disso, algumas reações em particular — como a criminalidade — podem, por seu turno, conduzir a reações por parte do aparelho de Estado ou de segmentos da sociedade que contribuem para agravar e não para minorar o quadro de tensões (intensificação da repressão policial e aumento dos preconceitos contra a população pobre), configurando assim um *feedback* positivo, um círculo vicioso. Por último, cumpre salientar que, se entre os fatores da "questão urbana" em um país como o Brasil, a injustiça social assume óbvio destaque, nem tudo deixa-se por ela esclarecer; pense-se, justamente, no tráfico de drogas, prenhe de efeitos socioespacialmente negativos, o qual apenas em parte tem seu incremento relacionado com problemas como pobreza e desemprego.

Feito esse esclarecimento conceitual, vamos ao tema central.

O começo do interesse do autor do presente texto por um estudo da problemática das drogas remete aos trabalhos de campo de sua pesquisa de doutoramento, levados a cabo em 1991. Foi quando, buscando investigar a nova dinâmica da "questão urbana" no Brasil em geral e na metrópole do Rio de Janeiro em particular, pôde ele aquilatar melhor a influência e os efeitos, nas favelas cariocas então visitadas, da presença dos traficantes de drogas (SOUZA, 1993a), fato que, de todo modo, já vinha sendo por ele acompanhado desde os anos 80, sem vinculação com qualquer pesquisa e com base na leitura de jornais. De um contato inicialmente um tanto superficial e periférico com o problema do tráfico de tóxicos as pesquisas do autor evoluíram, a partir de 1994, para uma investigação específica, motivada pelo reconhecimento cada vez mais forte de que todo um conjunto de problemas direta ou indiretamente ligados ao incremento do tráfico de drogas — como o aumento objetivo da criminalidade violenta, ou ao menos do sentimento de insegurança por parte da população — constitui um dos fatores imediatos mais essenciais da complexificação e do agravamento da "questão urbana" em várias cidades brasileiras. Alguns resultados preliminares dessa investigação — conduzida, a partir de 1995, com o apoio do CNPq, sob a forma do projeto de pesquisa *O tráfico de drogas e seus impactos socioespacialmente desordenadores/reordenadores nas cidades brasileiras* — foram já trazidos a público (SOUZA, 1994 e sobretudo SOUZA, 1995a, SOUZA, 1995c, SOUZA, no prelo [a] e SOUZA, no prelo [b]), e o texto que o leitor tem diante de si dá continuidade e atualiza esse esforço de divulgação dos resultados.

O presente trabalho, como o leitor verá, encerra uma crítica não conservadora do tráfico de drogas. Desmitificar as drogas e/ou compreender as causas profundas do aumento de sua produção, tráfico e consumo (pobreza nas regiões produtoras e nos centros urbanos onde se dá o tráfico, transformações da economia mundial, "crise de valores da sociedade moderna" etc.) não traz a reboque, aqui, uma negação dos efeitos perversos da ampliação do tráfico de tóxicos sobre o tecido social. Da mesma forma, levantar objeções contra o modelo civilizatório capitalista não deve redundar, como não redunda aqui, em automática aceitação de toda e qualquer forma de reação protagonizada pelas camadas populares (o autor tem em mente o tráfico de drogas capitaneado por traficantes de favela, cabalmente exemplificado pelo Rio de Janeiro), sem verificar se essa reação é de fato socialmente construtiva ou se ela é, pelo contrário, em última análise ou sob vários aspectos, até mesmo disfuncional para a maioria dos pobres urbanos. Seja lá como for, não há sombra de dúvida de que uma relativização histórico-político-cultural e mesmo médica da perniciosidade dos psicotrópicos é necessária. Segundo WEIL (*apud* NADELMANN, 1992:538, nota 1), não se tem notícia, na história da humanidade, de sociedades onde o uso de substâncias psicoativas — uso esse sancionado por razões às vezes até religiosas — fosse inteiramente desconhecido, com exceção dos esquimós. É possível constatar que, historicamente, a valoração negativa ou positiva dessas substâncias é determinada por variações culturais e de mentalidade, sem esquecer do papel dos interesses econômicos e políticos (ver, sobre isso, o instigante ensaio de GOMEZJARA & MORA HERNANDEZ, 1988, e a obra de ESCOHOTADO, 1995; ver, também, NADELMANN, 1992). Pela mesma razão é que, atualmente, o *statu quo*, que aceita sem maiores problemas o consumo de certas drogas (como o álcool) e, *de facto*, mesmo que involuntariamente, incentiva o uso de determinadas substâncias psicotrópicas proibidas (ao engendrar maciçamente frustração, fragilidade psicológica e fracasso social), além de tornar-se, ele mesmo, cada vez mais "dependente das drogas" (da pequena corrupção policial ao sistema financeiro internacional[2]), dialeticamente é forçado, por outro lado, a reprimir o tráfico ilícito, na medida em que esse "poder paralelo" ameaça a face oficial do Estado. Por fim, sob o ângulo médico, sabe-se que nem todas as drogas são igualmente perigosas, e que algumas delas, chamadas de "leves" (como a maconha), não são necessariamente mais perigosas que o álcool.

A preocupação que perpassa este texto não bebe na fonte do moralismo a-histórico. Indagar se as drogas, *em si*, devem ser ou não execradas, parece ser uma falsa questão, na medida em que estudos históricos, sociológicos e antropológicos vêm mostrando que o contexto cultural e os interesses econômicos são decisivos para a rejeição social de uma substância psicotrópica, e não apenas os efeitos negativos sobre a saúde do consumidor (BACHMAN, 1991; NADELMANN, 1992; MacRAE, 1994; HENMAN, 1994), ao mesmo tempo em que as pesquisas médicas demonstram que os efeitos clínicos negativos

---

2 Para Jorge GAITÁN, economista colombiano (citado por SAULOY & Le BONNIEC, 1994: 445-7), os "narcodólares" teriam hoje uma importantíssima função dinamizadora no contexto do sistema financeiro internacional. Isso significa que o comércio ilegal de drogas possui uma revelância muito maior do que a maioria das pessoas supõe, ao nível do próprio sistema mundial capitalista, e ajuda a explicar a atual dificuldade dos Estados para coibir a lavagem de "dinheiro sujo" pelos bancos.

de certas drogas não devem ser superestimados (SCHEERER, 1994). A questão que move o autor do presente trabalho é outra, essencialmente prática, tendo sido já apresentada em trabalho anterior similar, mas específico sobre o Rio de Janeiro (SOUZA, no prelo [a]): pode o *comércio ilegal* de tóxicos, no contexto cultural, político e econômico brasileiro, contribuir para desordenar (parcialmente)/reordenar a sociedade e a organização territorial na escala da cidade (ou metrópole) e mesmo na escala nacional (através de novas correlações de forças e efeitos colaterais como o incremento da corrupção, a formação de enclaves territoriais controlados pelo crime organizado no interior das cidades, a espiral da violência e a "militarização da questão urbana") — e, simultaneamente, bloquear um verdadeiro desenvolvimento socioespacial na escala das favelas (via asfixia de organizações comunitárias, tolhimento da liberdade dos moradores em geral etc.)? Mais específica e sinteticamente: de que maneiras e com que intensidade pode o tráfico de drogas contribuir para a agudização da "questão urbana" no Brasil?

Para Contextualizar: a Organização do Tráfico de Drogas no Brasil e suas Conexões com o Exterior

A "economia das drogas" é um fenômeno assaz *multiescalar*, manifestando-se em níveis tão distintos quanto o das redes internacionais do crime organizado, em um extremo, e o de uma favela de alguma cidade brasileira, em outro. É, outrossim, um fenômeno que envolve inúmeras atividades e tipos de atores sociais.

O Brasil inscreve-se no cenário internacional da economia das drogas de múltiplas maneiras: como *país de trânsito* cada vez mais importante,[3] como *fornecedor de matérias-primas industriais para a produção de cloridrato de cocaína* (éter sulfúrico, acetona, ácido clorídrico), como *produtor* (produção crescente, apesar de ainda modesta, de coca e cocaína, sem contar o tradicional plantio de maconha) e como *consumidor*. Este último papel pode parecer pouco relevante se se considerar que o mercado interno brasileiro não se compara, em termos de lucratividade, com os mercados dos países ditos desenvolvidos. No entanto, há claros indícios de que o consumo interno vem crescendo assustadoramente nos últimos anos, e é precisamente esse crescimento do consumo (e, por tabela, do tráfico a ele associado) que prioritariamente interessa sob o ângulo de uma preocupação com o agravamento da "questão urbana" nas cidades brasileiras.

A propósito das organizações criminosas que operam em escala internacional, não é gratuitamente que o autor se refere a elas como *redes* no plural, pois, conquanto existam as mais variadas conexões intercontinentais (e atuações concertadas de organizações criminosas), há uma pletora de organizações independentes, especializadas em produzir e exportar determinados tipos de drogas,[4] ou em importar e revender os tóxicos nos países da Europa Ocidental ou nos Estados Unidos. Mas, mesmo no interior de uma cidade ou metrópole

---

[3] Foram registradas, em 1994, 170 apreensões de cocaína proveniente do Brasil em aeroportos europeus, correspondendo a 864,24 kg ou *20,44% da quantidade total de cocaína apreendida nos referidos aeroportos* (dados gentilmente fornecidos ao autor pelo Observatoire géopolitique des drogues — OGD —, de Paris).

[4] De toda maneira, é sabido que essas especializações regionais vêm sendo atenuadas, na esteira de um processo de complexificação do tráfico no plano internacional (SALAMA & SCHIRAY, 1992; FONSECA, 1992: 498-9).

podem coexistir várias redes, como acontece, por exemplo, no Rio de Janeiro. De um ponto de vista que não se ocupe simplesmente dos aspectos geoeconômicos do assunto (por exemplo, quais pontos no espaço — favelas, conjuntos habitacionais, depósitos de armas e drogas — estão vinculados ao tráfico, qual o volume de vendas, quantas pessoas estão, no total, diretamente envolvidas etc.) e que não ignore a dimensão política, diversas redes poderão ser identificadas. Cada uma das "organizações" que, na metrópole do Rio de Janeiro, disputam mercado no âmbito do varejo — *Comando Vermelho* (*CV*), *Terceiro Comando* e bandos independentes —, constitui sua própria rede. Cada rede articula territórios vinculados a uma mesma "organização", integrados, "costurados" pelas mesmas relações de poder, se bem que não formem territórios contíguos, pois entre os nós de uma rede existem espaços que não pertencem a ela, embora sofram ou possam sofrer sua influência (caso evidente quando os nós são as favelas, e os espaços entre os nós são os bairros comuns).

Que não sejam, porém, hiperbolizadas as "relações de poder" suprarreferidas. Existem fortes evidências de que o crime organizado na metrópole carioca é, em parte, *menos* organizado do que a mídia quer fazer crer.[5] Pense-se no Comando Vermelho, "organização" que, conforme dado veiculado pela *Folha de São Paulo* de 28/7/94, seria responsável por 70% do tráfico no Rio de Janeiro. Na verdade, é muito mais provável que o famigerado CV jamais tenha passado de uma espécie de "cooperativa criminosa", uma rede funcional, mas tam-

[5] O que é, diga-se de passagem, até certo ponto uma característica do tráfico de drogas em geral (KOPP, 1992). Aliás, o uso do termo "cartel" para as organizações colombianas sequer é inteiramente apropriado (KOPP, 1992: 522; Mary VINSON *apud* SAULOY & Le BONNIEC, 1994: 96).

bém de solidariedade e amizade com origens que remontam ao final da década de 70, ao invés de uma estrutura hierárquica rígida, em estilo mafioso.[6] Tudo indica, porém, que mesmo essa solidariedade vem sendo, a partir do começo dos anos 90, solapada, contrariando o espírito dos "fundadores", os quais estão, atualmente, mortos ou encarcerados. Alguns dos conflitos sangrentos que a imprensa carioca tem, nos últimos anos, atribuído à mítica rivalidade entre Comando Vermelho e Terceiro Comando, se deram, na verdade, no interior do próprio CV. Os "comandos" são, na realidade, redes bastante instáveis, dentro das quais existem as subredes comandadas pelos chefes de quadrilha ("donos" de pontos de venda de tóxicos ou "bocas de fumo").

Quais seriam as motivações para se exagerar o nível de organização dos traficantes de favela, os quais operam no varejo, no abastecimento do mercado local? Para além do sensacionalismo, nada estranho à imprensa, e da pura e simples ignorância, resta o fato de que, ao se exagerar o poder e o alcance dos traficantes de favela, desvia-se a atenção da opinião pública daqueles atores que, igualmente envolvidos com o tráfico, pas-

---

[6] A natureza do CV enquanto uma rede de solidariedade transparece de maneira clara na antológica entrevista concedida pelo traficante Flávio "Negão", então mandachuva da favela de Vigário Geral, a Zuenir VENTURA (1994: 188). Sobre as origens e a natureza do Comando Vermelho ver, especialmente, o relato de William da Silva LIMA (1991), o "Professor", um dos seus fundadores, o qual salienta a necessidade dos detentos do antigo presídio da Ilha Grande, no litoral fluminense, de se unirem contra abusos (violência sexual, espancamentos) praticados pelos próprios presos, bem como o contato entre presos comuns e presos políticos, como o caldo de cultura em que se formou o CV, o qual posteriormente extravasaria os muros do presídio. Já o trabalho do jornalista Carlos AMORIM (1993), que igualmente contém uma reconstituição das origens do CV, reforça a mística de uma organização coesa.

sam despercebidos e permanecem incólumes — justamente os grandes traficantes operando com a importação, a exportação e no atacado, bem como seus sócios e aqueles que são por eles corrompidos e cooptados.

É necessário distinguir, no que concerne à estruturação do tráfico de drogas no Brasil, dois "subsistemas" específicos, ainda que interconectados: ao primeiro chamar-se-á de *subsistema importação/exportação/atacado* (doravante simplesmente *I-E-A*), o segundo será designado por *subsistema varejo*. Os verdadeiros grandes traficantes (importadores, atacadistas), assim como seus "sócios" ou "parceiros" (agentes envolvidos com a lavagem de dinheiro, com o financiamento de negócios escusos, com o transporte da droga etc.), secundados pelos principais "facilitadores" do negócio em grande escala (funcionários de portos e aeroportos, policiais corruptos etc.), vinculam-se ao subsistema I-E-A. O subsistema I-E-A é o principal responsável pelas importações de drogas (contatos com "cartéis" colombianos), assim como pela realização de contatos visando a reexportação (conexão com organizações criminosas operando na Europa e nos EUA — inclusive com origem no "Terceiro Mundo", como as redes nigerianas). Além disso, o subsistema I-E-A é em grande parte responsável pelo abastecimento dos traficantes que operam no varejo (não só com drogas, mas também com armas).

Quanto ao subsistema varejo, ele apresenta várias formas de realização, com destaque garantido pela imprensa para o papel das quadrilhas que têm como bases de apoio logístico favelas e outros espaços segregados. No Rio de Janeiro, cada quadrilha — normalmente articulada com outras no âmbito de um "comando" — pode envolver uma multiplicidade de atores e empregar um elevado número de pessoas, nos marcos de uma hierarquia que vai do "dono" (que pode ser um médio traficante, dependendo do número de bocas de fumo por ele controladas) ao "olheiro" (que avisa sobre a aproximação da polícia), passando pelos "aviões" (entregadores da droga aos clientes), "soldados" (que fazem a segurança das bocas de fumo), "gerentes" (que administram o movimento das bocas de fumo para o "dono") e pelas pessoas (incluindo-se aí muitas mulheres) que embalam a droga para a revenda. Isso para não falar dos policiais que extorquem traficantes ou, mesmo, praticam crimes a soldo destes. Em outras cidades brasileiras o tráfico tende a estruturar-se de maneira semelhante, se bem que com menor sofisticação (ademais, a cocaína, sobretudo no Norte-Nordeste, não é tão importante como nas favelas do Rio, lá predominando a maconha, o que, por si só, já indica o menor poder dos respectivos traficantes); a corrupção policial, no entanto, é uma constante (em Recife, segundo um delegado da Polícia Federal entrevistado pelo autor em 8/2/96, "80% do tráfico de maconha passa pela Polícia Civil", a qual daria cobertura ao negócio). Com respeito ao subsistema varejo não se deve esquecer, contudo, dos restaurantes, boates, apartamentos de classe média e mesmo estabelecimentos de ensino, além, por fim, da venda de rua. Embora muito menos importante, em termos estratégicos, que o subsistema I-E-A, é sobre o subsistema varejo — e notadamente sobre os traficantes de favela — que se concentram as atenções da mídia e da polícia; e são justamente os traficantes de favela, que representam apenas o braço menos rico e refinado do crime organizado, que normalmente morrem ou vão presos (com a exceção daqueles poucos traficantes que, mesmo tendo origem favelada, foram capazes de assumir posições de relevo na charneira entre os subssistemas I-E-A e varejo, como o "Miltinho do Dendê", do Rio de Janeiro — por sinal uma exceção bem parcial, como se vê por sua captura em novembro de 1995).

O diagrama sistêmico da Figura 1 tenta, através de um modelo bastante simples (o que se explica, em parte, pela conhecida carência de dados quantitativos confiáveis), sintetizar alguns aspectos essenciais da composição e das atividades dos dois subsistemas acima mencionados. O Brasil é, contudo, um país muito heterogêneo, e tanto os tipos de atores sociais envolvidos quanto as formas de realização do tráfico, o peso relativo dos diferentes tipos de drogas, a importância do mercado local (isto é, do subsistema varejo) e a visibilidade sociopolítica do problema apresentam grandes variações regionais. Não seria razoável tentar retratar essa diversidade em um único modelo gráfico, pois isso dificultaria sua leitura. Por essa razão, os papéis dos atores mencionados se situam em um nível de abstração que permite abarcar, sem referência a particularidades regionais ou locais, as formas básicas de organização do tráfico de drogas no Brasil (uma certa exceção refere-se ao tráfico baseado em favelas, onde o gráfico aponta uma hierarquia e uma diversidade de papéis típica dos "comandos" do Rio de Janeiro, símbolo nacional do tráfico de favela).

A Amazônia (*grosso modo* correspondendo à macrorregião Norte do IBGE mais o estado do Mato Grosso) é uma das grandes portas de entrada da cocaína em território brasileiro Além das rotas que, por via aérea ou aquática, visam basicamente o exterior (e é de se destacar o

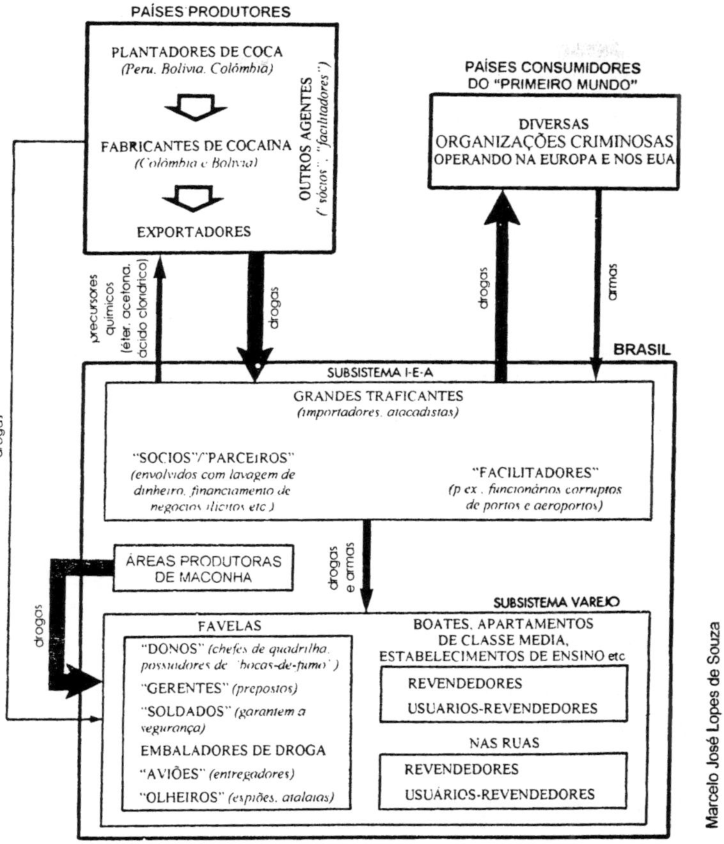

Figura 1 — *A organização do tráfico de drogas no Brasil e suas conexões com o exterior*

papel do apoio logístico oferecido por fazendas, com suas pistas de pouso e locais de estocagem), a Amazônia brasileira caracteriza-se igualmente por uma importância cada vez maior da produção de coca (da variedade epadu) e cocaína em seu espaço, representando uma alternativa diante da crescente repressão na Colômbia. O "subsistema varejo" é, nas cidades amazônicas, muitíssimo acanhado em comparação com os grandes centros urbanos do Sudeste, em decorrência da pouca expressividade da classe média, e o tráfico nas favelas é insignificante se o compararmos com o do Rio de Janeiro.[7] O Nordeste apresenta como principal característica diferenciadora a grande produção de maconha; dados fornecidos pela Polícia Federal relativos às apreensões de drogas no período 1991-1995 apontam uma quantidade sempre muito maior de cocaína apreendida no Sudeste que no Nordeste, mas, por outro lado, as erradicações de pés de maconha quase sempre só são significativas no Nordeste.[8] O Centro-Oeste é, ao lado do Norte, a outra grande porta de entrada das drogas no Brasil (estados do Mato Grosso e Mato Grosso do Sul); a partir do Centro-Oeste desenvolvem-se importantes rotas que servem tanto à exportação (portos de Santos e do Rio de Janeiro,

---

[7] Pesquisa de campo do autor em abril de 1995 em Belém do Pará (a qual incluiu visitas a favelas e entrevistas informais com líderes comunitários e outras figuras representativas da sociedade) indicou que as "baixadas" (denominação local para favela) desta cidade apresentam pouca relevância como pontos de apoio logístico para o tráfico de cocaína, embora Belém assuma papel de destaque na distribuição da droga para o exterior.

[8] Dos 10.191.149 pés destruídos entre 1991 e 1995, 99,7% foram erradicados no Nordeste (cf. MJ-DPF, 1995 e 1996). Os estados que mais se destacaram durante o período abrangido pelos dados foram Pernambuco e Bahia. (Atente-se para o fato de que, muito embora as apreensões não sejam um indicador inteiramente fidedigno do volume real da produção ou do tráfico, elas tendem a espelhar essa realidade — p.ex., no tocante à importância relativa dos diversos estados e regiões.)

aeroportos internacionais) quanto ao abastecimento dos mercados locais das cidades do interior de São Paulo, da metrópole paulistana, do Rio de Janeiro etc. O Sudeste, de sua parte, encerra os mais importantes mercados urbanos para a cocaína: São Paulo e Rio de Janeiro. Ademais disso, é aqui, e notadamente em São Paulo, que se concentra o consumo tanto de uma droga típica da classe média alta como o *ecstasy* quanto de uma droga ordinária como o *crack*, vendido e consumido até mesmo na rua em numerosos trechos do centro da capital paulista. No Sul, refletindo (como no Sudeste) a existência de segmentos expressivos de classe média, o consumo de drogas torna-se cada vez mais importante.

Sob o ângulo da visibilidade sociopolítica do problema o Rio de Janeiro mantém uma triste liderança no cenário nacional. Duas evidências empíricas do relativamente baixo nível de organização do tráfico de drogas carioca no âmbito do tráfico baseado em favelas são suas extremas *pulverização* e *violência*, com constantes "guerras" motivadas pelas disputas por "bocas de fumo" e ajustes de contas sangrentos (o que é parte de uma lógica onde, como ressaltado por ZALUAR, 1994a, a força bruta e a intimidação parecem ser as únicas maneiras de evitar traições). A pulverização territorial (e a instabilidade das redes em termos espaciais) determina uma territorialidade distinta daquela que é característica de um cartel ou quase cartel, como é o caso do jogo do bicho, onde, em conformidade com um "pacto territorial", cada bicheiro possui sua área de influência, a qual é um território contíguo, portanto um território em sentido convencional. Já cada uma das "organizações" do tráfico de drogas que lidam com o varejo se manifesta sob a forma do que o autor do presente artigo denominou, em trabalho anterior (SOUZA, 1995b), de *territorialidade descontínua* (ou *em rede*). Essa pulverização territorial, ao lado da violência crônica, é uma evidência, igualmente, da autonomia dos agentes operando no subsistema varejo em relação aos grandes traficantes (entre os quais, ao que tudo indica, se incluem os bicheiros), que não deteriam o poder de controlá-los. Embora os grandes distribuidores vinculados ao subsistema I-E-A contribuam para o abastecimento do subsistema varejo, este não é totalmente dependente da mediação daqueles; é perfeitamente possível, e cada vez mais comum, a um indivíduo desconectado de grandes esquemas se dirigir a um país vizinho para comprar quantidades não muito grandes de cocaína, a qual será posteriormente revendida, por ele mesmo ou por terceiros, no varejo. Essa autonomia do subsistema varejo é ainda muito mais forte no caso da maconha, mais barata e produzida no próprio Brasil.

Os territórios descontínuos dos "comandos" cariocas representam uma ponte entre o território em sentido usual e a ideia de *rede*. Ele é, porém, de fato ainda mais complexo do que isso sugere, já que, entre os nós da rede de um dado "comando" ou quadrilha (territórios contínuos individuais: favelas), existem áreas não diretamente territorializadas, embora constituam uma *área de influência* da rede, sendo essa área definida com base na influência que se exerce a partir de seus nós, em termos de domínio de um mercado consumidor. Essas áreas são os bairros comuns, a "cidade legal". Por isso, os territórios-rede das diversas "organizações" do tráfico das favelas são territórios apenas em um sentido bastante sofisticado; na verdade, cada uma das organizações por trás dessas redes territoriais, ao disputar sanguinolentamente um mesmo mercado, está de fato empenhada em territorializar de forma contínua e exclusiva a área de influência, ao buscar deter o monopólio da oferta de drogas. A complexidade da territorialidade em rede se coloca na medida em que várias redes territoriais podem se superpor no interior de uma mesma área de influência em disputa (ou de áreas de influência distintas, mas com fortes interseções), configurando uma trama complicada: entre dois nós (favelas) de uma rede podemos encontrar, no espaço concreto, um nó (favela) pertencente a outra rede.

É possível, agora, enriquecer adicionalmente o quadro. Se se mudar a escala do local (metrópole) para o nacional ou internacional, a rede local de uma determinada "organização" estabelecida no Rio de Janeiro e operando no varejo aparecerá, ela mesma, como um ponto, um nó, conforme ilustra esquematicamente o modelo gráfico da Figura 2. Cada uma das redes descontínuas é, de fato, um "sistema aberto", e não um "sistema fechado"; cada uma delas está conectada a redes internacionais, em grande parte sob a mediação do subsistema I-E-A, como engrenagens de um todo muito mais complexo, e é através dessa inserção que se dão os fluxos de mercadoria e armas que alimentam as redes locais em suas disputas pelo controle da área de influência cobiçada. Levar em conta escalas mais abrangentes na análise é crucial para se perceber a natureza desigualitária do tráfico de drogas: internamente à favela controlada por uma quadrilha vinculada a um dos "comandos" já é possível constatar uma repartição desigual dos frutos do negócio (diferença notadamente entre o "olheiro" ou o "avião", que nem sempre percebem remuneração regular e em espécie, e o "gerente",

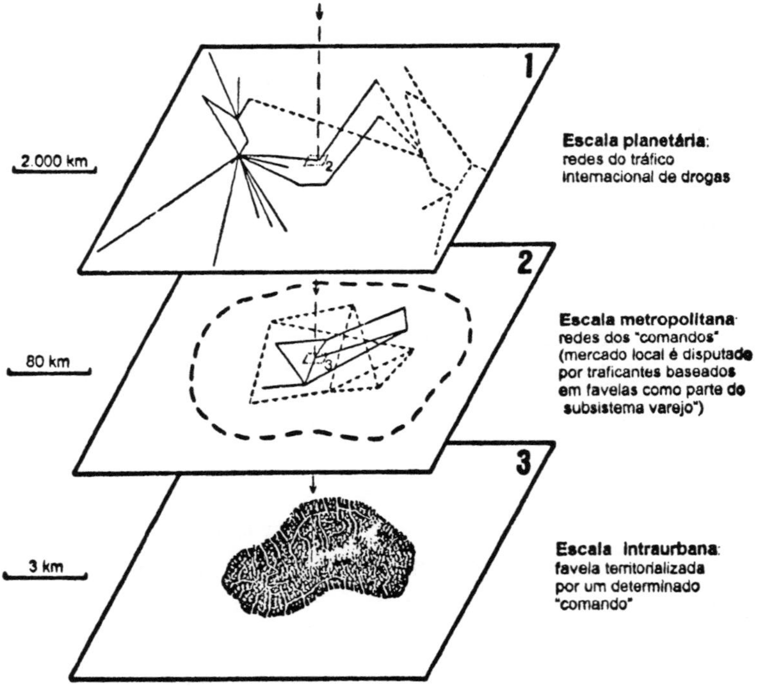

Marcelo José Lopes de Souza

Figura 2: *Modelo representativo de três escalas do tráfico de drogas*

(O tráfico baseado em favelas no Rio de Janeiro e sua inserção no plano internacional)

que possui participação nos lucros da boca de fumo); a partir da consideração da escala da cidade como um todo, do país e do mundo, abarcando os financiadores e todos aqueles que, sem morarem em favelas e sem se exporem diretamente, são os principais beneficiários do tráfico, é que se observa melhor, entretanto, o quanto a pobreza é funcional para o tráfico de drogas, o qual devora a juventude das favelas como mão de obra barata e descartável.[9]

A pulverização organizacional do tráfico baseado em favelas em geral e a fraca coesão interna do Comando Vermelho em particular contrastam, à primeira vista, com certos sinais aparentes de alcance supralocal (e não meramente local-metropolitano), como, por exemplo, a descoberta de depósitos de armas na Baixada Santista (SP) e a atribuição de diversas ações no estado de São Paulo — tráfico, sequestros, roubos — ao CV (*Folha de São Paulo*, 28/7/94), além de outros indícios de conexões do Comando Vermelho em São Paulo

[9] ZALUAR (1994a, 1994b; 1994d; 1994e; 1994f) e SOUZA (1995a; 1995c; no prelo [a]; no prelo [b]) sublinharam as desigualdades atinentes à estrutura do tráfico de drogas, considerando tanto a escala da favela quanto a escala da cidade como um todo. As disparidades ficam ainda mais evidentes se se levar em conta também a escala internacional, constatando-se que, com o aumento exponencial do preço de venda do produto verificado entre o produtor em algum país andino e o traficante primeiro-mundista, o grosso dos lucros com o tráfico de cocaína sequer fica no Brasil ou em qualquer país sul-americano, mas sim nos EUA e na Europa. Del VILLAR (*apud* SANCHEZ, 1991: 117) observa que, de cada 100 dólares pagos pelo consumidor norte-americano por cocaína, 92 ficam nos EUA, 4 a 5 vão para o intermediário e somente 2 ficam com o produtor. Eduardo CRAWLEY (*apud* FONSECA, 1992: 503) oferece dados mais detalhados: enquanto o preço do quilo da coca seria, em dólares americanos, de 1,20 (estimativa baixa) ou 3 (estimativa alta), o quilo da pasta de cocaína oscilaria entre 250 e 1.500 dólares, o da cocaína no atacado (pureza de 100% no mercado americano) entre 9.000 e 12.000 dólares e o quilo da cocaína no varejo (pureza de 65% no mercado americano) entre 80.000 e 100.000 dólares.

(AMORIM, 1993: 252-5); a suspeita de envolvimento do CV, como organizador e fornecedor de armas, com crimes praticados em Recife, tais como assaltos a bancos e carros-forte (segundo depoimento do delegado Paulo Alberes de Melo, da Delegacia de Entorpecentes da Polícia Civil de Pernambuco, prestado ao autor em 6/2/96); ou a presumível desproporção entre o tamanho do mercado consumidor de cocaína do Grande Rio e a grande quantidade de drogas importadas (segundo consta) pelo referido "comando".[10]

Ainda que o Comando Vermelho, enquanto uma organização coesa e centralizada, não passe de uma ficção, a expansão de sua instável e descentralizada rede parece ser bem real, nos marcos de uma disseminação do tráfico de varejo. (Aliás, uma das chaves para a compreensão da agudização das "guerras" do tráfico no Rio de Janeiro pode residir, justamente, segundo indícios colhidos em trabalhos de campo do autor e sua equipe, na diminuição da margem de lucro provocada, em boa medida, pela multiplicação do número de ofertantes. A capacidade da cadeia do tráfico de suportar o crescimento de intermediários de que falam MOREL & RYCHEN [1995: 78] não é, cabe lembrar, infinita!) De toda sorte, é mais que provável que muito do que se imputa ao Comando Vermelho tenha a ver, na verdade, com traficantes vinculados ao subsistema I-E-A. Conforme a juíza Denise Frossard (*apud Jornal do Brasil*, 10/7/94), "o

---

[10] Por exemplo, segundo a Polícia Federal (*apud Jornal do Brasil*, 19/2/95), semanalmente 200 quilos de cocaína saíam de Cacoal (RO) rumo ao Rio de Janeiro, para o Comando Vermelho, até que *esta* conexão fosse descoberta e a quadrilha desbaratada pela polícia. Admitindo-se, muito simplificada e generalizadamente, um consumo de 1 g de cocaína (bastante adulterada pelos traficantes locais; pureza de 10%) por dia por cada cocainômano, todos os dias, somente esta conexão desbaratada já seria suficiente para abastecer quase 300 mil usuários da droga por uma semana.

denominado Comando Vermelho é o braço mais pobre e menos esclarecido do crime verdadeiramente organizado — e, por isso mesmo, mais truculento —, um fantoche da *cúpula lotérica*, já que há indícios de que esta o financia e alimenta". E a "cúpula lotérica" ("banqueiros" do jogo do bicho), particularmente poderosa no Rio de Janeiro e em São Paulo, é apenas uma das componentes do subsistema I-E-A, o qual inclui, ainda, entre grandes traficantes, seus "sócios" e os "facilitadores", empresários (de diversos setores: imobiliário, diversões e entretenimento, bancos, casas de câmbio...), fazendeiros, políticos, oficiais das Forças Armadas, proprietários de aviões etc.

Impactos do Incremento do Tráfico de Drogas sobre a Dinâmica Socioespacial na Escala da Cidade (ou Metrópole)

A nível nacional pode ser observado que, a despeito de uma certa peculiaridade do Rio de Janeiro no tocante à *visibilidade* do problema, em função da particularmente alarmante violência urbana que nele tem seu palco, inúmeras outras cidades, com portes que variam do metropolitano ao pequeno, encontram-se integradas às redes de distribuição e comércio de drogas ilícitas. O estado de São Paulo destaca-se a esse propósito, e não só por causa da enorme importância de sua região metropolitana (a começar como centro consumidor, certamente o maior do país,[11] mas também como centro de

[11] Isso devido aos fatores conjugados do elevado número de habitantes (cerca de 16,4 milhões de habitantes e 4,3 milhões de domicílios em 1991 [IBGE, 1991b]) e da concentração de classe média (cerca de 1,3 milhão de domicílios cujos chefes percebiam acima de 15 salários-mínimos mensais em 1991 [IBGE, 1991b]).

gestão e lavagem de "dinheiro sujo", o mais importante do país, o que é do pleno conhecimento de observadores internacionais [vide OGD, 1995: 222] — devido ao proeminente papel de São Paulo no que concerne ao setor bancário-financeiro e às atividades econômicas em geral). Da metrópole de Campinas a centros de pequeno porte como São Sebastião, passando por uma cidade média como Ribeirão Preto, coração da próspera região conhecida como "Califórnia Brasileira", inúmeras cidades paulistas constituem-se não apenas em pontos de apoio logístico para as rotas da cocaína que visam o litoral e o exterior, mas igualmente em centros consumidores.[12]

Na Região Centro-Oeste, etapa intermediária entre os países produtores e São Paulo, assumem grande relevância do ponto de vista das rotas do tráfico centros como Cáceres, Barra do Garças, Corumbá, Ponta Porã, Dourados e Campo Grande. Quanto à Região Sul, também lá torna-se cada vez mais difícil encontrar cidades que não sejam servidas por alguma rota de abastecimento, e onde o consumo não venha crescendo: de Porto Alegre à idílica Blumenau, próspera cidade de porte médio, onde em algumas de suas 15 "áreas de submoradia" já foi igualmente registrado o tráfico de drogas (segundo o diretor-presidente do Instituto de Pesquisa e Planejamento Urbano de Blumenau [IPPUB], arquiteto Vilmar Vidor, entrevistado pelo autor do presente trabalho em 13/1/95), passando pela "cidade-modelo" Curitiba, onde drogas são traficadas em algumas das 209

[12] O epidemiologista Francisco Inácio Bastos, em sua tese de Doutorado "Ruína & reconstrução. AIDS e drogas injetáveis na cena contemporânea" (BASTOS, 1996), ao mapear a interiorização da epidemia de AIDS, destacando a posição do interior paulista, indiretamente apontou os centros urbanos onde se consome a cocaína por via injetável.

"áreas de subabitação" identificadas pelo seu Instituto de Pesquisa e Planejamento Urbano (IPPUC, 1991) — por exemplo, na Vila Pinto, a mais antiga favela da cidade.[13] Por fim, o Nordeste, além de produzir maconha em quantidade apreciável, apresenta várias cidades que recebem cocaína, seja para reenvio para o exterior, seja em muito menor proporção para revenda local (destaque para Recife, Salvador e Fortaleza).

O comércio ilegal de drogas, em si, está longe de ser um fenômeno recente. Em texto publicado originalmente em 1924 e intitulado "No bairro da cocaína", o cronista de costumes Benjamim COSTALLAT (1995) já discorria sobre o tráfico dessa substância psicotrópica no bairro da Glória, no Rio de Janeiro, onde o cloridrato de cocaína (fabricado pela indústria farmacêutica alemã Merck com fins terapêuticos) era clandestinamente vendido em prostíbulos ou mesmo na rua. Quanto à maconha, o seu tráfico igualmente é conhecido há muitos decênios; no Morro da Mangueira, por exemplo, também situado na cidade do Rio de Janeiro, "a maconha entrou (...) logo depois da guerra [Segunda Guerra Mundial]", segundo o depoimento de um líder local entrevistado pelo autor.[14]

---

[13] O autor teve a oportunidade de conhecer a Vila Pinto e outras "áreas de subabitação" de Curitiba em julho de 1994, em companhia de um funcionário da prefeitura local, que prestou valiosas informações acerca da criminalidade naquela cidade. Em junho de 1996 o autor retornou a Curitiba, realizando novas entrevistas. Também a *Folha de São Paulo* informou, em 9/12/94, (...) sobre a existência do tráfico de tóxicos nas favelas Vila Pinto, Parolin e Trindade, onde os traficantes estariam inclusive adotando os padrões organizacionais e hierárquicos do tráfico do Rio de Janeiro ("olheiros", "aviões" etc.).

[14] Entrevista de 26/1/95 do autor e sua equipe com o presidente da Associação de Moradores e Amigos do Chalé e Farias (um dos espaços em que se divide a Mangueira), preso em novembro de 1994 pelo Exército e detido por trinta dias na POLINTER por suposto (mas não comprovado) envolvimento com o tráfico de tóxicos.

A década de 80 representa, porém, um divisor de águas, tanto no Rio de Janeiro quanto em outras cidades brasileiras, no que concerne à relação entre o tráfico de drogas e a "questão urbana". Não foi senão na virada da década de 70 para a de 80 que, para empregar as expressões de outro líder do Morro da Mangueira, igualmente entrevistado pelo autor do presente artigo (em 30/11/94), deu-se a transição, também em outras favelas da cidade, do par "maconha e 38" (isto é, do negócio centrado em uma droga leve, não tão lucrativa, e defendido por meio de armas leves, simbolizadas pelo revólver calibre 38) para o par "cocaína e AR-15" (ou seja, para um negócio orbitando ao redor de uma droga pesada e altamente lucrativa, negócio esse que demanda armamento mais pesado e sofisticado para sua segurança, cujo símbolo seria o fuzil AR-15). No bojo do mesmo processo onde se dá o eclipse parcial da maconha pela cocaína e do revólver calibre 38 pelo fuzil AR-15 (entre outras armas caras e pesadas) dá-se, igualmente, a difusão e uma crescente complexidade organizacional do tráfico, além de uma expansão extraordinária de sua influência na sociedade — por exemplo, o aumento da violência urbana. Também é no final da década de 70 que desponta, conforme já foi anteriormente mencionado, o Comando Vermelho, se bem que, mesmo antes disso, o subsistema I-E-A já havia adquirido notoriedade: desde o começo dos anos 70 a máfia vinha trabalhando na conexão países andinos-Brasil-EUA/Europa do tráfico internacional de cocaína, sobressaindo na imprensa o nome de um *capo* que, preso no Brasil em 1972 e, novamente, em 1983, tornar-se-ia célebre como o maior traidor da história da *Cosa Nostra*: Tommaso Buscetta.

Não deve restar dúvida de que o processo de difusão do tráfico de drogas no Brasil correlaciona-se fortemente com a deterioração da qualidade de vida das populações urbanas. A carestia e, particularmente no que concerne aos moradores de favelas, o desengajamento do Estado de setores de interesse social, como saúde e educação, estimularam, ao longo dos anos 80, a percepção do tráfico de drogas como uma estratégia de sobrevivência razoável por parte de muitos pobres urbanos. Para se compreender o salto de qualidade do tráfico de drogas em termos de maiores poderio e organização, mencionado no parágrafo precedente, deve-se levar em consideração uma certa dialética entre "ordem" e "desordem": de um lado, a "*ordem*" capitalista, geradora (especialmente no "Terceiro Mundo") de pobreza, segregação socioespacial e conflitos sociais — vale dizer, de "questão urbana" —, vem cronicamente concorrendo para produzir desemprego e frustração de expectativas entre os jovens, os quais se tornam, assim, potenciais candidatos a empregados do tráfico nas favelas. De outra parte, tem-se, com a crise fiscal do Estado e a penetração do ideário neoliberal, uma desobrigação ainda maior do Estado para com os pobres urbanos, ou seja, a diminuição da já pequena presença "social" da "*ordem*" capitalista formal. Isto significa que, além da ordem capitalista em si, também a sua desestruturação/reestruturação (demolição da caricatura tupiniquim de *welfare state*, encolhimento do Estado) contribuiu para a criação do vácuo de poder e legitimidade estimulador da "*ordem*" ilegal que é o crime organizado (SOUZA, 1995a). Além de uma dialética entre a "*ordem*" sistêmica capitalista e sua parcial negação ("*desordem*" sistêmica com o rearranjo do modo de regulação), tem-se, neste caso, igualmente, uma *sinergia positiva*, pois é a partir da ação *conjunta* dos dois fatores, desde a década passada — permanência da essência da ordem sistêmica e concomitante colapso de uma certa forma de arranjo do sistema —, que algumas cruciais condições de incremento do tráfico de drogas amadurecem. Na presente quadra da vida brasileira, pós-Plano Real, em que a inflação se acha estabilizada em um patamar baixo, o desemprego assustador, todavia, continua engrossando o caldo de cultura propício ao florescimento da economia subterrânea.

De toda maneira, faz-se mister esclarecer que o poder explicativo da queda da qualidade de vida nas cidades tem, sem dúvida, seus limites — até porque, se o tráfico baseado em favelas é, por um lado, particularmente visível, e não só no Rio de Janeiro; por outro, ele não é a única forma de realização do subsistema varejo; não se pode perder de vista os muitos pontos de apoio do tráfico de varejo localizados na "cidade legal" e que não se relacionam diretamente com um quadro de pobreza. Além disso, decerto não foi mera coincidência o fato de que o momento da substituição do binômio "maconha + 38" pelo binômió "cocaína + AR-15" nas favelas do Rio e o aumento (ou mesmo surgimento) do tráfico em outras cidades brasileiras foi precedido de alguns anos pela ascensão do tráfico de cocaína na Colômbia, com a substituição da maconha pela cocaína e a emergência e consolidação dos "cartéis", entre o princípio dos anos 70 e meados da década seguinte (SAULOY & LeBONNIEC, 1994). Outro aspecto que não deve ser esquecido no contexto dos debates sobre os fatores do incremento do tráfico de drogas é de natureza institucional, e diz respeito à deterioração ética e operacional da polícia em todo o Brasil. Finalmente, a demonstrar cabalmente que o fatores pobreza/empobrecimento não devem ter seu alcance exagerado, a globalização econômica, intensificada a partir dos anos 80, vem justamente facilitar, por meio da desregulamentação bancária, a lavagem de "dinheiro sujo" em escala planetária. Isso tem contribuído decisivamente para o impulsionamento do tráfico — ou, para empregar as palavras de Riccardo Petrella em artigo publicado no mensário francês *Le Monde Diplomatique* (nº 494, maio de 1995), para a "criminalização da economia mundial".

Nenhuma outra cidade brasileira apresenta um quadro tão preocupante de agravamento da "questão urbana" por conta do tráfico de drogas quanto o Rio de Janeiro. O processo que o autor deste trabalho denominou, em artigo anterior (SOUZA, 1995a), de *fragmentação do tecido sociopolítico-espacial*, encontra-se bem mais aprofundado e geograficamente disseminado nessa metrópole que na Grande São Paulo. Essa fragmentação, resultado da territorialização a que vem sendo submetido pelo tráfico de tóxicos um número crescente de favelas, envolve tanto os territórios ilegais (favelas territorializadas pelos traficantes) quanto o seu contraponto, o território sob controle estatal (o qual, *de facto*, "encolhe", ao ser desafiado pelos enclaves controlados pelo crime organizado), e ainda, de um modo geral, a faceta territorial das práticas dos habitantes da metrópole (por exemplo, a autossegregação de parte da classe média alta e da burguesia em condomínios exclusivos, por razões sobretudo de segurança). Parte desse processo foi verbalizada de maneira assaz interessante no depoimento de um líder favelado (favela Morro do Céu, na Zona Norte do Rio de Janeiro) entrevistado, em 12/7/94, pelo autor.

De acordo com o entrevistado, o Rio de Janeiro passou de uma situação onde as diferentes "comunidades" (isto é, favelas) eram mais ou menos abertas, quando indivíduos residentes em "comunidades" distintas podiam visitar-se livremente, para uma situação onde "*as comunidades estão se fechando*" cada vez mais, e onde a mobilidade entre "comunidades" tornou-se um tanto difícil.[15] Para ele, apenas em sua própria "comunidade" as pessoas poderiam sentir-se seguras, como decorrência do fato de que, para garantir maior tranquilidade para o seu negócio, os traficantes tendem a coibir outros tipos de crimes praticados contra moradores da favela (estupros, roubos etc.), o que inclui a punição exemplar dos transgressores. As demais favelas, porém, cada vez mais apresentar-se-iam como territórios fechados e mesmo inimigos, porque, muitas vezes, territorializadas por uma facção rival do crime organizado. E, entre uma favela e outra, aquilo que o entrevistado chamou de "área neutra" — territorializada, exclusivamente, pelo Estado, por meio da polícia e do Exército. Os bairros comuns, a "área neutra", como expressou-se o entrevistado, é "*onde você pode morrer*" — quando de um assalto ou mesmo devido a uma bala perdida, até mesmo dentro da própria casa —, uma vez que as "forças da

---

[15] Um exemplo é o fato, relatado em entrevista de 15/7/95 ao autor e sua equipe por dois líderes comunitários do Morro do Adeus (Zona Norte do Rio de Janeiro), de que, após o assassinato do traficante Orlando "Jogador", que dominava o Complexo do Alemão (complexo de dez favelas vizinho ao Morro do Adeus), a mando do traficante conhecido por "Uê", o qual controla (ou controlava, até ser preso em 5/3/96), entre outras favelas, o Morro do Adeus, pessoas residentes neste último teriam grandes dificuldades para entrar nas favelas do Complexo do Alemão, e vice-versa. Com isso, as reuniões conjuntas de lideranças comunitárias, com o fito de pressionar a Prefeitura para implantar o sistema de coleta de lixo por "garis comunitários" nas favelas da área, estariam sendo muito prejudicadas.

ordem" pouco têm conseguido garantir a integridade física dos cidadãos. A territorialização de favelas pelo crime organizado é, assim, um fator de fragmentação sociopolítico-espacial do tecido urbano, vale dizer, de *desordem* à escala da cidade como um todo, se bem que, como se discutirá, mais pormenorizadamente, na próxima seção, na escala de uma dada favela os traficantes representam um *fator de ordem*, de uma férrea e brutal ordem — aliás, por via de regra, o principal fator de ordem, em virtude da ausência do Estado e do debilitamento das associações de moradores.

Na esteira da fragmentação do tecido sociopolítico-espacial, e paralelamente a processos conexos como o incremento da corrupção política e policial, vai tendo lugar uma deterioração do "clima social", sob o efeito cumulativo (e amplificado pela mídia) da incidência da criminalidade violenta. Desiludido como nenhum outro habitante do "País do Futuro", torna-se cada vez mais difícil enxergar, no crescentemente amedrontado e desconfiado carioca, aquele indivíduo jovial e otimista do tradicional estereótipo. O agravamento da "questão urbana" parece, por isso, estar promovendo uma alteração no plano social-psicológico, ou, como já escreveu o autor (SOUZA, 1993a), uma espécie de "mutação antropológica" nos moradores do Rio de Janeiro. Essa deterioração do "clima social" finalmente desembocou, em novembro de 1994, em uma franca *militarização da "questão urbana"*, com a concretização do cenário de uma intervenção do Exército — "Operação Rio" — para combater tensões sociais e a criminalidade construído pelo autor em trabalhos anteriores (SOUZA, 1993a; 1993b; 1994). No começo de 1995 deu-se uma nova intervenção ("Operação Rio II"). Conforme o autor já advertira nesses trabalhos, o emprego exclusivo ou privilegiado desse tipo de "solução" repressiva conduz antes a um *feedback* positivo no contexto do agravamento da "questão urbana" do que a um alívio duradouro, por gerar mais tensões e ressentimentos (atritos entre as forças policiais e militares e a população favelada) e retroalimentar a violência, ao invés de combater as suas causas mais profundas e enfrentar o subsistema I-E-A. Advertência semelhante contém a soturna previsão de um líder do Morro da Mangueira a propósito da intervenção militar: "A única coisa que essa intervenção pode causar é mais ousadia da parte dos traficantes".[16] Entre outras razões, cumpre acrescentar, porque uma intervenção dessa natureza, limitada no tempo, pode acabar levando à asfixia somente dos elos mais fracos (traficantes menores), enquanto que os "donos" mais importantes sem dúvida conseguem sobreviver (inclusive lançando mão, como realmente ocorreu no princípio de 1995, de fontes alternativas como sequestros, assaltos a bancos e carros-forte), acarretando uma elevação do nível de oligopolização no âmbito do tráfico baseado em favelas.

A séria consideração da dialética entre o geral e o particular reclama, porém, uma delimitação da especificidade carioca. Sem dúvida, contingências históricas jogaram um papel decisivo para que o Rio de Janeiro, e não, por exemplo, São Paulo, adquirisse com o tempo uma lúgubre notoriedade nacional e internacional. A eleição de Leonel Brizola para governador, em 1982, pode, é certo, ser considerada um evento mais ou menos contingente que propiciou o fortalecimento do

---

[16] Entrevista de 19/1/95 do autor e sua equipe com o já mencionado (nota 14) presidente da Associação de Moradores e Amigos do Chalé e Farias.

crime organizado no Rio. Em nome de uma política de humanização do aparato policial e respeito aos direitos humanos e civis dos favelados — coisa que, em si mesma, só pode merecer aprovação —, o governo Brizola acabou por enfraquecer a presença das "forças da ordem" nas favelas, ao diminuir-se o abuso e a truculência policiais, sem contudo substituir essa presença atrabiliária por uma outra — de um policiamento comunitário eficaz a uma ação mais decidida do poder público no campo social, por exemplo, mediante a urbanização das favelas. O vácuo de poder foi preenchido eficientemente pelos traficantes. No entanto, não se pode esquecer a participação de outros fatores, alguns inespecíficos do Rio (como a dialética abordada parágrafos atrás entre a "ordem" capitalista e a "desordem" do desengajamento estatal em áreas de interesse social, operando em escala nacional e mesmo supranacional), e outros, pelo contrário, bastante específicos (surgimento do CV no Instituto Penal Cândido Mendes, na Ilha Grande, na costa fluminense; sítio urbano do Rio induzindo a um padrão altamente complexo de segregação socioespacial, com muitas favelas encravadas em bairros residenciais da classe média e mesmo da elite, o que concorre para a visibilidade e a exacerbação das tensões). Na verdade, a virulência extremada do tráfico carioca tem suas origens em uma complexa dinâmica de natureza *sinergética*, com a confluência, em determinado momento, de diversos fatores, operando em escalas espaciais e temporais diferentes: trata-se da sinergia positiva mencionada mais acima a propósito da dialética entre a "ordem" capitalista e a "desordem" decorrente do desengajamento estatal em áreas de interesse social, sinergia essa tornada agora mais concreta ao contemplar-se as especificidades locais do Rio de Janeiro.

Atualmente, além da corrupção policial, a metrópole do Rio de Janeiro também se caracteriza por uma presença cada vez maior dos traficantes na vida política. Cada vez mais torna-se impraticável, para um candidato em época de eleição, visitar favelas sem a permissão dos traficantes, o que amiúde configura uma genuína troca de favores (a negociação pode, aliás, incluir a solicitação expressa para que rivais do candidato não tenham autorização para pedir votos no território da quadrilha). O envolvimento com a cena política, entretanto, está longe de parar aí. Em fins de 1995, por exemplo, o desembargador Antônio Carlos Amorim, presidente do Tribunal Regional Eleitoral, denunciou o apoio de traficantes à emancipação de Mesquita, distrito de Nova Iguaçu, na Baixada Fluminense (*Jornal do Brasil*, 28/11/95).

Todavia, é inegável que as especificidades locais, se contribuíram para um certo pioneirismo e uma virulência maior, não devem, por outro, ser exageradas. O tráfico generaliza-se e espraia-se, como se viu, pela rede urbana brasileira, atingindo cidades de todas as regiões e de todos os portes. Sem querer sugerir a inevitabilidade de um processo de fragmentação do tecido sociopolítico-espacial e de deterioração do "clima social" como o hoje observado no Rio de Janeiro, o fato é que não só nenhuma cidade está imune a essas situações como, na realidade, algumas cidades já apresentam, *mutatis mutandis* — ou seja, em escala menor e com menos complexidade —, quadros comparáveis ao carioca — sobretudo São Paulo, com suas áreas particularmente violentas (especialmente nas zonas Sul e Leste) em larga medida marcadas pela presença do tráfico. Sem ser possível já falar de fragmentação do tecido sociopolítico-espacial, haja vista que a deterioração do "clima social" ainda não atingiu o patamar neurotizante do Rio e de São Paulo, e dado que a reação dos privilegiados ainda não se traduziu na proliferação de sofisticados "condomínios exclusivos", muitas outras urbes experimentam, não obstante, a partir dos anos 80 ou 90, o aumento da violência relacionada com o tráfico: é o caso, para citar um exemplo, de Recife, com suas "gangues" de jovens freqüentemente envolvidas em disputas territoriais, por "bocas de fumo", e onde favelas como o Coque, praticamente na área central, passam a infundir medo.

Por fim, um efeito colateral bastante perverso do tráfico de drogas que não deve ser negligenciado, e que também se manifesta em centros urbanos de portes os mais variados, é a contribuição do uso promíscuo de drogas injetáveis — compartilhamento de seringas — para a expansão do vírus HIV e a difusão da epidemia de AIDS no Brasil, o que está documentado no estudo já citado de BASTOS (1996).

Impactos do Incremento do Tráfico de Drogas sobre a Dinâmica Socioespacial no Interior das Favelas

É lícito indagar o porquê de se singularizar as favelas, uma vez que os grandes traficantes, aqueles que mais lucram com o comércio ilegal de tóxicos, não moram lá (além do que, sem demanda, a qual basicamente vem dos estratos médios e altos da sociedade, não haveria oferta). Ademais, o subsistema varejo, como se viu, não se restringe às favelas; em determinadas cidades (como Brasília), são restaurantes, casas noturnas e outras integrantes da "cidade legal" os pontos de apoio mais importantes. Finalmente, acresce que, mesmo no que tange aos espaços dos pobres, bases logísticas do tráfico, não se trata apenas de favelas: conjuntos habitacionais de baixa renda e loteamentos periféricos podem também desempenhar esse papel. No entanto, as favelas são, de longe, os exemplos mais espetaculares, e não apenas por serem as principais bases de apoio logístico do tráfico de varejo naquela cidade que se tornou o símbolo da violência associada ao tráfico de drogas, o Rio de Janeiro. As características de "enclaves" das favelas territorializadas pelo tráfico na metrópole carioca, especialmente daquelas situadas não na periferia, mas no próprio núcleo metropolitano, realçam o processo de fragmentação do tecido sociopolítico-espacial anteriormente comentado. Por fim, afora a elevada densidade populacional e a enorme pobreza da grande maioria de sua população, a própria estrutura espacial de uma favela e (no caso de uma favela de morro) seu sítio — e não tanto dos loteamentos ou conjuntos habitacionais — concorrem tremendamente para conferir a ela um valor único enquanto esconderijo: as vielas estreitas, os pontos de observação, a estrutura viária labiríntica; tudo isso representa vantagens para o defensor e desvantagens para um eventual invasor, como agudamente percebeu o Comando Militar do Leste em documento (reproduzido na *Folha de São Paulo* de 13/11/94) elaborado como parte da preparação para a "Operação Rio". Sem dúvida, conforme se argumentou, as favelas não são os únicos *loci* do tráfico de tóxicos, mas apenas consistem na sua instância menos rica e sofisticada. Este *apenas* não deve minimizar o fato, porém, de que as favelas constituem, em muitas cidades brasileiras, bases de apoio logístico essenciais ao negócio das drogas, além de se confundirem, no preconceituoso imaginário da população privilegiada, com antros de bandidos, a ameaçarem constante e crescentemente a segurança e a tranquilidade da "cidade legal". O drama objetivamente representado tendo as favelas como palco, assim como a centralidade das favelas no discriminatório discurso cotidiano sobre a violência urbana, justificam um tratamento especial para as mesmas no contexto da análise da relação tráfico de drogas/"questão urbana".

É preciso, de toda maneira, frisar que as relações entre os traficantes de favela e a população favelada estão muito longe da harmonia muitas vezes sugerida pela mídia e pela polícia, e até mesmo por certos analistas.

Para os conservadores, as favelas foram e continuam sendo como que "caixas pretas", onde a real dinâmica interna é ignorada. Uma equação simplista do tipo *favelados = vagabundos + desajustados*, substrato ideológico do velho *mito da marginalidade* (competente e pioneiramente criticado por PERLMAN, 1981), não desapareceu, e ainda por cima, a partir da década passada, viu-se complementada por uma outra associação estigmatizante: *favelados = traficantes* (ou *favelados = criaturas perversas e pervertidas, cúmplices de traficantes*).

Curiosamente, devido a uma forma ideologicamente condicionada de miopia, também alguns dos assim chamados progressistas passam ao largo da riqueza de situações conflituosas experimentadas pelos favelados. Assim é que, por ter dificuldades em parar de assimilar traficantes a "bandidos sociais", magnificados vingadores dos pobres e oprimidos, equívoco repetidas vezes denunciado por Alba Zaluar (ZALUAR, 1994b: 54; 1994c: 49-51), e de reduzir o consumo de tóxicos a uma questão meramente de consciência individual, mas vendo-se ao mesmo tempo confrontada com a truculência dos traficantes e os efeitos do tráfico de drogas sobre o tecido social, boa parte da esquerda, atônita diante dos choques entre os diversos atores sociais envolvidos (moradores de favelas, moradores dos bairros comuns, bandidos, polícia, Exército etc.), tem se revelado pouco capaz de produzir um discurso coerente e de formular estratégias consistentes.

Por um lado, é certo, retomando um esclarecimento iniciado na seção anterior, que as "organizações" do tráfico de tóxicos representam, na escala da favela, um fator de ordem, ocupando um vazio deixado pelo Estado capitalista. Para começar, os traficantes exercem funções que, no "asfalto", cabem ao aparelho de Estado (juízes, aparato repressivo etc.): para garantir tranquilidade para os seus negócios, evitar atrair desnecessariamente para o local atenções ou a polícia e buscar garantir aceitação entre os moradores, os traficantes reprimem duramente crimes "comuns" praticados por outros bandidos, como assaltos a moradores da favela (ou mesmo do seu entorno imediato). Brigas conjugais e entre vizinhos podem, também, contar com a interferência dos traficantes na qualidade de árbitros supremos. Além disso, o paternalismo dos traficantes não se circunscreve à área da "segurança", mas se manifesta, igualmente, através de doações e benfeitorias pontuais (tais como festas para a "comunidade" e auxílios esporádicos para os moradores). Sem esquecer, ademais, que o tráfico garante ocupações para muitas pessoas da favela. *Neste sentido,* a nutrir o mito dos "robin hoods dos morros", os traficantes são úteis para os favelados. Pode-se perceber, assim, porque, para o *insider*, para o integrante de uma determinada "comunidade", não há algo como uma "desordem" generalizada — que é o sentimento predominante no *outsider*, no morador das "áreas neutras", que se sente quase que completamente desprotegido, notadamente no Rio de Janeiro. O que há é, acima de tudo, uma *nova ordem*.

Por outro lado, os benefícios acima relatados são apenas um dos lados da moeda, não se podendo, de toda maneira, negligenciar que, assim como as próprias favelas, também as relações entre "bandidos" e "trabalhadores" não são as mesmas em todos os lugares, seja no cotejo entre favelas do Rio, seja no confronto entre cidades (em Recife, por exemplo, onde o traficante de favela é, para empregar a expressão usada por uma pesquisadora da Fundação Joaquim Nabuco entrevistada em 5/2/96 pelo autor, um "pobretão" em comparação com o traficante carioca, o paternalismo não é nada comum). A postura paternalista dos traficantes pode alternar-se com uma brutal tirania, onde casas de moradores são requisitadas por razões estratégicas, os próprios traficantes se apossam de mulheres alheias, o "toque de recolher" e diversas proibições são decretados. Isso parece ser sobretudo o caso quando, como tende a acontecer com maior frequência, os líderes locais do tráfico não possuem raízes no local. (À medida que as redes se expandem, torna-se menos raro que um traficante oriundo de uma determinada favela se instale em outra "comunidade", ao ser deslocado para lá como "gerente" ou tomar as bocas de fumo de outro "dono".) É preciso recordar, também, que, durante as "guerras" entre grupos rivais, as incursões da polícia e as chacinas promovidas por grupos de extermínio (como a de Vigário Geral, no Rio, em 1993), são amiúde inocentes, inclusive crianças, que acabam levando a pior, tombando em meio a tiroteios e execuções sumárias. Este é o elemento de *desordem* que relativiza, mesmo na escala da favela, a instável "ordem" encarnada pelos traficantes.

As ponderações do parágrafo anterior limitam-se, de todo modo, aos impactos negativos que mais saltam à vista da presença dos traficantes para os moradores das favelas. Mas outros, menos evidentes para o *outsider*, não são, por isso, menos dignos de menção. Um deles é a asfixia das associações de moradores, que tendem a ser controladas ou influenciadas pelos criminosos. Nessa esteira elas podem perder legitimidade internamente à favela, perante os moradores, e, certamente, a perdem perante o Estado. Os líderes comunitários normalmente não têm alternativa: precisam arranjar-se com os criminosos, procurando preservar um mínimo de margem de manobra (e eventualmente recusando ofertas de auxílio), mas, ao mesmo tempo, reconhecendo tacitamente os traficantes como a máxima instância decisória no local, o que implica ter de notificar antecipadamente e mesmo pedir autorização dos traficantes para a condução de várias atividades. Implica, também, ter de aceitar que os traficantes se utilizem da associação como fachada legitimatória e ponto de apoio logístico (por exemplo, utilizando o telefone da associação). Como já ocorreu diversas vezes, presidentes de associações de moradores que não estão dispostos a se submeter a isso são destituídos do cargo, forçados a se mudar da favela e, no limite, sumariamente executados.

Acrescente-se, ainda, que os impactos negativos do tráfico sobre a vida de relações podem ter reflexos até na paisagem, na face visível do espaço: a maior displicência dos moradores do Morro da Mangueira (Rio de Janeiro) com relação ao aspecto exterior do seu espaço vivido, após fevereiro de 1994, serve como uma ilustração bastante didática. Segundo o depoimento de um líder do morro (entrevistado pelo autor em 23/11/94), o grupo que invadiu a favela durante o carnaval daquele ano, expulsando uma quadrilha anterior com raízes no local, não respeita os moradores ou seus lares. A divisa do grupo anterior era a de nunca molestar os moradores ou desrespeitar suas casas; e justamente essa regra de ouro o grupo atual, ligado ao Comando Vermelho, vem desrespeitando, ao cometer arbitrariedades e intimidar pessoas. De acordo com esse líder entrevistado, até mesmo a solidariedade comunitária — nada negligenciável em uma favela antiga, consolidada e com uma coletividade de tão forte identidade territorial, como é o caso da Mangueira — teria diminuído por causa disso. De acordo com o entrevistado, as pessoas não se animariam mais tanto a participar de mutirões, e a favela teria ficado suja e "triste", com aspecto de "abandonada". Uma tal situação exemplifica as profundas consequências do tráfico de drogas — que constitui, cada vez mais cristalinamente, uma *manifestação sistêmica,* ainda que ilegal, enquanto *business* e poder paralelo baseado no consentimento e na força bruta — no tocante à agressão a um *Lebenswelt* favelado, disseminando o medo e a desconfiança (expressos pela conhecida "lei do silêncio" que vigora entre os favelados), induzindo a uma certa indiferença para com os espaços de uso comum, minando a possibilidade de comportamentos individuais menos contidos e iniciativas comunitárias mais espontâneas, erodindo o espaço da solidariedade.

Todos os aspectos negativos acima expostos — violência, asfixia das associações de moradores, agressão e "colonização" do *Lebenswelt* — confluem para um grande impacto: o *bloqueio do desenvolvimento socioespacial autêntico*, conforme já dedilhado em SOUZA, 1995b. Mesmo as perspectivas de uma autêntica *urbanização da favela*, por exemplo, podem ficar comprometidas, como parece indicar, mais uma vez, a experiência do Rio de Janeiro: se, por um lado, os próprios traficantes, assumindo funções que caberiam ao Estado, se encarregam de apoiar ou implementar melhorias pontuais no local, é legítimo colocar a hipótese de que eles podem se opor a uma urbanização completa, que venha subverter radicalmente a estrutura espacial da favela — inclusive a malha viária, com o alargamento e pavimentação de vias de acesso e a integração da malha viária da favela àquela dos bairros vizinhos —, com consequências de alcance estratégico, como uma maior facilidade para as incursões da polícia (ou do Exército).[17] Seja como for, um *slum-upgrading* sem a participação livre de todos os

---

[17] Dos líderes favelados do Rio de Janeiro entrevistados pelo autor e sua equipe entre setembro de 1994 e 23 de agosto de 1996 (empregando-se entrevistas parcialmente estruturadas, de longa duração, onde está incluído um roteiro fixo de perguntas memorizadas pela equipe), dezoito (correspondendo a quinze "comunidades") responderam a uma pergunta sobre se os traficantes dificultariam um processo de urbanização do local. As respostas não foram coincidentes, sendo que apenas cinco entrevistados (correspondendo a quatro comunidades) admitiram que os traficantes atrapalhariam (por exemplo, não permitindo o alargamento de ruas), enquanto que os demais esforçaram-se para convencer os entrevistadores de que os traficantes desejam o progresso da "comunidade". Contradições nos ou entre os depoimentos de alguns entrevistados demonstram, porém, que tais depoimentos não podem ser aceitos sem maiores reservas. Somente uma avaliação dos resultados do programa Favela-Bairro Popular, proposto pelo Grupo Executivo de Assentamentos Populares da Prefeitura do Rio de Janeiro em 1993, implantado a partir de 1994 inicialmente em 16 favelas e ainda em andamento, poderá definir o quanto a referida hipótese merece ser relativizada

envolvidos na tomada de decisões não é propriamente um modelo, por ser antidemocrática e não ter efeitos pedagógico-comunitários positivos. E os traficantes de droga, ao cooptarem, eliminarem ou "fabricarem" lideranças comunitárias, e ao incutirem temor e desconfiança nos moradores em geral, têm contribuído para solapar os fundamentos de uma autêntica participação popular no processo de planejamento e implementação de políticas públicas.

Sumariando: a Relação *Drogas/"(Sub)desenvolvimento"* através do Prisma do Brasil Urbano Atual

A questão sobre se o tráfico de drogas contribuiria para impulsionar ou frear o desenvolvimento econômico dos países do "Terceiro Mundo" ainda alimenta polêmicas entre os estudiosos, com alguns assumindo uma posição de colorido "terceiro-mundista", a ressaltar os efeitos positivos da economia ilegal, e outros insistindo em que, a longo prazo, pelo contrário, os efeitos econômicos do tráfico de drogas são essencialmente negativos.

Da mesma forma que em trabalhos anteriores do autor destas linhas, também aqui o crivo exclusivo do "desenvolvimento econômico" é encarado como uma prisão conceitual da qual é necessário se libertar, se se quiser contemplar o "desenvolvimento" enquanto desafio *social* em sua plenitude. Ao se evoluir do ângulo de percepção mais estreito da Economia para o ângulo mais generoso da abordagem do *desenvolvimento sócio-espacial*, onde a questão da autonomia individual e coletiva aparece como fundamental (SOUZA, 1995b), o papel do tráfico passa a se mostrar consideravelmente menos ambíguo.

O referencial empírico do presente estudo, as cidades brasileiras, é especialmente rico, sendo, por isso, uma inesgotável fonte de inspiração para se levantar questões acerca do significado social do tráfico de tóxicos. Mesmo assim, é ocioso dizer que não se imagina que as conclusões aqui contidas podem ser, sem maiores cuidados, extrapoladas para outros países e culturas. Ademais, a própria pesquisa ora apresentada encontra-se ainda em andamento, e muito resta por fazer antes que se possa descortinar um panorama geral mais consistente da dinâmica e dos impactos socioespaciais do tráfico de drogas no interior dessa realidade incrivelmente heterogênea que é o Brasil urbano contemporâneo. Por enquanto, cautela nunca é demais, não se devendo nunca perder de vista que as ponderações do autor estribam-se, sem contar os (amiúde problemáticos) dados secundários de vários tipos, em uma experiência de campo relativa a um elenco muito limitado de cidades (Rio de Janeiro e, com profundidade incomparavelmente menor, Recife e algumas cidades do sertão pernambucano, Belém, São Paulo, Curitiba, Salvador e Blumenau).

Retorne-se à indagação formulada na introdução: pode o *comércio ilegal* de tóxicos, no contexto cultural, político e econômico brasileiro, contribuir para desordenar (parcialmente)/reordenar a sociedade e a organização territorial na escala da cidade (ou metrópole) e mesmo na escala nacional — e, simultaneamente, bloquear um verdadeiro desenvolvimento socioespacial na escala das favelas? Esta mesma pergunta, que encontrou já uma resposta afirmativa em SOUZA, no prelo (a) (excetuando-se o aspecto concernente à escala nacional, não investigado), deixa-se responder afirmativamente igualmente a propósito de outras cidades. Faz-se mister reconhecer, não obstante, que em nenhum outro centro urbano a fragmentação do tecido sociopolítico-espacial (e os impactos negativos interiormente às favelas) está, é bem verdade, tão avançada quanto no Rio de Janeiro, embora São Paulo não venha muito atrás; sem embargo, a violência e a corrupção associadas ao tráfico parecem, de toda maneira, onipresentes, seja em que grau for. Quanto à extensão das transformações suscitadas pelo tráfico de tóxicos na sociedade brasileira, o autor continua (como em SOUZA, no prelo [a]) não se permitindo, no estágio atual da pesquisa, grandes ilações. No entanto, embora seja óbvio que o quadro brasileiro esteja longe de apresentar o mesmo comprometimento, na economia e na vida política, que aquele dos países andinos, a presença corruptora do crime organizado cresce a olhos vistos, infiltrando-se em vários escalões e esferas de poder. Uma das questões interessantes, nesse contexto, e que não foi possível explorar neste ensaio, diz respeito exatamente à real penetração na sociedade, em diversas escalas, de certas "elites emergentes" ligadas, de algum modo, à economia das drogas.

De uma parte, é irretorquível que o tráfico de drogas traz ou pode trazer certos benefícios materiais imediatos, do ponto de vista da geração de ocupações e renda (o que é óbvio no caso das favelas) e, também, sob o ângulo do aquecimento da economia legal (mencione-se, a título de exemplo, o papel da lavagem de dinheiro sujo na dinamização do setor imobiliário, o que também gera empregos). De outra parte, os *custos sociopolíticos e socioculturais* da economia das drogas são tão elevados que se pode, com razoável segurança, argumentar que o saldo de seus efeitos sobre o desenvolvimento sócio-espacial é negativo. Mais especificamente, o tráfico de drogas contribui de modo decisivo para o agravamento da "questão urbana", ao mesmo tempo obstaculizando o desempenho de atores sociais muito caros à luta contra a injustiça social e ajudando a erodir a tímida dimensão democrática e participativa de nossa cultura política. Seria possível, afinal, esperar coisa muito diferente de um negócio tipicamente capitalista, onde os lucros e os riscos são muito desigualmente repartidos (quem aufere os maiores lucros arca, também, com os menores riscos) onde as formas de dominação a ele associadas — no que toca ao tráfico de favela — são, amiúde, tirânicas, e onde, finalmente, a cultura política democrática e a autonomia do indivíduo e de instituições legítimas da Sociedade Civil sucumbem, tragadas pelo torvelinho de uma "subcultura da violência"?

Os benefícios econômicos do tráfico de drogas não devem, é certo, elidir a consciência dos riscos e do sofrimento que ele acarreta — sem a contrapartida de grandes *linkage effects* sobre o setor produtivo e impactos redistributivos verdadeiramente notáveis a longo prazo. Um horizonte mais amplo de consideração permite reconhecer, no entanto, que, independentemente das dificuldades para o enfrentamento do tráfico de drogas (o que remete a obstáculos até mesmo de alcance global), esse combate só se revestirá de legitimidade aos olhos da população carente dos centros urbanos se estiver acoplado a sérios esforços para compensar com vantagem os benefícios materiais imediatos carreados pela economia ilegal.

Bibliografia

AMORIM, Carlos. *Comando Vermelho.* A história secreta do crime organizado. Rio de Janeiro, Record, 1993.

BACHMAN, Christian. Consommation: l'adaptation aux valeurs dominantes. *In*: Guy Delbrel (org.), *Géopolitique de la drogue.* Paris, La Découverte/Campagne européenne d'information sur la drogue, 1991.

BASTOS, Francisco Inácio. *Ruína & reconstrução.* AIDS e drogas injetáveis na cena contemporânea. Rio de Janeiro, ABIA/IMS(UERJ)/Relume Dumará, 1996.

CASTELLS, Manuel. *A questão urbana.* Rio de Janeiro, Paz e Terra, 1983 (1972).

COSTALLAT, Benjamim. *Mistérios do Rio.* Rio de Janeiro, Prefeitura do Rio de Janeiro (= Coleção Biblioteca Carioca), 1995.

ESCOHOTADO, Antonio. *Histoire élémentaire des drogues.* Des origines à nos jours. Paris, Éditions du Lézard, 1995.

FONSECA, Germàn. Économie de la drogue: taille, caractéristiques et impact économique. *Revue Tiers-Monde* (número especial "Drogues et développement"), tome XXXIII, nº 131, Paris, 1992, pp. 488-516.

GOMEZJARA, Francisco A. & MORA HERNANDEZ, Gerardo. *Narcopoder: cuatro hipotesis sociologicas.* Trabalho apresentado ao VIII Congreso Centroamericano de Sociología ("Estado, democratización y desarrollo en Centroamérica y Panamá"), Guatemala, 10 a 15/10/1988. Mimeo., 1988.

HABERMAS, Jürgen. *Theorie des kommunikativen Handelns.* Frankfurt, Suhrkamp (2 vols.), 1988.

HENMAN, Anthony. A guerra às drogas é uma guerra etnocida. *In* Alba Zaluar (org.), *Drogas e cidadania.* Repressão ou redução de riscos. São Paulo, Brasiliense, 1994.

IBGE. *Censo demográfico 1991* (resultados do universo relativos às características da população e dos domicílios), nº 20 (Rio de Janeiro). Rio de Janeiro, IBGE, 1991 (a).

——— *Censo demográfico 1991* (resultados do universo relativos às características da população e dos domicílios), nº 21 (São Paulo). Rio de Janeiro, IBGE, 1991 (b).

——— *Anuário estatístico do Brasil 1993*. Rio de Janeiro, IBGE, 1993.

IPPUC (Instituto de Pesquisa e Planejamento Urbano de Curitiba). *Curitiba em dados 80/90* (Histórico do município de Curitiba). Curitiba, 1991.

KOPP, Pierre. La structuration de l'offre de drogue en réseaux. *Revue Tiers-Monde* (número especial "Drogues et développement"), tome XXXIII, nº 131, Paris, 1992.

LIMA, William da Silva. *Quatrocentos contra um*. Uma história do Comando Vermelho. Petrópolis, Vozes, 2.ª ed., 1991.

MacRAE, Edward. A importância dos fatores socioculturais na determinação da política oficial sobre o uso ritual da ayahuasca. *In*: Alba Zaluar (org.), *Drogas e cidadania*. Repressão ou redução de riscos. São Paulo, Brasiliense, 1994.

MJ-DPF (Departamento de Polícia Federal [CCP-Divisão de Repressão a Entorpecentes]). *Apreensões de drogas realizadas nos períodos 01/01/91 a 31/12/91, 01/01/92 a 31/12/92, 01/01/93 a 31/12/93, 01/01/94 a 31/12/94 e 01/01/95 a 31/12/96, por ano e região ou estado*. Relatórios emitidos em julho de 1995 e janeiro de 1996 (mimeo.).

MOREL, Bernard & RYCHEN, Frédéric. *Le marché des drogues*. Le Château, Éditions de l'Aube, 1994.

NADELMANN, Ethan A.. Régimes globaux de prohibition et trafic international de drogue. *Revue Tiers-Monde* (número especial "Drogues et développement"), tome XXXIII, nº 131, Paris, 1992, pp. 537-552.

OGD (Observatoire géopolitique des drogues). *Géopolitique des drogues 1995*. Paris, La Découverte, 1995.

PERLMAN, Janice. *O mito da marginalidade*. Rio de Janeiro, Paz e Terra, 1981 (1976).

SALAMA, Pierre & SCHIRAY, Michel. Introduction. *Revue Tiers-Monde* (número especial "Drogues et développement"), tome XXXIII, nº 131, Paris, 1992, pp. 485-488.

SANCHEZ, Humberto Campodonico. Finances: des tentacules planétaires. *In*: Guy Delbrel (org.), *Géopolitique de la drogue*. Paris, La Découverte/Campagne européenne d'information sur la drogue, 1991.

SAULOY, Mylène & Le BONNIEC, Yves. *Tropenschnee*. Kokain: Die Kartelle, ihre Banken, ihre Gewinne. Ein Wirtschaftsreport. Reinbeck bei Hamburg, Rowohlt, 1994.

SCHEERER, Sebastian. Reflexões acerca de algumas tendências recentes no discurso sobre as drogas na Alemanha. *In* Francisco Inácio Bastos & Odair Dias Gonçalves (orgs.), *Drogas: é legal?* Um debate autorizado. Rio de Janeiro, Imago, 1993.

SCHIRAY, Michel. Les filières-stupéfiantes: trois niveaux, cinq logiques. *Futuribles* (número especial: "Géopolitique et économie politique de la drogue"), nº 185, março de 1994, pp. 23-41.

SOUZA, Marcelo José Lopes de. *Armut, sozialräumliche Segregation und sozialer Konflikt in der Metropolitanregion von Rio de Janeiro.* Ein Beitrag zur Analyse der "Stadtfrage" in Brasilien. Selbstverlag des Geographischen Instituts der Universität Tübingen, Tübingen, 1993 (a).

——— "Miseropolização" e "clima de guerra civil": sobre o agravamento e as condições de superação da "questão urbana" na metrópole do Rio de Janeiro. *Anais do 3.° Simpósio Nacional de Geografia Urbana*, Rio de Janeiro, 1993 (b).

——— *Funcionalidade* e *disfuncionalidade* das metrópoles para o desenvolvimento brasileiro. Questões para uma política urbana que se proponha a ser crítica. *In Anais do 5º Congresso Brasileiro de Geógrafos*. Curitiba, 1994.

——— O narcotráfico no Rio de Janeiro, sua territorialidade e a dialética entre "ordem" e "desordem". *Cadernos de Geociências*, nº 13, 1995 (a), pp. 161-171.

——— O território. Sobre espaço e poder, autonomia e desenvolvimento. *In* Castro, Iná E. et alii (orgs.), *Geografia: conceitos e temas*. Rio de Janeiro, Bertrand Brasil, 1995 (b).

——— Crime, Violence, and Urban (Under) Development. Drug Traffic and its Socio-Spatial Impacts in Rio de Janeiro, Brazil. *The European Geographer*, n.° 9 (1995c), pp. 105-111.

———— O tráfico de drogas no Rio de Janeiro e seus efeitos negativos sobre o desenvolvimento socioespacial. No prelo (a) [a sair publicado nos *Cadernos IPPUR/UFRJ*, ano VIII, n.os 3/4].

——— Die fragmentierte Metropole. Der Drogenhandel und seine Territorialität in Rio de Janeiro. No prelo (b) [a sair publicado na *Geographische Zeitschrift* (Stuttgart), vol. 83, n.os 3/4].

VENTURA, Zuenir. *Cidade Partida*. São Paulo, Companhia das Letras, 1994.

ZALUAR, Alba. As classes populares urbanas e a lógica do "ferro" e do fumo. *In* Alba Zaluar, *Condomínio do diabo*. Rio de Janeiro Editora Revan/Editora UFRJ, 1994 (a).

——— Democracia também serve para os pobres? *In* Alba Zaluar, *Condomínio do diabo*. Rio de Janeiro, Editora Revan/Editora UFRJ, 1994 (b).

——— A rotinização da malandragem. *In* Alba Zaluar, *Condomínio do diabo*. Rio de Janeiro, Editora Revan/Editora UFRJ, 1994 (c).

———Crime, justiça e moral: a versão das classes populares. *In* Alba Zaluar, *Condomínio do diabo*. Rio de Janeiro, Editora Revan/Editora UFRJ, 1994 (d).

——— Teleguiados e chefes: juventude e crime. *In* Alba Zaluar, *Condomínio do diabo*. Rio de Janeiro, Editora Revan/Editora UFRJ, 1994 (e).

——— A moeda e a lei. *In* Alba Zaluar, *Condomínio do diabo*. Rio de Janeiro, Editora Revan/Editora UFRJ, 1994 (f).

———— A criminalização das drogas e o reencantamento do mal. *In* Alba Zaluar, *Condomínio do diabo*. Rio de Janeiro, Editora Revan/Editora UFRJ, 1994 (g).

Este livro foi impresso no
Sistema Digital Instant Duplex da Divisão Gráfica da
DISTRIBUIDORA RECORD DE SERVIÇOS DE IMPRENSA S.A.
Rua Argentina, 171 - Rio de Janeiro/RJ - Tel.: (21) 2585-2000